全国高等职业教育工业生产自动化技术系列规划教材

现场总线与工业以太网技术

（第2版）

许洪华　主　编

杨春生　副主编

卞正岗　主　审

电子工业出版社

Publishing House of Electronics Industry

北京·BEIJING

内 容 简 介

本书从应用和实施角度，根据实际需要从不同层次介绍了基金会 FF、PROFIBUS-DP 和 CAN 三种现场总线以及典型的工业以太网技术。FF 中介绍组网、设备、组态运行、工程实施等实用技术；PROFIBUS-DP 总线中以西门子 S7-300 为例，直观地介绍实施 PROFIBUS-DP 通信的硬件资源、软件组态和编程；CAN 总线中介绍了芯片级规范和技术。书中最后介绍了工业以太网的主要技术、西门子工业以太网通信实施实例以及一种基于以太网和嵌入式 Web Server 产品的实现。

本书可作为高职高专院校自动化类专业的教学用书，也可作为工程技术人员现场总线系统集成、组态以及产品开发的参考资料。

图书在版编目（CIP）数据

现场总线与工业以太网技术/许洪华主编. —2 版. —北京：电子工业出版社，2015.4
全国高等职业教育工业生产自动化技术系列规划教材
ISBN 978-7-121-25813-8

Ⅰ. ①现…　Ⅱ. ①许…　Ⅲ. ①总线—自动控制系统—高等职业教育—教材②工业企业—以太网—高等职业教育—教材　Ⅳ. ①TP273②TP393.11

中国版本图书馆 CIP 数据核字（2015）第 068859 号

策划编辑：王昭松（wangzs@phei.com.cn）
责任编辑：王昭松
印　　刷：北京捷迅佳彩印刷有限公司
装　　订：北京捷迅佳彩印刷有限公司
出版发行：电子工业出版社
　　　　　北京市海淀区万寿路 173 信箱　邮编 100036
开　　本：787×1 092　1/16　印张：13.75　字数：352 千字
版　　次：2007 年 3 月第 1 版
　　　　　2015 年 4 月第 2 版
印　　次：2022 年 3 月第 9 次印刷
定　　价：45.00 元

凡所购买电子工业出版社图书有缺损问题，请向购买书店调换。若书店售缺，请与本社发行部联系，联系及邮购电话：（010）88254888，88258888。

质量投诉请发邮件至 zlts@phei.com.cn，盗版侵权举报请发邮件至 dbqq@phei.com.cn。

本书咨询联系方式：（010）88254015　wangzs@phei.com.cn　QQ：83169290。

第2版前言

《现场总线与工业以太网技术》一书自 2007 年出版以来，被众多院校选为教材，在使用过程中，读者提出了很多宝贵的意见和建议，在此表示深深的感谢。高等职业教育的特点是注重培养学生的实际操作能力和分析问题、解决问题的能力。"现场总线与工业以太网技术"是自动化类专业重要的专业课程，课程的应用性和实用性较强，对于培养学生的岗位能力和专业素质具有重要作用。现场总线与工业以太网技术涉及面广，产品和技术繁杂，有效且高效地组织教学内容至关重要。本书在编写过程中充分考虑高等职业教育人才培养要求和课程特点，力图在以下几个方面体现特色：

（1）以典型现场总线技术和产品为蓝本，展现主流技术和行业应用。现场总线种类众多，多标准并存，面面俱到难以实现知识传授到位。考虑到目前相关技术应用的实际情况，本书选取基金会现场总线 FF、PROFIBUS-DP、CAN 和典型工业以太网技术作为主要内容，力争展现主流应用和主流技术。

（2）结合所选现场总线技术特点和应用特点，组织多层面内容。经过多年发展，多种现场总线都形成了自己的技术、市场和应用领域。本书在每种现场总线技术讲解中，针对应用需求，在系统集成、设备使用、通信组网、结点开发等不同层面按岗位应用需要组织内容。

（3）遵循认知规律，循序渐进展开内容。在现场总线技术和系统的内容组织中，通过实例展现系统、通过分析系统学习技术、通过学习开发方案理解技术，由浅入深、由整体到局部，按认知规律安排内容。

（4）按照人才培养要求，培养综合能力。自动化类专业人才培养的一个重要特点和要求是知识的系统性和能力的综合性。本书内容涉及芯片、仪表、网络通信、自动化系统等多个方面，并将这些内容有机融合到不同现场总线技术讲解中，以满足综合能力培养的要求。

本书由吴凤泉（第 1 章）、许洪华（第 2 章、第 5 章部分）、张志柏（第 3 章、第 5 章第 3 节）、杨春生（第 4 章）编写，由许洪华任主编，杨春生任副主编。卞正岗先生对本书进行了审阅，提出了大量宝贵意见。本书编写中，秦益霖、赵红毅给予大量帮助，在此表示感谢；本书编写过程中也参阅了同行编写的优秀教材，得到了不少启发，在此一并致以诚挚的感谢！

由于作者水平有限，加之现场总线和工业以太网技术在不断发展之中，书中内容难免有不当之处，敬请广大读者和同行批评指正。

编　者
2015 年 2 月

目　　录

第1章

工业数据通信和控制网络技术基础

本章主要介绍了工业数据通信和控制网络的基础知识。结合工业自动化系统的体系和发展状况，介绍了工业数据通信和控制网络的地位、作用和技术内容；同时还按照工业自动化应用的需求，介绍了网络拓扑、通信模型、信号编码、传输介质等基础知识。

1.1 工业数据通信和控制网络技术概述

工业数据通信与控制网络是近年来发展形成的自控领域的网络技术，是计算机网络、通信技术与自控技术结合的产物。随着自动控制、计算机、通信、网络等技术的发展，企业的信息集成系统正在迅速扩大，将覆盖从现场控制到监控、市场、经营管理的各个层次以及原料采购、生产加工的各个环节，并将一直延伸到成品储运销售乃至世界各地市场的供需链全过程，以适应企业管理控制一体化应用的需求。企业信息系统的发展对工业数据通信的开放性、对底层控制网络的功能及性能都提出了更高的要求。工业数据通信与控制网络技术正是在这种形势下逐渐发展形成的。

1.1.1 工业自动化技术及其发展趋势

工业控制自动化技术是工业自动化的核心，是一种运用控制理论、仪器仪表、计算机和其他信息技术，对工业生产过程实现检测、控制、优化、调度、管理和决策，达到增加产量、提高质量、降低消耗、确保安全等目的的综合性技术，它主要包括工业自动化软件、硬件和系统三大部分。工业控制自动化技术作为 20 世纪现代制造领域中最重要的技术之一，主要解决生产效率与一致性问题。虽然自动化系统本身并不直接创造效益，但它对企业生产过程有明显的提升作用。目前，工业控制自动化技术正在向智能化、网络化和集成化方向发展。

1. 以工业 PC 为基础的低成本工业控制自动化已成为主流

工业控制自动化主要包含三个层次，从下往上依次是基础自动化、过程自动化和管理自动化，其核心是基础自动化和过程自动化。在传统的自动化系统中，基础自动化部分基本被 PLC 和 DCS 所垄断，过程自动化和管理自动化部分主要由价格昂贵的过程计算机或小型机组成。然而，自 20 世纪 90 年代以来，由于 PC-based 的工业计算机（简称工业 PC）的发展，以工业 PC、I/O 装置、监控装置和控制网络组成的 PC-based 的自动化系统得到了迅速普及，成为实现低成本工业自动化的重要途径。

工业 PC 是基于商用微型计算机或个人电脑，并采用了总线式结构、工业标准机箱和工业级元器件等诸多满足工业控制需求的实用技术。以工业 PC 为基础的低成本工业控制自动化系统的特点是：开放的结构，用户可以选择来自不同厂商的不同产品，为应用提供更大的系统柔性，便于系统集成；PC 工控机的软、硬件丰富，用户可以得到更高性价比的产品；提供有力、柔性的联网能力，可以使用标准 TCP/IP 以太网和网卡；能运行复杂任务（如趋势分析），并且可基于多种平台运行，如 Windows NT、Windows CE 和 Linux 等。目前，我国的许多大企业已拆除了原来的 DCS 或单回路数字式调节器，而改用工业 PC 来组成控制系统，并采用模糊控制算法，获得了良好效果。

2．PLC（可编程序控制器）得到了广泛的应用

PLC 是由继电器逻辑控制系统发展而来的，初期主要代替继电器控制系统，侧重于开关量顺序控制，后来，随着微电子技术、大规模集成电路技术、计算机技术和通信技术的发展，PLC 在技术上和功能上发生了极大的变化。在逻辑运算的基础上，增加了数值计算、闭环调节等功能；增加了模拟量和 PID 调节等功能模块，实现了顺序控制和过程控制的结合；运算速度得到提高，新型 PLC 的 CPU 在性能上已经赶上了工业控制机；开发了智能 I/O 模块，实现了 PLC 之间、PLC 与上位机之间以及 PLC 与其他智能设备之间的通信，由此发展了多种局部总线和网络，也可构成集散控制系统。上述性能特点使其在工业控制自动化领域得到了广泛的应用。

现代 PLC 的发展有两个主要趋势：其一是向体积更小、速度更快、功能更强和价格更低的微小型方面发展；其二是向大型网络化、高可靠性、好的兼容性和多功能性方面发展。具体有以下几个方面。

（1）大型网络化。主要是朝 DCS 方向发展，使其具有 DCS 系统的一些功能。网络化和通信能力强是 PLC 发展的一个重要方面，向下可将多个 PLC、I/O 框架相连；向上可与工业计算机、以太网等相连构成整个工厂的自动化控制系统。

（2）多功能性。随着自调整、步进电机控制、位置控制、伺服控制、仿真、通信处理和故障诊断等模块的出现，PLC 在控制领域的应用范围会变得更加宽广。

（3）高可靠性。由于控制系统的可靠性日益受到人们的重视，一些公司已将自诊断技术、冗余技术、容错技术广泛应用到现有产品中，推出了高可靠性的冗余系统，并采用热备用和并行工作、多数表决的工作方式。即使在恶劣、不稳定的工作环境下，坚固、全封闭的模板依然能够正常工作。在操作运行过程中，有些 PLC 的模板还支持热插拔。

3．面向测控管一体化设计的集散控制系统

集散控制系统，也称为分布式控制系统或分散式控制系统，它采用标准化、模块化和系列化的设计，由过程控制级、控制管理级和生产管理级组成，以通信网络为纽带，对数据进行集中显示，而操作管理和控制相对分散，是一种配置灵活、组态方便、具有高可靠性的控制系统，其特点可总结为：分散控制、集中操作、分级管理、分而自治和综合协调。

DCS 正朝着综合性、开放性的方向发展。工业自动化要求加强各种设备（计算机、DCS、单回路调节器、PLC 等）之间的通信能力，以便构成大系统。开放性的结构便于各种设备与管理的上位计算机进行数据交换，实现计算机集成制造系统，进而在大型 DCS 进一步完善和提高的同时，发展小型集散控制系统。随着电子技术的发展，结合现代控制理论并应用人工智能技术，以微处理器为基础的智能设备相继出现，如智能变送器、可编程调节器、智能 PID 调节器、自整定控制器、智能人机接口及智能 DCS 等。DCS 总的发展趋势可体现在以下几个方面。

（1）各制造厂商都在"开放性"上下工夫，力求使自己的 DCS 与其他厂商的产品易于联网。

（2）大力发展和完善 DCS 的通信功能，并将生产过程控制系统与工厂管理系统连接在一起，形成测控管理一体的系统产品。

（3）高度重视系统的可靠性，在软件的设计中采用容错技术。

（4）在控制功能中，不断引进各种先进控制理论，以提高系统的控制性能，如自整定、自适应、最优和模糊控制等。

（5）在系统规模的结构上，形成由小到大的产品，以适应不同规模的需求。

（6）发展以先进网络通信技术为基础的 DCS 控制结构，向低成本综合性自动化系统的方向发展。

4．大力发展和采用现场总线技术

现场总线是一种用于智能化现场设备和自动化系统的开放式、数字化、双向串行、多结点的通信总线。采用现场总线技术可实现一种具有开放式、数字化和网络化结构的新型自动控制系统。

现场总线技术的采用带来了工业控制系统技术的革命。采用现场总线技术可以促进现场仪表的智能化、控制功能分散化、控制系统开放化，符合工业控制系统领域的技术发展趋势。现场总线技术使得从智能传感器到智能调节阀的信号一直保持数字化，从而极大地提高了抗干扰能力。利用双绞线作为现场总线，既能传输现场总线上仪表设备与上位机的通信信号，还能为现场总线上的智能传感器/变送器、智能执行器、可编程控制器、可编程调节器等装置供电。现场总线是一种开放式的互联网，它可与同层网络相连，也可与不同层网络相连，只要配有统一的标准数字化总线接口并遵守相关通信协议的智能设备和仪表，都能并列地接入现场总线。

开放式、数字化和网络化结构的现场总线控制系统，由于具有降低成本、组合扩展容易、安装及维护简便等显著优点，从问世开始就在生产过程自动化领域引起极大的关注。现场总线控制系统是继 DCS 之后控制系统的又一次重大变革，必将成为工业自动化发展的主流，会对工业自动化领域的发展产生极其深远的影响。

5．大力研究和发展智能控制系统

理论上，工业自动化中工业控制系统的设计和分析是建立在精确的系统数学模型基础上的，而实际应用的控制系统由于各种因素的影响，无法获得精确的数学模型，同时，为了提高控制性能，整个控制系统会变得极其复杂，增加了设备的投资，降低了系统的可靠性。人工智能的出现和发展，促进了自动控制向更高的层次发展，即智能控制。智能控制是模拟人类学习和自适应的能力，能学习、存储和运用知识，能在逻辑推理和知识推理的基础上进行信息处理，能对复杂系统进行有效的全局性控制，能自主地驱动智能机器实现其目标的过程。智能控制系统的研究范围很广泛，普遍认为模糊逻辑控制、专家控制和神经网络控制是三种典型的智能控制。此外，还有分级递阶智能控制系统、学习控制系统等，有关智能控制系统方面的内容，读者可参考相关的书籍加以学习。

1.1.2　控制系统体系结构的演变

1．控制系统的发展过程

在工业控制系统的发展过程中，每一代新的控制系统的推出都是针对老一代控制系统存在的缺陷而给出的解决方案，同时也代表着技术的进步和效能的提高。工业控制系统在其发展过程中大致可划分为以下几个阶段。

（1）初级控制系统。20 世纪 50 年代以前，由于工业生产规模较小，各类检测、控制仪表处于发展的初级阶段，生产设备以机械设备为主，所用的设备主要是安装在生产现场、具有简单测控功能的基地式仪表，信号基本上都是在本仪表内起作用（主要是显示功能），一般不能传送给其他的仪表或系统，各测控点为封闭状态，无法与外界沟通信息，操作人员只能通过对生产现场的巡检来了解生产过程的运行状况。此阶段的控制系统均较简单，称为初级控制系统。

（2）模拟仪表控制系统。随着测量技术、电子技术的发展和工业生产规模的不断扩大，操作人员需要了解和掌握更多的现场参数与信息，制定满足要求的操作控制系统。于是，在20 世纪 60 年代至 20 世纪 70 年代后期，先后出现了以电子管、晶体管、集成电路为核心的气动和电动单元组合式仪表两大系列。它们分别以压缩空气和直流电源作为动力，用于对防爆要求较高的化工生产和其他行业，防爆等级为本质安全型，并以气压信号 0.02～0.1MPa，直流电流信号 0～10mA、4～20mA，直流电压信号 0～5V、1～5V 等作为仪表的标准信号，在仪表内部实行电压并联传输，外部实行电流串联传输，以减小传输过程的干扰。电动单元仪表通常以双绞线为传输介质，信号被送到集中控制室（通常称为仪表室或机房）后，操作人员可以坐在控制室内观察生产流程中各处的生产参数并了解整个生产过程。由于单元组合仪表具有统一的输入/输出信号标准，在此阶段自动化系统可以根据生产需要，由各种功能单元进行组合，完成各种相对复杂的控制。

（3）集中式数字控制系统。20 世纪 80 年代初，计算机、微处理器和并行处理技术的发展，使得领先一对一物理连接的模拟信号系统在速度和数量上越来越无法满足大型、复杂系统的需求，模拟信号的抗干扰能力也相对较差，人们开始使用数字信号代替模拟信号，并研制出直接数字控制系统，用数字计算机代替控制室内的仪表来完成控制系统功能。由于数字计算机价格昂贵，人们总是用一台计算机取代控制室的所有仪表，于是出现了集中式数字控制系统，从而解决了信号传输及抗干扰问题。由于当时数字计算机的可靠性还不够高，一旦计算机出现某种故障，就会造成系统崩溃、所有控制回路瘫痪、生产停产的严重局面。由于工业生产很难接受这种危险高度集中的系统结构，使得集中控制系统的应用受到一定的限制。

（4）集散控制系统（DCS）。随着计算机可靠性的提高和价格的下降，自控领域又出现了新型控制方案——集散控制系统，它由数字调节器、可编程控制器以及多台计算机构成，当一台计算机出现故障时，其他计算机立即接替该计算机的工作，使系统继续正常运行。在集散控制系统中，系统的风险被分散由多台计算机承担，避免了集中控制系统的高风险，提高了系统的可靠性。因此，它被工业生产过程广泛接受，这就是今天正在被许多企业采用的 DCS系统。在 DCS 系统中，测量仪表、变送器一般为模拟仪表，控制器多为数字式，因而它又是一种模拟数字混合系统。这种系统与模拟式仪表控制系统、集中式数字控制系统相比较，在功能、性能和可靠性上都有了很大的进步，可以实现现场装置级、车间级的优化控制。但是，在 DCS 系统形成的过程中，由于受早期计算机发展的影响，各厂家的产品自成封闭体系，即使在同一种协议下仍然存在不同厂家的设备有不同的信号传输方式且不能互连的现象，因此实现互换与互操作有一定的局限性。

（5）现场总线控制系统（FCS）。现场总线控制系统突破了 DCS 通信由专用网络的封闭系统来实现所造成的缺陷，将基于封闭、专用的解决方案变成了基于公开化、标准化的解决方案，即可以将来自不同厂商而遵守同一协议规范的自动化设备通过现场总线控制系统把 DCS 集中与分散结合的集散系统结构变成了新型全分布式系统结构，把控制功能彻底下放到现场。

现场总线之所以具有较高的测控性能，一是得益于仪表的智能化，二是得益于设备的通信化。把微处理器置入现场自控设备，使设备具有数字计算和数字通信能力，一方面提高了信号的测量、控制和传输精度；另一方面丰富了测控信息的内容，为实现其远程传送创造了条件。在现场总线的环境下，借助设备的计算、通信能力，在现场就可进行许多复杂计算，形成真正分散在现场的完整的控制系统，提高了控制系统运行的可靠性。此外，还可借助现场总线网段与其他网段进行联网，实现异地远程自动控制，如远程操作电气开关、进行参数的设定等。系统还可提供阀门开关动作次数、故障诊断信息等，便于操作管理人员更好、更深入地了解生产现场和自控设备的运行状态，这在传统仪表控制系统中是无法实现的。现场总线控制系统结构与传统控制系统结构的区别如图 1.1 所示。

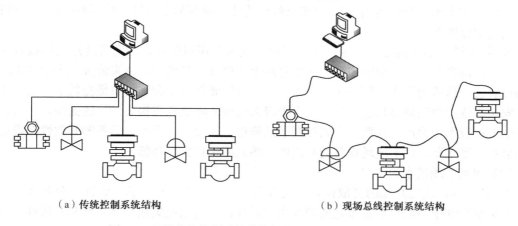

（a）传统控制系统结构 　　　　　　　　（b）现场总线控制系统结构

图 1.1　现场总线控制系统结构与传统控制系统结构的比较

2. 现场总线控制系统及现场总线技术的特点

现场总线是连接智能现场设备和自动化系统的数字式、双向传输、多分支结构的通信网络。也有将现场总线定义为应用在生产现场，在智能测控设备之间实现双向串行多结点数字通信的系统，也称为开放式、数字化、多点通信的低成本底层控制系统。现场总线的特点主要体现在两方面，一是在体系结构上成功实现了串行连接，一举克服并行连接的许多不足；二是在技术层面上成功解决了开放竞争和设备兼容两大难题，实现了现场设备智能化和控制系统分散化两大目标。

（1）现场总线控制系统体系结构的特点。

① 基础性。在企业实施信息集成、实现综合自动化的过程中，作为工厂底层网络的现场总线是一种能在现场环境下运行的可靠、实时、廉价、灵活的通信系统，能够有效地集成

到 TCP/IP 信息网络中，现场总线是企业强有力的控制和通信的基础设施。

② 灵活性。现场总线打破了传统控制系统的结构形式，使控制系统的设计、建设、维护、重组和扩容变得更加灵活简便。传统模拟控制系统采用一对一的并行连线，按控制分别进行连接，如图 1.1（a）所示。位于现场的测量变送器与位于控制室的控制器之间，控制器与位于现场的执行器、开关、电动机之间均为一对一的物理连接，每个装置需单独使用一条线，因此形成了庞大的线束。由于现场布线的复杂性，因此传统控制系统在设计之初需一次性规划好布线的数量和走向，一旦实施就具有刚性，不便于调整和维护，提高了投入的门槛，不利于滚动发展。

③ 现场总线系统由于采用智能现场设备，能够把传统控制系统中处于控制室的控制模块、I/O 模块和通信模块移置到现场设备中，使现场设备能够在一条总线上串行连接起来直接传送信号，完成控制功能，如图 1.1（b）所示。这样一来，系统布线就由几十条、上百条甚至上千条简化为一条，这不仅简化了设计施工，方便了修理维护，也降低了系统投入的门槛，大大提高了系统的可靠性和灵活性。增减现场设备只需直接将设备挂上总线或将设备从总线取下即可，不必另行布线。

④ 分散性。由于现场总线中智能现场设备具有高度的自治性，因而控制系统功能可以不依赖控制室的计算机或控制仪表而直接在现场完成，实现了彻底的分散控制。另外，由于现场设备具有网络通信功能，这使得把不同网络中的现场设备和不同地理范围中的现场设备组成一个控制系统成为可能。因此，现场总线已构成一种新的全分散性控制系统的体系结构，具有高度的分散性。

⑤ 经济性。由于现场总线通信用数字信号代替了模拟信号，因而可通过复用技术在一条总线上传输多个信号，同时还可在这条总线上为现场设备供电，原来的大量集中式 I/O 部件均可省去。这就为简化控制系统的体系结构，节约硬件设备和连接电缆提供了可能，并将各种安装和维护费用降至最低。另外，由于投入门槛的降低和重构灵活性的提高，使得现场总线的资产投入不会产生浪费，大大提高了经济性。最后，由于现场设备的开放性，设备价格不会被厂家垄断；由于现场设备的互换性，备品库也可大大降低。

（2）现场总线技术的特点。

① 开放性。现场总线的开放性有三层含义。一是指相关标准的一致性和公开性。一致开放的标准有利于不同厂家设备之间的互连与替换；二是系统集成的透明性和开放性，用户进行系统设计、集成和重构的能力大大提高；三是产品竞争的公正性和公开性，用户可按自己的需要和评价，选用不同供应商的产品组成大小随意的系统。

② 交互性。现场总线设备的交互性有三层含义。一是指上层网络与现场设备之间具有相互沟通的能力；二是指现场设备之间具有相互沟通的能力，即具有互操作性；三是指不同厂家的同类设备可以相互替换，即具有互换性。

③ 自治性。由于智能仪表将传感测量、补偿计算、工程量处理与控制等功能下载到现场设备中，因此一台单独的现场设备即具有自动控制的基本功能，可以随时诊断自己的运行状况，实现功能的自治。

④ 适应性。安装在工业生产第一线的现场总线是专为恶劣环境而设计的，对现场环境具有很强的适应性，具有防电、防磁、防潮和较强的抗干扰能力，可满足本质安全防爆要求，可支持多种通信介质，如双绞线、同轴电缆、光缆、射频、红外线、电力线等。

3．典型现场总线简介

自 20 世纪 80 年代中期以来，世界上有许多国家和集团、企业开展现场总线标准的研究，并出现了多种有影响的现场总线标准。这些现场总线标准都各有特点，并在特定范围内产生了非常大的影响，也显示出了较强的生命力。目前，世界上尚未有一个统一的现场总线标准，下面介绍几种有代表性的现场总线。

（1）基金会现场总线（FF）。基金会现场总线是在过程自动化领域得到广泛应用和具有良好发展前景的技术。其前身是以美国 Fisher-Rosemount 公司为首，联合 Foxboro、横河、ABB、西门子等 80 家公司制定的 ISP 协议和以美国 Honeywell 公司为首，联合欧洲等地的150 家公司制定的 WordFIP 协议。1994 年 9 月两大集团合并，成立了现场总线基金会，总部设在美国德克萨斯州的奥斯汀，该基金会聚集了世界著名仪表、DCS 和自动化设备制造商、研究机构和最终用户。由于这些公司是该领域自控设备的主要供应商，对工业底层网络的功能需求了解透彻，也具备足以左右该领域现场自控设备发展方向的能力，因此该基金会自成立以来，工作进展比较快，推动了现场总线的研究和产品开发。FF 是一个非商业的公正的国际标准化组织，其宗旨是制定统一的国际现场总线标准，为世界上任何一个制造商或用户提供现场总线标准，因而由它们所颁布的现场总线规范具有一定的权威性。

（2）PROFIBUS。PROFIBUS 是德国国家标准 DIN19245 和欧洲标准 EN50170 的现场总线标准。它由 PROFIBUS-DP、PROFIBUS-FMS 和 PROFIBUS-PA 组成 PROFIBUS 现场总线系列。DP 型用于分散外设间的高速数据传输，适合于加工自动化领域的应用。FMS 型意为现场信息规范，适用于纺织、楼宇自动化、可编程控制器、低压开关等。而 PA 型则是用于过程自动化的总线类型，它遵从 IEC 1158-2 标准。该项技术由以西门子公司为主的十几家德国公司、研究所共同推出。

（3）CAN。CAN 是控制局域网（Control Area Network）的简称，最早由德国 BOSCH 公司推出，用于汽车内部测量与执行部件之间的数据通信。其总线规范已被 ISO 国际标准化组织制定为国际标准。由于得到了 Motorola、Intel、Philips、Siemens、NEC 等公司的支持，已广泛应用在离散控制领域。目前，已有多家公司开发生产了符合 CAN 协议的通信芯片，如 Intel 公司的 82527、Motorola 公司的 MC68HC908AZ60Z 和 Philips 公司的 SJA1000 等，还有插在 PC 上的 CAN 总线适配器，具有接口简单、编程方便、开发系统价格便宜等优点。

（4）LonWorks。LonWorks 现场总线技术是由美国 Echelon 公司推出，并与摩托罗拉和东芝公司共同倡导，于 1990 年正式公布的。Echelon 公司的策略是鼓励 OEM 开发商运用 LonWorks 技术和神经元芯片，开发自己的应用产品，据称，目前已有 2 600 多家公司在不同程度上使用 LonWorks 技术，1 000 多家公司已推出了 LonWorks 产品，并进一步组成 LonMARK 互操作协会开发和推广 LonWorks 技术与产品。LonWorks 技术已被广泛应用在楼宇自动化、家庭自动化、保安系统、办公设备、交通运输、工业过程控制等行业。另外，在开发智能通信接口和智能传感器等方面，LonWorks 神经元芯片也具有独特的优势。

（5）HART。HART（Highway Addressable Remote Transducer）协议为可寻址远程传感器数据通路通信协议，它最早由 Rosemount 公司开发并得到 80 多家著名仪表公司的支持和加盟，于 1993 年成立了 HART 通信基金会。其特点是在现有模拟信号传输线上实现数字信号通信，使用模拟系统向数字系统转变过程中的过渡性产品，因而在当前的过渡时期具有较强的市场竞争力，得到了较快的发展。

上面简单介绍了五种常用的现场总线技术，另外还有 DeviceNet、ControlNet、CC-Link 等多种总线技术，它们各有其特点和应用领域。由于现场总线的应用领域广阔，要求不同，再考虑到每种总线产品的投资效应和各公司的商业利益，预计在今后一段时间内，会出现多种总线标准共存，同一生产现场有几种异构网络互连通信的局面。但发展共同遵守的统一标准规范，真正形成开放互连系统，是大势所趋。

1.1.3 工业数据通信与控制网络

1. 工业数据通信

通信系统用于设备与设备、设备与人、人与人之间的信息传递。早期的通信系统可以追溯到利用烽火台的火光与烟雾来传递信息的远古时期。电的发明与使用为通信系统的发展提供了有效的工具。现代通信系统一般都运用电子或电力设备在两点或多点之间传递信息。

数据通信是指在两点或多点之间以二进制形式进行信息交换的过程。近年来随着计算机技术的发展，特别是互联网的出现，以数据交换为主的计算机数据通信技术得到迅猛发展。因而在实际应用中，数据通信一般是指计算机通信，用于计算机与计算机之间、计算机与打印机等外设之间传递各种文件信息。

在工业生产过程中，除了计算机与外围设备，还存在大量检测工艺参数数值与状态的变送器和控制生产过程的控制设备，在这些测量、控制设备的各功能单元之间、设备与设备之间以及这些设备与计算机之间，遵照通信协议、利用数据传输技术传递数据信息的过程，一般称为工业数据通信。工业数据通信传送的数据内容通常是生产装置运行参数的测量值、控制量、阀门的工作位置、开关状态、报警状态、设备的资源与维护信息、系统组态、参数修改、零点和量程调校信息等。如图 1.2 所示为工业数据通信系统的一个简单示例。图中温度变送器（发送设备）将生产现场运行温度测量值传送到监控计算机（接收设备）。这里的报文内容为所传送的温度值，中间的连接电缆为传输介质，通信协议则是事先以软件形式存在于计算机和温度变送器内的一组程序。可以看出，它与普通计算机通信、电报与话务通信既有较大区别又有密切的联系。因而可以认为，工业数据通信是工业自动化领域内的通信技术。

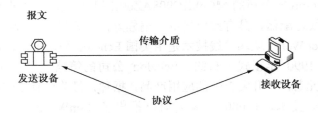

图 1.2　工业数据通信系统示例图

工业数据通信系统有些比较简单，包括几个结点；有些比较复杂，包括成千上万个结点。例如，一个汽车组装生产线可能有多达 25 万个 I/O 点，石油炼制过程中的一个普通装置也会有上千台测量控制设备。这些结点间进行多点通信时，往往并不是在每对通信结点间建立直达线路，而是采用网络连接形式构建数据通道，于是产生了数据通信网络。这种结点众多的数据通信系统一般都采用串行通信方式。串行数据通信的最大优点是经济。两根导线上挂接数十、上百甚至更多的传感器、执行器，具有安装简单、通信方便的优点。这两根实现串行数据通信的导线就称之为总线。总线上除了传输测量控制的数值外，还可以传输设备状态、参数调整和故障诊断等信息。

2. 控制网络

（1）控制网络与现场总线。工业数据通信是由早期的通信系统演化而来，但控制网络却是近年发展形成的。应该说，工业数据通信是控制网络的基础和支撑条件，是控制网络技术的重要组成部分。在这个意义上也可以把工业数据通信与控制网络一并称为控制网络。它是在现场总线的基础上发展形成的，具有比现场总线一词更宽更深的技术内涵。作为当今工业自动化领域的热点技术，"现场总线"一词已经为业内人士广泛认知，成为工业数据通信与控制网络的代名词。随着现场总线技术的不断发展和内容的不断丰富，各种控制、应用功能与功能块、控制网络的网络管理、系统管理等内容的不断扩充，现场总线已经超出了原有的定位范围，不再只是通信标准与通信技术，而成为网络系统与控制系统。与互联网的结合使控制网络又进一步拓宽了视野和作用范围，不再受限于局域网。此时，现场总线一词已难以完整地表达控制网络现今的技术内涵。但毕竟现场总线已经成为这一领域人们熟知的代名词，在某些应用场合也能很好地体现其技术内容，因而这里对它们不做具体区别。控制网络可以简单地概括为将多个分散在生产现场，具有数字通信能力的测量控制仪表作为网络结点，采用公开、规范的通信协议，以现场总线作为通信连接的纽带，把现场控制设备连接成为可以相互沟通信息，共同完成自控任务的网络系统与控制系统。简单控制网络的示意图如图 1.1（b）所示。它既是一个位于生产现场的网络系统，网络在各控制设备之间构筑起沟通数据信息的通道，在现场的多个测量控制设备之间以及现场控制设备与监控计算机之间实现工业数据通信，又是一个以网络为支撑的控制系统，依靠网络在传感测量、控制计算机、执行器等功能模块之间传递输入/输出信号，构成完整的控制系统，完成自动控制的各项任务。从图 1.1（b）中可以看出，控制网络的组成成员比较复杂。除了普通的计算机、工作站、打印机、显示终端外，大量的网络结点是各种可编程控制器、开关、电动机、变送器、阀门、按钮等。其中大部分结点的智能程序远不及计算机，有的现场控制设备内嵌有 CPU 专用芯片，有的只是功能相当简单的非智能设备。控制网络是一类特殊的网络系统，广泛应用于离散、连续制造业、交通、楼宇、家电以及农、林、牧、渔等行业。

（2）控制网络在企业网络系统中的地位、作用及特点。企业网络的结构按功能分为信息网络层和控制网络层，其体系结构如图 1.3 所示。信息网络层位于企业网络的上层，是企业数据共享和传输的载体。它主要完成现场信息的集中显示、操作、组态、过程优化计算和参数修改，并担负着包括工程技术、经营、商务和人力等方面的总体协调和管理工作。控制网络层位于企业网络的下层，由 HART、PROFIBUS 等现场总线网段组成，与信息网络紧密地集成在一起，服从信息网络的操作，同时又具有独立性和完整性。它的实现既可以采用工业以太网技术，也可以采用现场总线技术，或者采用工业以太网技术与现场总线技术的结合。其作用是把工业现场的实时参数传送到信息网络中，以进行数据的分析、计算和显示。

控制网络相对于信息网络而言主要有如下特点。

① 控制网络中数据传输的及时性和系统响应的实时性是控制系统的最基本要求。一般来说，过程控制系统的响应时间要求为 0.01～0.5s，制造自动化系统的响应时间要求为 0.5～2.0s，信息网络的响应时间要求为 2.0～6.0s。在信息网络的大部分使用中实时性是忽略的。

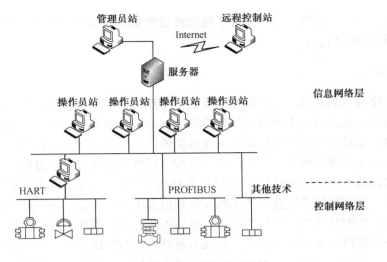

图 1.3　企业网络体系结构

② 控制网络强调在恶劣环境下数据传输的完整性、可靠性。控制网络应具有在高温、潮湿、震动、腐蚀和电磁干扰等工业环境中长时间、连续、可靠、完整地传送数据的能力，并能抗工业电网的浪涌、跌落和尖峰干扰等。在易燃易爆场合，控制网络还应具有本质安全性能。

③ 控制网络必须解决多家公司产品和系统在同一网络中的互操作问题。

1.2　工业数据通信和控制网络连接及传输介质

1.2.1　计算机局域网及其拓扑结构

1. 计算机网络与计算机局域网

（1）计算机网络发展。计算机网络是计算机技术、通信技术相互渗透、相互促进的产物，诞生于 20 世纪 60 年代，它的发展经历了一个从简单到复杂、从单机到多机的演变过程，即从最初为了解决远程计算、信息的收集和处理而出现的单机多终端远程联机系统开始，逐步形成了将多台具有自主处理能力的中心计算机相互连接起来，实现以资源共享为目的的计算机通信网络，最后发展到现代具有统一网络体系结构并遵循国际标准的开放式、标准化计算机网络。人们从计算机网络的这几个发展阶段中，把计算机网络的概念归纳为：用通信手段将空间上分散的、具有独立处理能力的多台计算机系统互连起来，按照某种网络协议进行数据通信，以进行信息交换、实现资源共享和协同工作的计算机系统的集合。由此可见，计算机网络的概念主要包含以下几方面的含义。

① 计算机网络必须是两台或两台以上的具有独立功能的计算机系统的集合。其中，具有独立处理能力的计算机系统是指每个计算机系统能独立工作，能够自我处理数据，而无须其他系统的帮助，它们之间不存在主从关系。

② 网络中的计算机系统在空间上是分散的，既有可能在同一张桌子上，一栋楼宇中，也有可能处于不同的城市、不同的大陆。

③ 网络中的多台计算机系统必须通过物理介质连接起来。这些物理介质可以是铜线、光纤等"有线"介质，也可以是微波、红外线或卫星等"无线"介质。

④ 网络中计算机系统之间要进行信息交换，必须遵守某种约定和规则，这些约定和规则被称为协议。协议可以由硬件或软件来完成。

⑤ 网络中多台计算机系统互连的结果是完成数据交换，目的是为了实现信息资源的共享以及不同计算机系统间的相互操作以完成工作协同和应用集成。

（2）计算机网络的组成。计算机网络出现的主要目的是为了实现数据通信和资源共享，为了实现这两大基本功能，它的组成从逻辑功能上可以分成两部分：由负责数据处理的计算机（HOST）构成的资源子网和由负责数据通信的通信处理机（IMP）构成的通信子网。典型的计算机网络组成如图 1.4 所示。

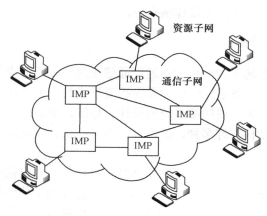

图 1.4　计算机网络的组成

① 通信子网。通信子网主要提供网络的通信功能。由通信控制处理机、通信线路和其他通信设备组成。对于不同类型的网络，其通信子网的物理组成也不相同。如在局域网中，通信子网主要由物理传输介质、集线器（用于连接多条传输介质，不具有数据传递功能）以及主机网络接口板（网卡）组成，而在广域网中，除物理传输介质和主机网络接口板（网卡）外，还必须有转接结点（如交换机、路由器等）以传递信息。

② 资源子网。资源子网承担全网的数据处理任务，并向网络用户提供各种网络资源与网络服务，一般由主机系统（服务器）、终端（客户机）、相关的外部设备和各种软、硬件资源、数据资源等组成。

（3）计算机网络的分类。计算机网络分类的标准很多，如拓扑结构、应用协议、组建属性等。但是这些标准只能反映网络某方面的特征，而最能反映网络技术本质特征的分类标准是网络的地理分布距离和覆盖范围，按照该标准可将计算机网络分为局域网（LAN）、城域网（MAN）和广域网（WAN）。这也是目前最常用的分类标准。

① 广域网（WAN）。广域网（WAN, Wide Area Network）也称远程网，它所覆盖的地理范围从几十千米到几万米，覆盖一个地区、国家，甚至延伸至全世界。计算机网络出现的初期，就是以广域网的面目出现的，局域网和城域网都是在广域网技术之后出现的。因此，目前有很多针对广域网的网络标准及技术规范，如 ISO 的 OSI/RM、X.25 和 TCP/IP 等。

② 城域网（MAN）。城域网（MAN, Metropolitan Area Network）又称城市地区网，它的覆盖范围一般是一个城市。城域网是介于广域网与局域网之间的一种大范围的高速网络。

城域网设计的主要目的是满足几十千米范围内的计算机联网需求，实现大量用户、多种信息（数据、声音、图像等）传输的综合性信息网络。目前城域网已经制定出了一些完备的网络标准和技术规范，如分布式队列总线、光纤分布式数据接口及交换多兆位数据服务等。其中，光纤分布式数据接口已得到广泛应用。

③ 局域网（LAN）。局域网（LAN，Local Area Network）的作用范围一般限于几千米，用于将较小范围（如一个实验室、一栋大楼和整个校园等）内的各种计算机及外部设备互连成网。局域网的作用范围小，入网设备便宜，网络管理简单，再加上微机的日益普及，局域网成为发展最迅猛、应用最广泛的一种廉价网，是计算机网络中最活跃的领域之一。它有自己独特的一套网络标准和体系结构，如著名的以太网和 IEEE 制定的 IEEE 802 系列标准。

对于计算机网络而言，决定其特性的三要素是：网络拓扑、传输介质和介质访问控制方法，本节后续部分将对这三方面加以详细介绍。

2．计算机网络的拓扑结构

计算机网络的拓扑结构是指网络结点通过通信线路连接所形成的几何形状。即将工作站和服务器等设备抽象为点，将通信线路抽象为线而形成的一个几何图形。借用数学上的拓扑学理论来研究这种几何图形，对网络系统的设计、功能、费用、可靠性等方面有着重要的意义。计算机网络的拓扑结构有许多种，最常见的有总线状、星状和树状、环状以及网状等 4种基本结构。

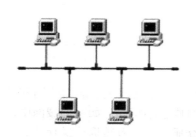

图 1.5　总线状拓扑结构

（1）总线状拓扑结构。总线状拓扑结构是计算机网络中的基本拓扑结构。在总线状拓扑结构中，传输介质是一条总线，各结点通过接口电路接入总线。结点接入比较容易，结点间数据传输可以是点对点方式，也可以是广播方式，即一个网络结点发信时所有网络结点均可收信，如图 1.5 所示。总线状拓扑结构的特点在于其结构相对简单，联网成本低，灵活，网络中增加或减少结点都比较方便，并且在小规模网络环境中能够提供较高的数据传输速度。然而，由于单信道的限制，一个总线状网络上的结点越多，网络发送和接收数据的速度就越慢，网络性能下降得越剧烈。同时所有设备共享一条通信线路，一次只允许一个结点发送数据，需要采取某种存取控制方式，以确定可以发送数据的结点。另外，总线状网络具有较差的容错能力，这是因为总线上的某个中断或缺陷将影响整个网络。因此，几乎没有一个规模较大的网络是运行在一个单纯的总线状拓扑结构上的，它基本上已被星状网所取代。

（2）星状和树状拓扑结构。在星状拓扑结构中，每个站通过点—点连接到中央结点，任何两站之间通信都通过中央结点进行，如图 1.6（a）所示。一个站要传送数据，首先向中央结点发出请求，要求与目的站建立连接。连接建立后，该站才向目的站发送数据。这种拓扑采用集中式通信控制策略，所有通信均由中央结点控制，中央结点必须建立和维持许多并行数据通路，因此中央结点的结构显得非常复杂，而每个站点的通信处理负担很小，只需满足点—点链路的简单通信要求。星状拓扑结构的特点是管理维护简单，外围结点的故障不会影响整个系统的工作，是目前商业、民用计算机网络和工业控制网络中最主要的结构，但由于每个站点都通过一条专线连接到中心结点，所需连线较多，同时全网的控制集中于一个中心结点上，该结点负担重，如果它有故障会直接造成整个网络的瘫痪，故其全网可靠性由中心结点决定。

如图 1.6（b）所示的树状拓扑结构实质上是星状拓扑结构的扩展，它是星状拓扑结构按层次展延而得到的，同一层次可以有不止一个中继结点，但最高一层只有一个中继结点。信息交换主要应该在上下结点之间进行，同层结点之间的数据交换量相对较少。树状结构非常适合于分主次和分等级的层次型管理系统。

（a）星状　　　　　　　　　　（b）树状

图 1.6　星状和树状拓扑结构

（3）环状拓扑结构。环状拓扑结构如图 1.7 所示，网络各结点通过网络接口卡和干线耦合器（类似于中继器）连接，构成闭合的环状。环中的数据沿着一个方向（顺时针或逆时针）逐站传输。在环状网络中，各结点以令牌方式实现对共享链路的访问控制。环状拓扑结构中可使用光缆等高速传输介质，数据传输速率高，很适合于对实时性要求较高的工业环境。但这种结构在网络设备数量、数据类型和可靠性方面存在某些局限。

（4）网状拓扑结构。网状拓扑结构也是一种常见的拓扑结构，如图 1.8 所示，各结点通过物理通道连接成不规则的形状，各结点之间有多条线路可供选择。这种结构的特点是：当某一线路中的结点有故障时不会影响整个网络的工作，系统可靠性高，资源共享方便。由于系统有路由选择和流向控制问题，所以管理比较复杂。

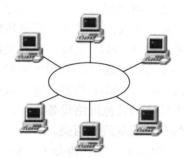

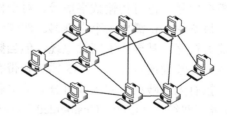

图 1.7　环状拓扑结构　　　　　　　图 1.8　网状拓扑结构

1.2.2　网络的传输介质及其特性

传输介质是传输信息的载体，是网络中位于发送端与接收端之间的物理通路。资源子网中的各结点和通信子网中的通信处理机（IMP）之间均需通过传输介质连接。传输介质种类很多，通常分为有线传输介质和无线传输介质两大类，如图 1.9 所示。有线传输介质使用物理导体提供从一个设备到另一个设备的通信通路，无线传输介质使用空气（或水）来传输信息。

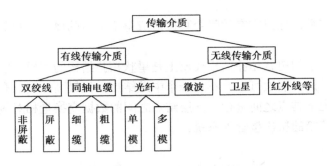

图 1.9　网络传输介质的分类

传输介质的特性是选择传输介质的重要依据，它对网络中数据通信的质量影响很大，其主要特性有如下几种。

（1）物理特性。传输介质物理结构的描述。

（2）传输特性。传输介质允许传送数字或模拟信号的形式以及调制技术、传输容量、传输的频率范围。

（3）连通特性。允许点—点或多点连接。

（4）地理范围。传输介质的最大传输距离。

（5）抗干扰性。传输介质防止噪声与电磁干扰对传输数据影响的能力。

1．有线介质

（1）双绞线。双绞线（TP，Twisted Pair）由两根彼此绝缘的导线构成，它们按照一定的规则，以螺旋状相互缠绕在一起。双绞线外面套上一层塑料保护层就形成了双绞线电缆，这种以螺旋状相互缠绕的结构可以减少相邻导线之间的信号干扰，使得各条导线之间的电磁干扰最小。一对导线构成一条通信链路。在实际应用中，通常将多对双绞线（如两对、四对）捆扎在一起，再由外部保护层包裹起来。双绞线是一种廉价而又广泛使用的通信传输介质，既可传输模拟信号，也可传输数字信号。对于模拟信号，每 5～6km 需要一个放大器，对于数字信号，每 2～3km 需要一个中继器。双绞线一般用于点到点连接，低频传输时，双绞线的抗干扰能力较好，甚至优于同轴电缆，但当频率超过 10～100kHz 的范围时，双绞线则劣于同轴电缆。双绞线通过使用 RJ-45 插头和带有 RJ-45 插座的其他网络设备连接，如网卡、交换机等。按有无屏蔽层，双绞线可分为非屏蔽双绞线和屏蔽双绞线两类。

① 非屏蔽双绞线（UTP，Unshielded Twisted Pair）。国际电气工业协会（EIA）为非屏蔽双绞线（UTP）定义了以下 6 种质量级别：

- 1 类线。可用于语音传输，但不适合数据传输，这类线没有固定的性能要求，是电话系统中使用的基本双绞线。
- 2 类线。可用于语音传输，也可用于数据传输，但最高数据传输速率不超过 4Mb/s，2 类线包含 4 对双绞线。
- 3 类线。用于语音传输和数据传输，最高数据传输速率为 10Mb/s，常用于 10Base-T 以太网，有 4 对双绞线，传输距离可达 150m。这种电缆在制造时每英尺至少需要绞合 3 次。
- 4 类线。这种电缆有 4 对双绞线，在制造时每英尺也至少需要绞合 3 次，数据传输速率为 16～20Mb/s，可用于 10Base-T 以太网和 16Mb/s 的令牌环网。

- 5 类线。该类电缆由 4 对铜芯双绞线组成，增加了线绕密度并使用高质量的绝缘材料，极大地改善了传输介质的传输特性，可用于高速网络。目前常用于 100Mb/s 的快速以太网，传输距离可达 100m。千兆位以太网 1 000Base-T 也使用这类线。
- 6 类线。这类电缆仍为 4 线对，并在电缆中有一个十字交叉点，这个交叉点把 4 线对分隔在不同的信号区内；另外这种电缆的绞合密度在 5 类线的基础上又有所增加，数据传输速率可达 250Mb/s。

计算机网络中常用的是 3 类双绞线和 5 类双绞线。目前 5 类双绞线因采用了高质量的绝缘材料极大地改进了其传输特性，可以用于高速网络，所以应用相当广泛。

② 屏蔽双绞线（STP，Shielded Twisted Pair）。屏蔽双绞线比非屏蔽双绞线多了屏蔽层，其抗干扰性能较非屏蔽双绞线有较大提高，误码率也大大降低，约 $10^{-8} \sim 10^{-6}$，而且支持较远距离的数据传输，还可以有较多的网络结点和较高的数据传输速率（在 100m 内可达 500Mb/s，但实际上使用的数据传输速率都不超过 155Mb/s），使用较普遍的是 16Mb/s，最大使用距离也在几百米以内。屏蔽双绞线的安装比非屏蔽双绞线的安装困难一些，它必须配有支持屏蔽功能的连接器和采用相应的安装技术。

（2）同轴电缆。同轴电缆由内外两个同轴心的导体组成，内导体一般为铜质芯线，外导体为金属网，内外导体之间用绝缘材料隔开，最外层再用塑料包层作为保护套。其结构如图 1.10 所示。同轴电缆有较好的抗干扰性和较高的数据传输速率，对于较高的信号频率，同轴电缆的抗干扰能力优于双绞线。同轴电缆能用于长距离的电话传输、电视信号传输和在计算机网络中的数字信号传输。传输模拟信号时，每隔几千米需要一个放大器，信号频率越高，放大器的间距就越小；而传输数字信号时，大约每千米就需要一个中继器，且数据传输速率越高，中继器的间距就越小。按阻抗数值不同，通常将同轴电缆分为 50Ω 和 75Ω 两类，如表 1.1 所示。

图 1.10　同轴电缆的结构

表 1.1　同轴电缆分类

电　缆　类　型	电　缆　电　阻	适用网络类型
RG-8	50Ω	10Base5 以太网
RG-11	50Ω	10Base5 以太网
RG-58	50Ω	10Base2 以太网
RG-59	75Ω	ARCnet 网、有线电视

① 50Ω 同轴电缆。50Ω 同轴电缆也称为基带同轴电缆，仅用于数字通信，采用基带信号传输方式，且使用曼彻斯特编码。数据传输速率一般为 10Mb/s，误码率达 $10^{-11} \sim 10^{-7}$。每段 50Ω 同轴电缆可以同时支持几百台设备。计算机网络中最常用的 50Ω 同轴电缆的类型是 RG-58，其直径为 0.25in，称为细缆，传输信号可在 185m 内不失真。细缆与网卡的连接需要一种名为 BNC 系列的连接器，这种系列的连接器包括以下 4 种：
- BNC 缆线连接器，用于缆线端连接；
- BNC T 型头，用于缆线与网络适配器的连接；
- BNC 筒型连接器，用于连接两条缆线；

● BNC 端接器，用于网络总线两端吸收信号。

RG-8 和 RG-11 同轴电缆的直径为 0.5in，称为粗缆，其传输信号的距离可达 500m。粗缆与网络适配器的连接需要一个称为收发器的设备，该收发器中有一个插入式抽头的连接器，这个连接器的插针刺穿电缆的绝缘层，与缆芯金属导线直接相连。收发器的另一端称为 DIX 接头（该接头由 Digital、Intel 和 Xerox 3 家公司开发并制定标准），也称 DB-15 接头，它通过收发器电缆与网络适配器的 AUI 端口相连。

② 75Ω同轴电缆。75Ω同轴电缆也称为宽带同轴电缆，可用于频分多路复用（FDM）的模拟信号传输，也可传输数字信号。电视系统电缆 RG-59 是 75Ω同轴电缆，它是有线电视 CATV 系统的使用标准。对于模拟信号传输，其频率可达 300～400MHz，传输距离可达 100km。通常用频分多路复用技术将这种电缆的带宽分为许多子频带，这些子频带是彼此相互独立的信道，每一子频带均可传输一路信号。CATV 为每个模拟电视信号分配 6MHz 带宽，而这 6MHz 带宽用于传输数字信号，数据传输速率可达 3Mb/s。使用 75Ω同轴电缆传输数字信号时，需要进行数模转换，然后再在同轴电缆上传输，此过程中可以用幅移键控（ASK）和频移键控（FSK）等各种调制方法，接收时再将模拟信号进行模数转换，把数字信号还原。通常一条 300MHz 的同轴电缆可以有 150Mb/s 的数据传输速率。75Ω同轴电缆可以支持上千台设备，但要达到 50Mb/s 的高数据传输速率，设备数需在 20～30 台以下。基带同轴电缆可以实现全双工通信，而宽带电缆中模拟信号经过放大器放大以后，只能单向传输，因此，宽带电缆要实现双工通信，必须有发送与接收两条分开的数据通路，或采用频分复用技术。

（3）光纤。光导纤维（简称光纤），是一种传输光信号的传输介质，由保护层、包层和纤芯构成。纤芯用玻璃或其他材料拉丝制成，直径为 10～100μm。纤芯加上外包层后直径一般不超过 0.2mm。包层是由折射率比纤芯小的材料构成，这样，光信号可以通过全反射在纤芯中不断向前传播，而不能透过包层向外透出。光纤的最外层是起保护作用的外套，能使内层纤芯和包层免受外部温度改变、弯曲及拉伸等操作带来的不良影响。实际使用中，通常将多条光纤组成一束，形成光缆。光纤传输可分为单模光纤和多模光纤两类。所谓单模光纤是指传输的光信号与光纤轴成单个可分辨角度的一条光线，其传输衰耗较小，在 2.5GB/S 的高数据传输速率下可传输数十千米而不必采用中继器；而多模光纤传输的光信号是与光纤轴成多个可分辨角度的多条光线。单模光纤的发光源需要使用激光源，而多模光纤的发光源通常使用发光二极管。因此单模光纤的性能优于多模光纤，但单模光纤的管理更复杂，造价也比较高。单模光纤和多模光纤传输原理如图 1.11 所示。相对于双绞线与同轴电缆，光纤具有如下优点。

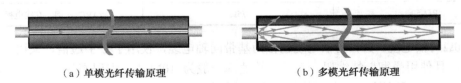

（a）单模光纤传输原理　　　　　　　　　　（b）多模光纤传输原理

图 1.11　光纤传输原理

① 数据传输率相当高，可达 1 000Mb/s。

② 由于光的频率非常高，光纤又能传输 10^{14}～10^{15}Hz 的光波，因而光纤有极大的带宽资源，通信量大。

③ 光纤的传输衰减小，传输距离远，可传输 6～8km，如果采用中继器，则传输距离会

更远，适合远程传输。

④ 光纤抗电磁波的干扰能力极强，适于在电磁波干扰严重的环境中使用。

⑤ 光纤无串扰，光信号不易被窃听，数据不易被截取，保密性好。

⑥ 光的传播速度快，信号延迟小。

⑦ 光纤的重量轻、体积小、施工难度低。

但光缆对其连接与分接技术要求较高，若两根光缆间任意一段芯材未能与另一段光纤或光源对正，就会造成信号失真或反射，而连接过分紧密又会造成光线改变发射角度；同时光电接口也比较昂贵。

2．无线介质

无线介质主要有微波、红外线与激光等。卫星通信可以看成是一种特殊的微波通信系统，微波载波频率是 2～40GHz；微波载波频率很高，可以同时传送大量信息，例如，一个带宽为 2MHz 的微波频段可以容纳 500 路语音信道，当用于数字通信时，其数据传输速率也很高。微波属于一种视距传输，它沿直线传播，不能绕射。红外通信与激光通信也属于方向性极强的直线传播，发送端与接收端必须可以直视，中间没有阻挡。由于微波通信信道、红外通信信道与激光通信信道都不需要铺设电缆，因此，对于连接不同建筑物之间的局域网特别有用。近年来，无线局域网、工作在 2.4GHz 频段的蓝牙短距离通信技术也得到了快速发展和广泛应用。

（1）微波。工作频率为 10^9～10^{10}Hz，微波用于通信的技术已很成熟，局域网络可直接利用微波收发机进行通信，或作为中继接力，扩大传输距离。

（2）红外线。工作频率为 10^{11}～10^{14}Hz，通过发送或接收电信号调制的非相干红外线，即可形成一条通信链路；只要收发机处在视线内，就可准确地进行通信，方向性很强，几乎不受干扰。

（3）激光。工作频率为 10^{14}～10^{15}Hz，用调制解调的相干激光，实现激光通信。

在构建网络时，选择传输介质要考虑的因素很多，如网络拓扑、网络连接方式、网络通信量、要传输的数据类型、网络覆盖的地理范围、结点间的距离、传输介质与相关网络设备的性价比等，实际中，应根据应用的具体需求，选择合适的传输介质。

1.2.3 信号的传输和编码技术

1．数据、信息和信号

计算机所能处理的数字、文字、图形等信息都是以数据的形式在计算机、外围设备和计算机网络中产生、存储、传输和处理的。一般情况下，数据和信息这两个术语常常被互通使用，但它们之间是有差别的。

数据是指用来描述客观事物的数字、字母和符号，以及所有能输入计算机并被程序加工处理的符号集合。

信息则是对数据加工处理或赋予含义后的一种数据形式。

数据与信息有着密不可分的关系，可以简单地认为数据是还没有加工的原料，而信息是加工处理过的成品，更确切地说信息是数据的内容和解释；而数据是信息的抽象表示或信息的载体。例如，电话号码 010-88886666，这串数字本身就是一个数据，它所包含的信息为：

010 表示北京，88886666 则表示某电话的号码。可见，信息是有含义的数据，由于计算机所处理的数据总是有某种意义的数据，所以通常在不混淆的情况下，很少对信息和数据这两个概念加以区分。

信号与数据和信息有所不同，信号是数据的具体物理表现，具有确定的物理描述形式，如电压、磁场强度等。数据通常需要用某种信号进行传递和处理。信号可分为模拟信号和数字信号，模拟信号是指取值随时间连续变化的信号，数字信号是指时间和数值上都不连续的信号。模拟信号和数字信号之间有着明显的差异，但两者在一定的条件下是可以相互转换的。模拟信号可以通过采样、量化、编码等步骤变成数字信号，这个过程通常称为模数（A/D）转换。而数字信号也可通过解码、平滑等步骤恢复为模拟信号，这个过程通常称为数模（D/A）转换。

2．信号的传输方式

信号的传输方式主要有如下几种。

（1）单工、半双工/全双工传输。在通信中，根据信号传输的方向与时间的不同，通信方式可分为单向传输、双向交替传输和双向同时传输，也就是常说的单工、半双工和全双工方式。

① 单工方式。单工是指信号在任何时间内只能沿信道的一个方向传输，不允许改变方向。采用这种通信方式时，信源只允许发送信息，而信宿只能接收数据。单工传输的实例如无线电广播、电视、计算机与打印机、计算机与键盘之间的数据传输。单工通信只需一条信道。

② 半双工方式。半双工是指信号在信道中可以双向传输，但两个方向只能交替进行，而不能同时进行。采用半双工方式通信的双方均可发送或接收数据，但在一方发送信息时另一方只能接收信息，双方轮流地使用信道来发送或接收数据。对讲机就采用了这种通信方式。

③ 全双工方式。全双工方式允许通信的双方在任何一个时刻，均可同时在两个方向传输数据信号，也就是说，通信双方在发送数据信息的同时仍可以接收对方发送来的信息。这种通信方式常用于计算机之间的通信。全双工通信方式要求通信双方具有同时运作的发送和接收机构，且要求有两条性能对称的传输信道，故控制相对复杂，系统造价也较高，但是由于全双工方式的传输效率高，随着通信技术及大规模集成电路的发展，这种方式也正越来越广泛地应用于计算机通信中。

（2）并行/串行传输。

① 并行传输。并行传输指的是数据以成组的方式在多条并行信道上同时进行传输，每位单独使用一条线路，这一组数据通常是 8 位、16 位和 32 位，接收端可同时接收这些数据，如图 1.12（a）所示。并行传输方式具有数据传输速度快的优点，但是路线成本高，维修不方便，容易受到外界干扰，适用于短距离、高数据传输速率的通信。计算机中以及计算机与高速设备间通常采用并行传输方式。

② 串行传输。串行传输指的是数据按照顺序一位一位地在通信设备之间的一条通信信道上传输。在计算机中一般用 8 位二进制代码表示一个字符，在采用串行通信方式时，待传送的每个字符的二进制代码将按照由高位到低位的顺序依次发送，如图 1.12（b）所示。串行传输只需要一条传输信道，连接方便，维护简单，线路成本较低，但是它的数据传输速率较慢，适用于长距离、低数据传输速率的通信。现场总线就是采用这种串行方式进行数据传输。

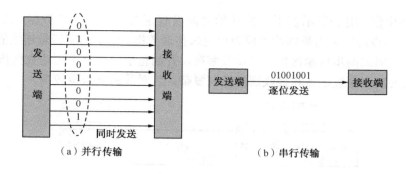

（a）并行传输　　　　　　　　　　　（b）串行传输

图 1.12　并行传输和串行传输

（3）同步/异步传输。在串行传输过程中，数据是一位一位依次传输的，发送端通过发送时钟确定数据位的起始和结束；而接收端为了能正确识别数据，则需要以适当的时间间隔在适当的时刻对数据流进行采样，即数据通过传输线路的传输到达接收端，为了保证发送端的信号能够被接收端准确无误地接收，接收端必须与发送端同步。所谓同步就是要求通信的发送端和接收端在时间基准上保持一致，也就是说接收端不但要知道一组二进制位的开始与结束，还要知道每位二进制持续的时间，这样才能做到用适当的采样频率采样所收到的数据。由于发送端与接收端的时钟信号不能绝对一致，因此必须采取一定的同步手段。目前常采用异步传输和同步传输两种方法解决同步问题。

① 异步传输。在异步传输方式中，数据传输以字符为单位，即每个字符作为一个独立的整体进行发送，字符与字符之间的间隔可以是任意的。其具体的实现方法是：当没有数据发送时，传输线路处于空闲状态，线路信号电平与二进制"1"对应的电平相同，如为逻辑"1"。当发送端发送字符时，为了通知接收端准备接收数据，在要发送的字符前加上一个起始位，起始位的长度为 1 比特，其信号电平与二进制"0"对应的电平相同，如为逻辑"0"。接收端通过检测信号电平发生的跳变来判断新数据的到达，从而与发送端取得同步。同样，为了通知接收端一个字符已经传输结束，在字符代码的最后加上 1 位、1.5 位或 2 位终止位（逻辑"1"）。采用异步传输方式传输 8 位二进制数据的数据格式如图 1.13 所示。异步传输方式简单、易实现，但传输效率较低，开销较大，这是因为每个字符都要附加起始位和终止位，如上例中，每传输 8 比特就要多传送 2.5 比特，总的传输负载就增加 31.25%，这对于数据传输量很小的低速设备来说问题不大，但对于那些数据传输量很大的高速设备来说，31.25%的负载增值就相当严重了。因此，异步传输常用于低速设备。

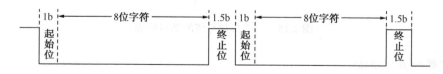

图 1.13　异步传输数据格式

② 同步传输。同步传输是将若干个字符组合起来一起进行传输。这些组合起来的字符被称为数据帧（简称帧）。在数据帧的第一部分包含一组同步字符，它是一个独特的比特组合，类似于异步传输方式中的起始位，用于通知接收方一个数据帧已经到达，它同时还能确保接收方的采样速度和比特的到达速度保持一致，使收发双方进入同步。数据帧的最后一部分是一个帧结束标记。与同步字符一样，它也是一个独特的比特串，类似于异步传

输方式中的终止位，用于表示在下一帧开始之前没有别的即将到达的数据。其数据格式如图 1.14 所示。同步传输因为是以数据帧为单位来传送数据，帧中的字符是连续的，字符间无须加入附加位，因此同步传输比异步传输效率高，开销也小，适合于高速数据传输。但这种数据传输方式的缺点是发送端和接收端的控制复杂，且对线路要求也较高。

图 1.14　同步传输的数据格式

（4）基带/频带传输。

① 基带传输。在数据通信中，由计算机或终端产生的数字信号，其频谱从零开始，包括直流、低频和高频等多种成分，这种原始的脉冲信号所固有的频率范围称为基本频带，简称基带（base band）。在信道中直接传输这种基带信号就称为基带传输，基带传输也称数字传输。简单地说，基带传输是指把要传输的数据转换为数字信号，使用固定的频率在信道上直接传输。目前大部分计算机局域网都采用基带传输方式。由于基带传输是把数字信号按照原样进行传输，不需要经过任何调制或解调，因此所需附属设备少，价格低。双绞线、同轴电缆和光纤都可作为基带传输的传输介质。基带传输适合于短距离的数据传输。

② 频带传输。在基带传输中，基带信号可通过双绞线和同轴电缆等传输介质直接传输，但由于基带信号含有直流和大量的低频成分，往往不能直接通过电话线路这类介质进行传输（话音通路频带范围一般为 300～3 400Hz），因此需要采取措施把数字信号转换成线路允许传输的频带范围内的模拟信号，才能在电话线路上传输，这就形成了频带传输。频带传输的基本结构如图 1.15 所示。由图 1.15 可以看出，所谓频带传输就是将基带信号变换（调制）成便于在模拟信道中传输的、具有较高频率范围的模拟信号（称为频带信号），再将这种频带信号在模拟信道中传输，在接收端，进行相反变换（解调），把模拟的调制信号还原为数字信号。相对于基带传输，频带信号所包含的频率范围较窄，可以在信道频率很窄的长途传输信道中传送，因此频带传输方式通常应用于远程数据通信中。

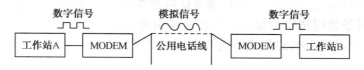

图 1.15　频带传输系统的基本构成

3. 信号的编码技术

在通信系统中，数据可采用数字信号表示（数字数据），也可采用模拟信号表示（模拟数据），而数据传输的通道也可分为模拟通信信道与数字通信信道，这样不同类型的信号在不同类型的信道上传输时形成了 4 种组合：数字数据在数字信道上传输、数字数据在模拟信道上传输、模拟数据在数字信道上传输和模拟数据在模拟信道上传输。无论哪种组合，在传输数据之前，都应解决数据的编码问题，使数据表示为适合于该信道传输的编码。由于在计算机网络和工业控制网络中，很少或几乎不用模拟数据的模拟信道传输方式，这里主要介绍前三种形式的数据编码方式，即数字数据用数字信号表示、数字数据用模拟信号表示和模拟数据用数字信号表示。

（1）数字数据用数字信号表示。在基带传输中，为了使计算机发出的"1"或"0"数据能被变换为物理信号直接送往信道上进行传输，通常的做法是用两个不同的电平来表示"1"或"0"，常用的方法有以下 3 种。

① 非归零码。非归零码（NRZ，Non-Return to Zero）是一种常见的编码，它用正电平表示 0，用负电平表示 1。非归零码波形如图 1.16（a）所示。这种编码思想简单，易于实现，实际上是直接将计算机发出的信号加到通信线路上，未做任何处理，代价也最低。但 NRZ 码的一个缺点是接收方无法判断一位的开始和结束，即不具备同步特性，因此，为保证收发双方的同步，必须在发送非归零码的同时，用另一信道同时传送同步时钟信号；另一个缺点是含有直流分量（考虑连续多个"1"或连续多个"0"的情形），而数据传输中最不希望存在的就是直流分量。因此 NRZ 码实际应用不多。

② 曼彻斯特编码（Manchester Encoding）。曼彻斯特编码也称相位编码，它的特点是每位中间有一个跳变。位中间的跳变既作为时钟，又代表数字信号的取值。可以用由低电平变至高电平代表"1"，由高电平变至低电平代表"0"；也可以用相反的跳变，即由低变高代表"0"；由高变低代表"1"。这由编码的逻辑线路决定，其编码波形如图 1.16（b）所示。曼彻斯特编码的实现机制非常简单，它用时钟信号对发送的数据信息进行"异或"操作，其实现逻辑电路如图 1.17 所示。发送时钟可用正时钟或负时钟，因此编码的结果就有两种情况：一种用正跳变代表"1"，一种用负跳变代表"1"。曼彻斯特编码的优点是：每位中间有一次电平跳变，利用电平跳变可以产生收发双方的同步信号，因此曼彻斯特编码信号又称为"自含钟编码"信号。发送曼彻斯特编码信号时无须另发同步信号；同时曼彻斯特编码信号不含直流分量。其缺点是：在传输曼彻斯特编码时需要更大的带宽，传输效率较低，因为若信号传输速率是 10MHz，则发送时钟信号的频率应为 20MHz。

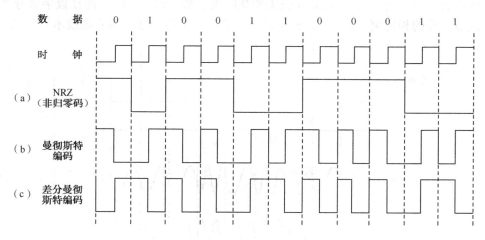

图 1.16　数字数据的编码波形

③ 差分曼彻斯特编码。差分曼彻斯特编码是对曼彻斯特编码的改进，它与曼彻斯特编码的不同之处主要表现在：每一位中间的跳变只作提取时钟之用；每一位数据的值根据起始处有无跳变来决定。典型差分曼彻斯特编码的波形如图 1.16（c）所示，在图中，每位开始时有跳变表示数据"0"，每位开始时无跳变表示数据"1"。曼彻斯特编码和差分曼彻斯特编码

是数据通信中最常用的数字数据信号编码方式。

图 1.17 曼彻斯特编码的逻辑电路

（2）数字数据用模拟信号表示。在频带传输中，数字信号需要变换（调制）为模拟信号后才能进行传输，这种变换是借助于载波（载波是频率和幅度都固定的周期信号，通常是正弦信号）来实现的。具体的做法是利用数字数据对载波的某些特性（振幅、频率、相位）进行控制，使数字数据"寄载"到载波上而传送出去，这种将数字数据"寄载"到载波上的过程被称为调制。常用的调制方式有振幅调制、频率调制和相位调制三种。

① 振幅调制。振幅调制又称幅移键控（ASK，Amplitude Shift Keying），它用载波信号的振幅表示数字信号的"1"和"0"。当传输的数字信号为 1 时，载波的振幅保持不变，即有载波信号发射；当传输的信号为 0 时，载波的振幅为零，即没有载波信号发射。可以看出，振幅调制实际上相当于用一个受数字信号控制的开关来开启和关闭正弦载波信号。振幅调制信号容易实现，技术简单，但抗干扰能力较差（有直流信号）。振幅调制波形如图 1.18（a）所示。

② 频率调制。频率调制又称频移键控（FSK，Frequency Shift Keying），它是由数字信号控制正弦载波信号的频率，即通过改变载波信号的频率来表示数字"1"和"0"，当数字信号为 1 时，其频率较低；当数字信号为 0 时，其频率较高。频率调制的特点是简单，易实现，抗干扰能力较强，是目前最常用的方法之一。频率调制的波形如图 1.18（b）所示。

③ 相位调制。相位调制又称相移键控（PSK，Phase Shift Keying），它通过改变载波信号的相位值来表示数字信号的"1"和"0"。其波形如图 1.18（c）所示。图中用载波的起始相位的变化表示"0"和"1"。起始相位无变化时表示数字信号"0"，而在数字信号"1"的前沿，载波信号的相位突变 180°。相移键控方法抗干扰能力强，但实现技术较复杂。

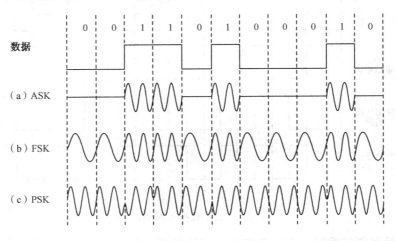

图 1.18 模拟数据编码信号

（3）模拟数据用数字信号表示。由于数字信号传输具有失真小、数据传输效率高等一系列优点，所以有时需要将模拟数据（如声音、图像等）用数字信号的形式表示后进行传输，其实现原理是把连续的模拟信号分割成若干个离散信号，然后再将这些离散信号定量化，用数字信号表示。脉冲编码调制（PCM）和增量调制（DM）是最常用的两种模拟数据数字化的编码方法。

① 脉冲编码调制（PCM）。脉冲编码调制的理论基础是采样定理。采样定理指出：如果在等间隔的时间内，以两倍于最高有效频率的数据传输速率对信号 $f(t)$ 进行采样，那么采样值将包含了原信号 $f(t)$ 的全部信息。用低通滤波器可从采样值中重新构造原信号 $f(t)$。例如，某种声音信号，带宽频率在 4 000Hz 以下，若每秒采样 8 000 次，则其采样值完全可以代表声音信号特征。脉冲编码调制过程包括采样、电平量化和编码三个步骤。

② 增量调制（DM）。在这种调制方案中，数字化脉冲不代表原模拟信号的幅值本身，而脉冲信号流仅代表当前采样值和前一个采样值之差。如图 1.19 所示，如果当前的采样值大于前一个采样值，则用 "1" 表示，否则用 "0" 表示，即用逼近模拟信号的增量来产生信号流。在相同数据传输速率的情况下，增量调制的信号质量与脉冲编码调制差不多，但值得注意的是，在相同数据传输速率的情况下，则要求更高的采样率。例如，要产生 56kb/s 的声音信号，脉冲编码调制只需每秒采样 8 000 次，而增量调制需要每秒采样 56 000 次，但是，增量调制系统较脉冲编码调制简单。

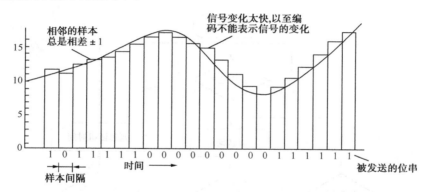

图 1.19　增量调制示例图

1.2.4　介质访问控制方式

介质访问控制方式是指控制计算机网络中的多个结点利用公共传输介质发送和接收数据的方法。介质访问控制方法要解决的主要问题有：某一时刻哪个结点应该发送数据？发送数据时会不会有别的结点也要发送数据？出现多个结点同时发送的情况时应该怎么办？目前在局域网中常用的介质访问控制方式有 3 种：带冲突检测的载波侦听多路访问/冲突检测（CSMA/CD，Carrier Sense Multiple Access With Collision Detection）、令牌环（Token Ring）和令牌总线（Token Bus）。

1. 载波侦听多路访问/冲突检测（CSMA/CD）

最早的 CSMA 方法起源于美国夏威夷大学的 ALOHA 广播分组网络，1980 年美国 DEC、Intel 和 Xerox 公司联合宣布 Ethernet 网采用 CSMA 技术，并增加了检测碰撞功能，称之为 CSMA/CD。这种方式适用于总线状和树状拓扑结构，主要解决如何共享一条公用广播传输介质。其工作原理是：在网络中，任何一个工作站在发送信息前，要侦听一下网络中有无其他工作站在发送信号，如无则立即发送，如有，即信道被占用，此工作站要等一段时间再争取发送权。等待时间可由两种方法确定，一种是某工作站检测到信道被占用后，继续检测，直到信道出现空闲；另一种是检测到信道被占用后，等待一个随机时间进行检测，直到信道出现空闲后再发送。

CSMA/CD 要解决的另一主要问题是如何检测冲突。当网络处于空闲的某一瞬间，有两个或两个以上工作站要同时发送信息，这时，同时发送的信号就会引起冲突，目前在 IEEE 802.3 标准中确定的 CSMA/CD 检测冲突的方法是：当一个工作站开始占用信道发送信息时，再用碰撞检测器继续对网络检测一段时间，即一边发送，一边监听，把发送的信息与监听的信息进行比较，如果结果一致，则说明发送正常，抢占总线成功，可继续发送；如结果不一致，则说明有冲突，应立即停止发送。等待一段随机时间后，再重复上述过程进行发送。

CSMA/CD 可归结为四句话：发前先侦听，空闲即发送，边发边检测，冲突时退避。其流程如图 1.20 所示。

CSMA/CD 控制方式的优点是：原理比较简单，技术上易实现，网络中各工作站处于平等地位，不需要集中控制，不提供优先级控制。但在网络负载增大时，发送时间增长，发送效率下降。

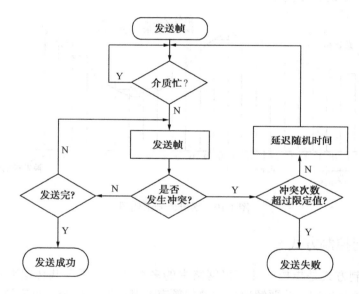

图 1.20　CSMA/CD 的流程图

2. 令牌环（TokenRing）介质访问控制方式

令牌环只适用于环状拓扑结构的局域网。其工作原理是：使用一个称之为"令牌"的控制标志（令牌是一个二进制数的字节，它由"空闲"与"忙"两种编码标志来实现，既无目的地址，也无源地址），当无信息在环上传送时，令牌处于"空闲"状态，它沿环从一个工作站到另一个工作站不停地进行传递；当某一工作站准备发送信息时，就必须等待，直到检测并捕获到经过该站的令牌为止，然后，将令牌的控制标志从"空闲"状态改变为"忙"状态，并发送出一帧信息。其他的工作站随时检测经过本站的帧，当发送的帧目的地址与本站地址相符时，就接收该帧，待复制完毕再转发此帧，直到该帧沿环一周返回发送站，并收到接收站指向发送站的肯定应答信息时，才将发送的帧信息进行清除，并使令牌标志又处于"空闲"状态，继续插入环中；当另一个新的工作站需要发送数据时，按前述过程，检测到令牌，修改状态，把信息装配成帧，进行新一轮的发送。其传输方式如图1.21（a）所示。

令牌环介质访问控制方式的优点是：它能提供优先权服务，有很强的实时性，在重负载环路中，"令牌"以循环方式工作，效率较高。其缺点是：控制电路较复杂，令牌容易丢失。但 IBM 在 1985 年已解决了实用问题，近年来采用令牌环方式的令牌环网实用性已大大提高。

3．令牌总线（Token Bus）介质访问控制方式

令牌总线主要用于总线状或树状网络结构中。它的访问控制方式类似于令牌环，但它是把总线状或树状网络中的各个工作站按一定顺序（如按接口地址大小）排列形成一个逻辑环。只有令牌持有者才能控制总线，才有发送信息的权力。信息是双向传送，每个站都可检测到其他站点发出的信息。在令牌传递时，都要加上目的地址，所以只有检测到并得到令牌的工作站，才能发送信息。令牌总线是现场总线中很常见的一种介质访问控制方式。其传输方式如图 1.21（b）所示。

令牌总线介质访问控制方式的优点是：各工作站对介质的共享权力是均等的，可以设置优先级，也可以不设；有较好的吞吐能力，吞吐量随数据传输速率增高而加大，联网距离较CSMA/CD 方式大。缺点是：控制电路较复杂、成本高，轻载时，线路传输效率低。

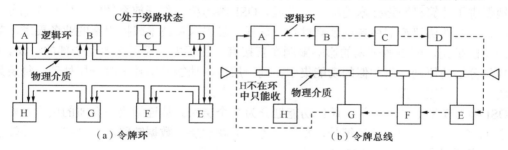

图 1.21　令牌访问控制方式

1.3　网络互连参考模型和规范

1.3.1　基本概念

网络互连是将分布在不同地理位置的网络、网络设备连接起来，构成更大规模的网络系统，以实现网络的数据资源共享。相互连接的网络可以是同种类型的网络，也可以是运行不同网络协议的异型系统。网络互连是计算机网络和通信技术迅速发展的结果，也是网络系统应用范围不断扩大的自然要求。网络互连要求不改变原有子网内的网络协议、通信数据传输速率、硬件和软件配置等，通过网络互连技术使原先不能相互通信和共享资源的网络间有条件实现相互通信和信息共享。此外，还要求将因连接对原有网络的影响减至最小。

在相互连接的网络中，每个子网均为网络的一个组成部分，每个子网的网络资源都应该成为整个网络的共享资源，可以为网上任何一个结点所享用。同时，又应该屏蔽各子网在网络协议、服务类型和网络管理等方面的差异。网络互连技术能实现更大规模、更大范围的网络连接，使网络、网络设备、网络资源、网络服务成为一个整体。

1.3.2 网络互连参考模型

1. OSI 参考模型

在网络互连的过程中，为了实现不同厂家的生产设备之间的互连操作与数据交换，国际标准化组织 ISO/TC97 于 1978 年建立了"开放系统互连"分技术委员会，起草了开放系统互连参考模型 OSI（Open System Interconnection）的建议草案，并于 1983 年成为正式的国际标准 ISO 7498。1986 年对该标准进行了进一步的完善和补充，形成了为实现开放系统互连所建立的分层模型，简称 OSI 参考模型。

由 OSI 的名称可知，这个模型首先是一个计算机系统互连的规范，是指导生产厂家和用户共同遵循的中立的规范；其次，这个规范是开放的，任何人均可免费使用；再次，这个规范是为开放系统设计的，使用这个规范的系统必须向其他使用这个规范的系统开放；最后，这个规范仅供参考，可在一定的范围内根据需要进行适当调整。

OSI 参考模型从本质上来讲是一种通信协议的模型，它一方面集成了之前各种网络的长处，另一方面它也框定了其后各种网络的构架，使跨平台、跨机种的系统互连得以实现，极大地促进了计算机网络技术的应用和发展。OSI 参考模型将开放系统的通信功能划分为 7 个层次，各层的协议细节由各层独立进行。这样一旦引入新技术或提出新的业务要求，就可以把因功能扩充、变更所带来的影响限制在直接有关的层内，而不必改动全部的协议。OSI 参考模型分层的原则是将相似的功能集中在同一层内，功能差别较大时分层处理，每层只对相邻的上、下层定义接口。

OSI 参考模型把开放系统的通信功能划分为 7 个层次。从连接物理介质的层次开始，分别赋予 1，2，…，7 层的顺序编号，相应地称之为物理层、数据链路层、网络层、传输层、会话层、表示层和应用层。OSI 参考模型如图 1.22 所示。

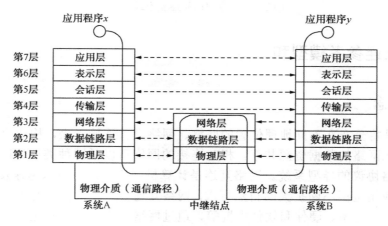

图 1.22 OSI 参考模型

为了便于理解各层的功能和系统的组合，下面将各层的情况简要归纳，如表 1.2 所示。

表 1.2　OSI 参考模型分层简况

层　号	层　名	英 文 名	工 作 任 务	接 口 要 求	操 作 内 容
第 7 层	应用层	Application Layer	管理、协同	应用操作	信息交换
第 6 层	表示层	Presentation Layer	编译	数据表达	数据构造
第 5 层	会话层	Session Layer	同步	对话结构	会话管理
第 4 层	传输层	Transport Layer	收发	数据传输	端口确认
第 3 层	网络层	Network Layer	选路、寻址	路由器选择	选定路径
第 2 层	数据链路层	Data Link Layer	成帧、纠错	介质访问方案	访问控制
第 1 层	物理层	Physical Layer	比特流传输	物理接口定义	数据收发

（1）物理层。物理层的作用是通过物理介质正确地传送比特信息，要保证发送的"0"或"1"脉冲信号能够被对方正确地检测和接收到。要解决的问题是：多少伏电压表示"1"和多少伏电压表示"0"，一位信息占多少时间，是否可以同时发送和接收，初始连接如何建立，通信完毕后又如何拆除连接以便让出信道，接头的插件有多少条针及每条针的功能是什么等，这些问题的解决方案就是物理层接口的定义。其典型的协议有EIA-232 等。

（2）数据链路层。数据链路层的作用是建立、维持和拆除链路连接，纠正传输中的差错。在传送数据时，数据链路层将一个数据包拆分成很多帧，一帧一帧地发送，就像要把一本书拆成一页一页地传真发送一样。由于物理介质会受到电磁干扰等不稳定因素的影响，因此每发完一帧就要进行差错校验，确认无误再发下一帧。差错检测一般可采用循环冗余校验（CRC）等措施。

（3）网络层。网络层的作用是确定数据包的传输路径，建立、维持和拆除网络连接。由于数据连接已经在任意相邻的两个结点间建立起了无差错数据传输的信道，网络层就利用这些信道在源计算机和目的计算机之间众多的传送路径中（静态或动态地）选择最佳方案并加以实施。

（4）传输层。传输层的作用是控制开放系统之间的数据传送。传输层以下 3 层建立了具体网络连接，从传输层开始，源计算机和目的计算机之间建立起了直接对话。除了对收发数据的确认外，传输层还负责根据通信的需要调整网络的吞吐量并进一步提高网络通信的可靠性。

（5）会话层。会话层是依靠传输层以下的通信功能使数据传送功能在开放系统间有效地进行。它按照应用进程之间的约定，按照正确的顺序收、发数据，进行各种形式的对话。会话层一方面要实现接收处理和发送处理的逐次交替变换；另一方面要在单方向传送大量数据的情况下，给数据打上标记。如果出现通信意外，可以由打标记处重发。例如，可以将长文件分页标记，逐页发送。

（6）表示层。表示层的主要功能是把应用层提供的信息内容变换为能够共同理解的形式，提供字符代码、数据格式、控制信息格式、加密等的统一表示。表示层仅对应用层的信息内容进行形式上的变换，而不改变其内容本身。

（7）应用层。应用层的功能是实现各种应用程序之间的信息交换、协调应用进程和管理系统资源。应用层是 OSI 参考模型的最高层，直接面向用户，除了系统管理应用进程具有独立性外，其他用户应用进程则需要用户的参与，通过与用户的指令交互来完成。

2．TCP/IP 参考模型

TCP/IP 是 20 世纪 70 年代中期为美国国防部高级研究计划局的 ARPANET 设计的，其目的在于能使各种各样的计算机都能在一个共同的网络环境中运行。由于 TCP/IP 协议是先于 OSI 参考模型开发的，故并不符合 OSI 标准。TCP/IP 参考模型与 OSI 参考模型的对应关系如图 1.23 所示。

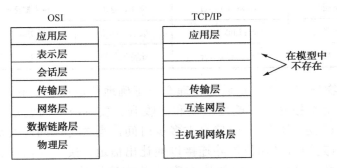

图 1.23　TCP/IP 参考模型与 OSI 参考模型对比

（1）互连网层。互连网层是 TCP/IP 协议模型中的关键部分。它的功能是使主机可以把报文分组发往任何网络并使报文分组独立地传向目标（可能经由不同的网络）。这些报文分组到达的顺序和发送的顺序可能不同，因此如果需要按顺序发送及接收时，高层必须对报文分组排序。为了理解互连网层的作用，这里将其与邮政系统做个对比。某个国家的一个人把一些国际邮件投入邮箱，一般情况下，这些邮件大都会被投递到正确的地址。这些邮件可能会经过几个国际邮件通道，但这对于用户是透明的，而且，每个国家（每个网络）都有自己的邮戳，要求的信封大小也不同，而用户无须知道这些投递规则。互连网层定义了正式的分组格式和协议，即 IP 协议（Internet Protocol）。互连网层的功能就是把 IP 分组发送到应该去的地方。分组路由和避免阻塞是这里主要的设计问题。

（2）传输层。在 TCP/IP 模型中，位于互连网层之上的一层是传输层。它的功能和 OSI 参考模型的传输层功能一样，是使源端和目的端主机上的对等实体可以进行会话。TCP/IP 模型在这层中主要定义了两个端到端协议：传输控制协议（TCP，Transmission Control Protocol）和用户数据报协议（UDP，User Datagram Protocol）。TCP 协议是一个面向连接的协议，它允许从一台机器发出的字节流无差错地发往互联网上的其他机器，它把输入的字节流分成报文段并传给互连网层。在接收端，TCP 接收进程把收到的报文再组装成输出流。TCP 还要处理流量控制，以避免快速发送方向低速接收方发送过多报文而使接收方无法处理。UDP 协议则是一个不可靠、无连接的协议，用于不需要 TCP 的排序和流量控制功能而是自己完成这些功能的应用程序。它也被广泛应用于只有一次的、客户-服务器模式的请求-应答查询，以及快速递交比准确递交更重要的应用程序，如传输语音或影像。

（3）应用层。TCP/IP 模型没有会话层和表示层，因其并不需要会话层和表示层，所以把它们排除在外；来自 OSI 参考模型的经验证明，它们对大多数应用程序都没有用处。TCP/IP

模型的传输层上方是应用层，它包含所有的高层协议。最早引入的是虚拟终端协议（TELNET，或称远程登录协议）、文件传输协议（FTP）和电子邮件协议（SMTP），如图 1.24 所示。近年来，应用层又增加了很多协议，如 DNS 协议、NNTP 协议和 HTTP 协议等。

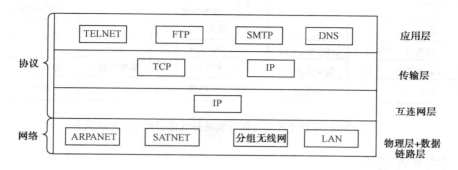

图 1.24　TCP/IP 模型中的协议与网络

（4）主机到网络层。TCP/IP 模型中没有真正描述互连网层下方的这一部分，只是指出主机必须使用某种协议与网络连接，以便能在其上传递 IP 分组。这部分协议没有定义，并且随主机和网络的不同而不同。

3．现场总线通信模型

作为工业控制现场底层网络的现场总线，要构成开放的互连系统，必须考虑到工业生产现场状况，即在工业生产现场中存在大量的传感器、控制器、执行器等，它们通常相当零散地分布在一个较大范围内。对由它们组成的工业控制底层网络，其单个结点面向控制的信息量不大，信息传输的任务也相对比较简单，但对实时性、快速性的要求较高。如果完全参照 7 层模式的 OSI 参考模型，则由于层间操作与转换的复杂性，势必造成网络接口的造价与时间开销过高。因此，在满足实时性要求的基础上，同时考虑工业网络的低成本性，现场总线采用的通信模型大都在 OSI 参考模型的基础上进行了不同程度的简化。典型的几种现场总线通信模型如图 1.25 所示。

现场总线通信模型使用 OSI 参考模型中的 3 个典型层：物理层、数据链路层和应用层。在省去中间 3～6 层后，考虑现场总线的通信特点，特别设置了一个现场总线访问子层。它具有结构简单、执行协议直观和价格低廉等优点，同时又满足工业现场应用的性能要求。这种 OSI 参考模型的简化形式将流量控制与差错控制放在数据链路层进行，因而与 OSI 参考模型不完全保持一致。总之，开放系统互连模型是现场总线技术的基础。现场总线通信模型需遵循开放系统集成的原则，同时，又要充分兼顾测控和工业应用的特点和特殊要求。

现场总线通信模型有如下主要特点。

（1）对 OSI 参考模型进行简化。通常只采用 OSI 参考模型的第 1 层和第 2 层以及位于最高层的应用层。其目的是简化通信模型结构，缩短通信开销，降低成本及提高实时性能。

（2）各种类型现场总线并存，并在各自的应用领域获得良好应用效果。

（3）采用相应的补充方法实现被删除的 OSI 参考模型各层功能。

（4）通信数据的信息量较小，因此，相对其他通信网络来说，通信模型相对简单，结构更紧凑，实时性更好，通信数据传输速率更快，成本更低。

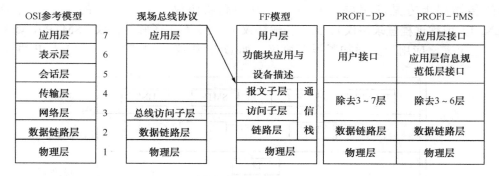

图 1.25 OSI 参考模型与部分现场总线通信模型的对应关系

1.3.3 网络互连规范

网络互连必须遵循一定的规范。随着计算机和计算机网络的发展，以及计算机应用对局域网络互连的需求日益增加，IEEE 于 1980 年 2 月成立了局域网标准委员会（IEEE 802 委员会），建立了 802 课题，并制定了开放式系统互连（OSI）模型的物理层、数据链路层的局域网标准。目前，已经发布了 IEEE 801.1～IEEE 802.11 标准，其主要文件所涉及的内容如图 1.26 所示。其中 IEEE 802.1～IEEE 802.6 标准已经成为国际标准化组织（ISO）的国际标准 ISO 8802—1～ISO 8802—6。

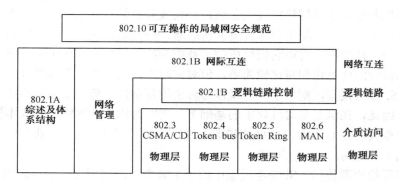

图 1.26 IEEE 802 标准的内容

下面是 IEEE 801.1～IEEE 802.11 标准各个协议所包含的主要内容。

（1）IEEE 802.1——通用网络概念及网络体系结构描述等。

（2）IEEE 802.2——逻辑链路控制。

（3）IEEE 802.3——CSMA/CD 总线访问方法与物理层技术规范。

（4）IEEE 802.4——Token Bus 访问方法与物理层技术规范。

（5）IEEE 802.5——Token Ring 访问方法与物理层技术规范。

（6）IEEE 802.6——城域网的访问方法与物理层技术规范。

（7）IEEE 802.7——宽带局域网。

（8）IEEE 802.8——光纤局域网（FDDI）。

（9）IEEE 802.9——ISDN 局域网。

（10）IEEE 802.10——网络的安全。

（11）IEEE 802.11——无线局域网。

思　考　题

1．简述控制系统体系结构的演化过程。
2．什么是现场总线？现场总线有何特点？
3．现场总线与集散控制系统有什么区别？
4．现场总线的体系结构是什么？
5．控制网络与现场总线之间有什么关系？
6．简述控制网络在企业网络系统中的地位、作用及特点。
7．决定网络特性的三要素是什么？
8．局域网中常用的介质访问控制方式有几种？简述其工作原理和过程。
9．什么是网络互连？
10．简述现场总线通信模型的特点。

第2章

基金会现场总线

　　基金会现场总线（FF）是仪表和过程控制向数字化通信方向发展而形成的技术。FF 总线由低速（FF-H1）和高速（FF-HSE）两部分组成，其中 FF-H1 网络以 ISO/OSI 参考模型为基础，取其物理层、数据链路层和应用层，并在应用层之上增加了用户层，构成了四层结构的通信模型。FF-H1 数据传输速率为 31.25kb/s，通信距离可达 1 900m，可支持总线供电，支持本质安全防爆环境。FF-H1 主要用于过程工业（连续控制）的自动化。FF-HSE 则采用基于 Ethernet（IEEE 802.3）+TCP/IP 的六层结构，物理传输介质可支持双绞线、光缆和无线，协议符合 IEC 61158—2 标准。FF-HSE 主要用于制造业（离散控制）自动化以及逻辑控制、批处理和高级控制等场合。FF 与其他现场总线技术相比有自己的特点和优势，它不仅能实现数据的数字化传输，而且能用来完成整个过程控制系统的设计。本章主要从应用的角度介绍 FF-H1 现场总线技术。

【知识目标】

（1）基金会现场总线 FF 系统基本组成及网络拓扑；

（2）基金会现场总线 FF 基本功能模块及组态；

（3）基金会现场总线 FF 设备技术规格、系统集成、安装技术规范。

【能力目标】

（1）能够设计基本的基金会现场系统方案，正确选择连接设备和仪表；

（2）能够正确安装、连接总线设备，能够进行设备组态；

（3）会进行系统基本测试和基本维护。

2.1　概述

2.1.1　基金会现场总线发展背景、特点及其应用情况

　　FF 现场总线的前身是 ISP 和 WordFIP 标准，ISP 协议是以美国 Fisher-Rousemount 公司为首，联合 Foxboro、横河、ABB 和西门子等 80 家公司制定的；WordFIP 协议是以 Honeywell 公司为首，联合欧洲等地的 150 家公司制定的。迫于用户压力和市场需求，1994 年 9 月两大集团合并，成立了现场总线基金会。现场总线基金会致力于开发国际上统一的现场总线协议。

　　FF 的最大特色在于，它不仅是一种总线，而且是一个系统。FF 不仅实现了数据的数字化传输，而且在现场级仪表中设计了典型的功能模块和控制策略，它既是网络系统也是自动化系统。作为新型自动化系统，区别于以前各种自动化系统的特征在于它具有开放型数字通信能力，使自动化系统具备了网络化特征；而作为一种通信网络，有别于其他网络系统的特征则在于它位于工业现场，其网络通信是围绕完成各种自动化任务进行的。

FF-H1 是参考了 ISO/OSI 参考模型，并在此基础上根据过程自动化系统的特点进行演变而得到的。除了实现现场总线信号的数字通信外，FF-H1 具有适用于过程自动化的一些特点：支持总线供电、支持本质安全和采用令牌总线访问机制等。

FF 技术已经成为全球范围内领先的数字化控制系统解决方案。近年来，越来越多的最终用户采纳了 FF 技术。该技术已广泛应用于石油、天然气、化工、食品、制药、电力、水处理、钢铁矿山、造纸和水泥等行业。目前，石化领域是 FF 总线最主要的应用领域。已经在使用的 FF 总线系统的最大规模已经达到 12 000 台仪表。

基金会现场总线在大、中、小系统中都有应用。在过程控制领域，FF 已成为公认的一流技术。从全球范围看，FF 现场总线技术的应用量一直在增长，亚太地区的应用也日趋活跃，尤其是中国，已成为主要 FF 总线技术应用项目的关键市场。现场总线具有很强的性能优势，它能节约支出并改善运行条件，为此国内一些旧的系统被先进的基于现场总线控制平台的自动化系统所取代。

2.1.2 一个典型的工程实例

以下介绍 FF 总线在拜耳漕泾工厂的应用。

上海拜耳漕泾园区（Bayer Material Science）下属工厂的涂料厂、公用工程厂和聚酯厂已于 2006 年建成投产，该项目选用了 FF 基金会现场总线，在仪表选型和安装调试方面有自己的特色，特别是聚酯厂，使用 FF 现场总线仪表较多，系统设置明朗、可靠、经济、实用。在 2006 年上海 FF 年会上，该项目工程设计人员提供了专题报告。

1. 设备的选用和总量

该项目使用了 6 套艾默生的 DeltaV 系统，其中涂料厂、公用工程厂、聚脂厂近期使用了 DeltaV 7.4 版本的 DeltaV 系统和大量的 FF 设备：涂料厂为 600 台（全部模拟量设备）；公用工程厂为 300 台（另外有 HART 设备在单元包中）；聚脂厂为 2 200 台。

2. 网段设计

塑料厂网段布局中，在 1 个 H1 网段上接两个子网段。聚酯厂网段布局为：FF 设备最大安装数量为 8 台，每个网段的最大阀门安装数为 2 台（阀门定位器为 2 个），每个网段的备用分支数为 2 个，每个分支上的 FF 设备为 1 台，也就是 8∶2∶2∶1 模式。如图 2.1 和图 2.2 所示。图 2.1 中采用了两个网段保护器，图 2.2 中仅采用了一个网段保护器。

3. 辅助设备及电缆

（1）接线箱。涂料厂的接线箱使用刀式开关终端；公用工程厂使用 Relcom 的 Mega-block 接线箱；聚脂厂使用带有 P+F 网段保护和现场隔离的接线箱。

（2）现场总线辅助部件。现场总线辅助部件包括电源模块、诊断模块、网段保护器和保护现场设备短路的现场安全栅，它们都由 P+F Powerhubs 提供。在某些场合，浪涌保护也可以用在保护网段非闪电直接击中的浪涌破坏。

（3）主干电缆。各网段主干电缆为单根双绞线电缆。

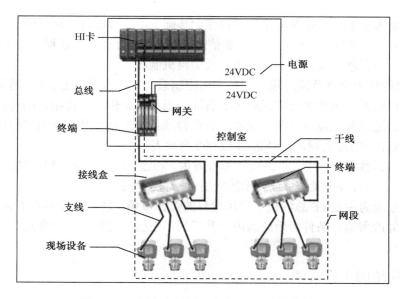

图 2.1　FF 网段布局图（聚酯厂，2 个接线箱）

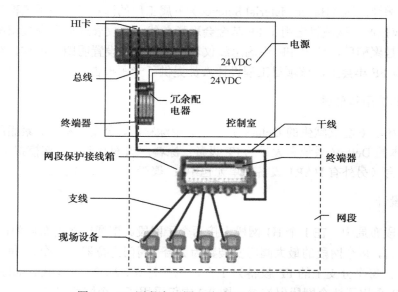

图 2.2　FF 网段布局图（聚酯厂，1 个接线箱）

4．现场仪表选型

（1）流量仪表。科里奥利流量计为 E+H Promass 和艾默生 Micro motion；涡街流量计为艾默生 8800 系列和 E+H Prowirl；电磁流量计为 E+H Promag；超声波流量计为 E+H Prosonic Flow。

（2）压力仪表。压力仪表为 E+H Cerabar/Deltabar、艾默生 3051 和 Siemens Sitrans P。

（3）温度仪表。温度仪表为艾默生 3244 系列、848 系列和 Wika 5350。

（4）料位仪表。使用的雷达为 E+H FMR 240、E+H FMR 230 和超声波 E+H Prosonic Level。

（5）分析仪表。使用的 PH 计为艾默生 TR 200 和电导计艾默生 400VP。

（6）控制阀门。控制阀门为 Samson 3787 定位器。

2.1.3 FF 现场总线技术分析

1. 基金会现场总线的主要技术

基金会现场总线在工厂底层网络和全分布自动化系统这两个方面具有自己的技术特色。以下几方面为其主要技术内容。

（1）基金会现场总线的通信技术。它包括基金会现场总线的通信模型、通信协议、通信控制器芯片、通信网络与系统管理等内容。它涉及一系列与网络相关的软、硬件，如通信栈软件，被称之为圆卡的仪表用通信接口卡，FF 与计算机的接口卡，各种网关、网桥、中继器等。它是现场总线的核心基础技术之一，无论对于现场总线设备的开发制造单位，还是系统设计单位、系统集成商以至用户，都具有重要作用。

（2）标准化功能块（FB，Function Block）与功能块应用进程（FBAP，Function Block Application Process）。它提供一个通用结构，把实现控制系统所需的各种功能划分为功能模块，使其公共特性标准化，规定它们各自的输入、输出、算法、事件、参数与块控制图，并把它们组成可在某个现场设备中执行的应用进程，便于实现不同制造商产品间的混合组态与调用。功能块的通用结构是实现开放系统架构的基础，也是实现各种网络功能与自动化功能的基础。

（3）设备描述（DD，Device Description）与设备描述语言（DDL，Device Description Language）。为实现现场总线设备的互操作性，支持标准的功能块操作，基金会现场总线采用了设备描述技术。设备描述为控制系统理解来自现场设备的数据提供必要的信息，因而也可以看做控制系统或主机对某个设备的驱动程序，即设备描述是设备驱动的基础。设备描述语言是一种用于进行设备描述的标准编程语言，用它所编写的设备描述的源程序可以使用设备描述器将其转化为机器可读的输出文件。控制系统正是凭借这些机器可读的输出文件来理解各制造商的设备数据。现场总线基金会把基金会的标准 DD 和经基金会注册过的制造商所附加的 DD 写成 CD-ROM，然后提供给用户。

（4）现场总线通信控制器与智能仪表或工业控制计算机之间的接口技术。在现场总线的产品开发中，常采用 OEM 集成方法构成新产品。目前市场上已有多家供应商提供的 FF 集成通信控制芯片、通信栈软件和圆卡等部件，把这些部件与其他供应商开发的或自行开发的、完成测量控制功能的部件集成起来，组成现场智能设备的新产品。要将总线通信栈软件、圆卡等部件与实现变送、执行功能的部件构成一个有机的整体，通过 FF 的 PC 接口卡将总线上的数据信息与上位的各种 HMI（即人机接口）软件、高级控制算法融为一体，尚有许多智能仪表本身及其与通信软、硬件接口的开发工作要做。如与 HMI 软件连接中的 OPC 技术，它是用于过程控制的对象链接与嵌入（OLE，Object Linking and Embedding）技术，即 OLE in Process Control 技术。OLE 是 Microsoft 公司在 PC 中采用的 PC 组件（PC Component）技术，把这一技术引入到过程控制系统，现场总线控制系统能较容易地与现有的计算机平台结合起来，工厂网络的各个层次可以在网络上共享数据与信息。可以认为，OPC 技术是实现数据开放式传输的基础。

（5）系统集成技术。它是通信系统与控制系统的集成，如网络通信系统组态、网络拓扑、配线、网络系统管理、控制系统组态、人机接口、系统管理维护等。系统集成技术是一项集控制、通信、计算机、网络等多方面的知识，集软、硬件于一体的综合性技术，它在现场总线技术开发初期，在技术规范、通信软硬件尚不十分成熟之时，具有特殊的意义，尤其是对系统设计单位、用户、系统集成商更具有重要作用。

（6）系统测试技术。它包括通信系统的一致性与互可操作性测试技术、总线监听分析技术和系统的功能、性能测试技术。一致性与互可操作性测试是为保证系统的开放性而采取的重要措施。一般要经授权过的第三方认证机构作专门测试，验证符合统一的技术规范后，将测试结果交基金会登记注册，授予 FF 标志。只有具备了 FF 标志的现场总线产品，才是真正的 FF 产品，其通信的一致性与系统的开放性才有相应保障。有时，对由具有 FF 标志的现场设备所组成的实际系统，还需进一步进行互可操作性测试和功能性能测试，以保证系统的正常运转，并达到所要求的性能指标。总线监听分析技术用于测试判断总线上通信信号的流通状态，以便进行通信系统的调试、诊断与评价。对由现场总线设备构成的自动化系统，功能、性能测试技术还包括对其实现的各种控制系统功能的能力、指标参数的测试，并可在测试基础上进一步开展对通信系统、自动化系统综合指标的评价。

2．通信系统的主要组成部分及其相互关系

基金会现场总线的核心部分之一是实现现场总线信号的数字通信。为了实现通信系统的开放性，其通信模型参考了 ISO/OSI 参考模型，并在此基础上根据自动化系统的特点进行了演变。基金会现场总线的参考模型只具备 ISO/OSI 参考模型七层中的三层，即物理层、数据链路层和应用层，并按照现场总线的实际要求，把应用层划分为两个子层——总线访问子层与总线报文规范子层，省去了中间的 3~6 层，即不具备网络层、传输层、会话层与表示层。另外，FF 在原有的 ISO/OSI 参考模型第七层应用层之上增加了新的一层——用户层。这样，通信模型共有四层，如图 2.3 所示为基金会现场总线（FF）通信模型和 OSI 参考模型的对比。其中，物理层规定了信号如何发送；数据链路层规定如何在设备间共享网络和调度通信；应用层则规定了在设备间交换数据、命令、事件信息以及请求应答中的信息格式；用户层则用于组成用户所需要的应用程序，如规定标准的功能块、设备管理，实现网络管理、系统管理等。实际上，在相应软、硬件开发的过程中，往往把除去最下端的物理层和最上端的用户层之后的中间部分作为一个整体，统称为通信栈。这时，现场总线的通信参考模型可看做三层。

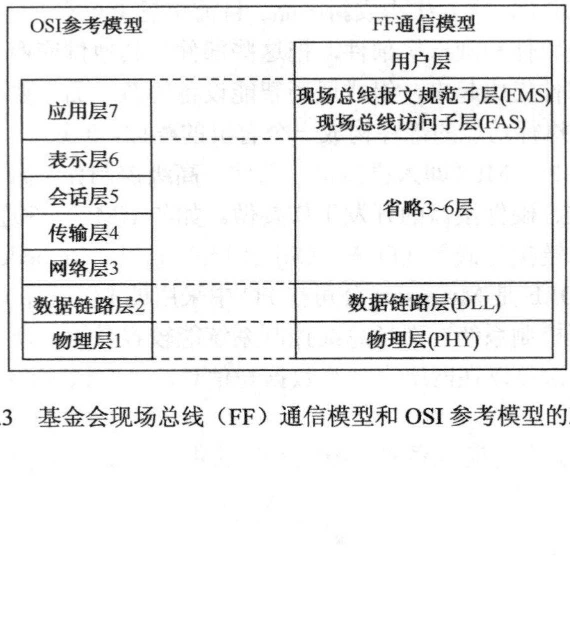

OSI参考模型	FF通信模型
	用户层
应用层7	现场总线报文规范子层(FMS) 现场总线访问子层(FAS)
表示层6	
会话层5	省略3~6层
传输层4	
网络层3	
数据链路层2	数据链路层(DLL)
物理层1	物理层(PHY)

图 2.3　基金会现场总线（FF）通信模型和 OSI 参考模型的对比

变送器、执行器等都属于现场总线的物理设备。每个具有通信能力的现场总线的物理设备都应具有通信模型。如图 2.4 所示的通信模型从物理设备构成的角度展示了通信模型的主要组成部分及其相互关系，它在分层模型的基础上更详细地描述了通信的主要组成部分。从图中可以看到，通信参考模型具有四个分层，即物理层、数据链路层、应用层和用户层，并按各部分在物理设备中要完成的功能，分为三大部分：通信实体、系统管理内核和功能块应用进程。各部分之间通过虚拟通信关系（VCR，Virtual Communication Relationship）来沟通信息。VCR 代表两个或多个应用进程之间的关联，或者说，虚拟通信关系是各应用之间的逻辑通信通道，它是总线访问子层所提供的服务。

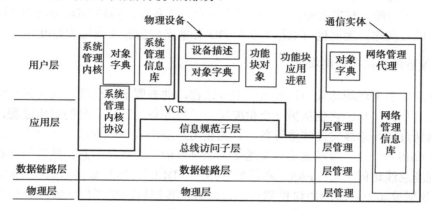

图 2.4　通信模型的主要组成部分及其相互关系

通信实体贯穿从物理层到用户层的所有层，由各层协议与网络管理代理共同组成。通信实体的任务是生成报文及提供报文传送服务，是实现现场总线信号数字通信的核心部分。层协议的基本目标是构成虚拟通信关系；网络管理代理则是借助各层及其层管理实体，实现支持组态管理、运行管理和出错管理的功能。各种组态、运行、故障信息都保存在网络管理信息库（NMIB，Network Management Information Base）中，并由对象字典（OD，Object Dictionary）来描述。对象字典为设备的网络可视对象提供定义与描述。为了明确定义、理解对象，把诸如数据类型、长度一类的描述信息保存在对象字典中。可以通过网络获得这些保存在 OD 中网络可视对象的描述信息。

系统管理内核（SMK，System Management Kernel）在模型分层结构中处于应用层和用户层的位置。系统内核主要负责与网络系统相关的管理任务，如确立某设备在网段中的位置，协调该设备与网络上其他设备的动作和功能块执行时间，用来将控制系统管理操作的信息组织成对象，存储在系统管理信息库（SMIB，System Management Information Base）中。系统管理内核包含现场总线系统的关键结构和可操作参数，它的任务是在设备运行之前将基本的系统信息置入 SMIB，然后根据系统专用名，分配给该设备一个永久（固定）的数据链接地址，并在不影响网络上其他设备运行的前提下，把该设备带入到运行状态。系统管理内核采用系统管理内核协议与远程 SMK 通信。当设备加入到网络之后，可以按需设置远程设备和功能块，由 SMK 提供对象字典服务，如在网络上对所有设备广播对象名，先等待包含这一对象的设备的响应，然后获取网络中有关对象的信息。为协调与网络上其他设备的动作和功能块同步，系统管理还为应用时钟同步提供一个通用的应用时钟参考，使每个设备能共享共同的时间基准，并可通过调度来控制功能块执行时间。

功能块应用进程（FBAP，Function Block Application Process）在模型分层结构中处于应用层和用户层的位置，主要用于实现用户所需要的各种功能。应用进程 AP 是 ISO 7498 标准中为参考模型所定义的名词，用以描述驻留在设备内的分布式应用。AP 一词在现场总线系统中是指设备内部实现一组相关功能的整体。功能块把为实现某种应用功能或算法并按某种方式反复执行的函数模块化，提供一个通用结构来规定输入/输出、算法和控制参数，同时把输入参数通过这种模块化的函数转化为输出参数，如 PID 功能块完成现场总线系统中的控制计算，AI 功能块完成参数输入，还有用于远程输入/输出的交互模块等。每种功能块被单独定义，并可为其他块所调用。由多个功能块及其相互连接集成为功能块应用。在功能块应用进程部分，除了功能块对象之外，还包括对象字典 OD 和设备描述 DD。由于采用 OD 和 DD 来简化设备的互操作，因而也可以把 OD 和 DD 看做支持功能块应用的标准化工具。

3. 协议数据的构成与层次

如图 2.5 所示为现场总线协议数据的生成过程，动态展示了现场总线协议数据内容和模型中各层所附加的信息。它也从另一个角度反映了现场总线报文信息的形成过程，如某个用户要将数据通过现场总线发往其他设备，首先在用户层形成用户数据，并把它们送往总线报文规范层（FMS）处理，每帧最多可发送 251 个字节的用户数据信息；然后依次把这些用户数据送往现场总线访问子层（FAS）和数据链路层（DLL）；用户数据信息在 FAS、FMS 和 DLL 各层分别被加上各层的协议控制信息，同时在数据链路层还加上帧校验信息（一般为 CRC 校验码），然后送往物理层将数据打包，加上帧前、帧后定界码，即开头码、帧结束码，并在开头码之前再加上用于时钟同步的前导码（或称同步码）。该图还标明了各层所附的协议信息的字节数。信息帧形成之后，还要通过物理层转换为符合规范的物理信号，在网络系统的管理控制下，发送到现场总线网段上。

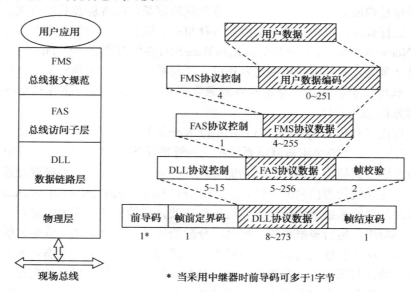

图 2.5　现场总线协议数据的生成

2.2 基金会现场总线网络设备与安装

一个现场总线网络由一个或多个网段组成，每个网段一般包含运行仪表、连接件、接口设备、电缆和安全栅，另外还需要一个电源和设在每个网段末端的终端器。现场总线的安装与布线规则不同于传统的 4～20mA 布线，进行布线时要遵循一定的拓扑结构。

2.2.1 网络拓扑结构

FF 现场总线的拓扑结构较灵活，如图 2.6 所示，通常包括点到点型、带分支的总线状、菊花链状和树状等结构。同时，这几种结构还可组合在一起构成混合结构。其中，带分支的总线状和树状结构在工程中使用较多。

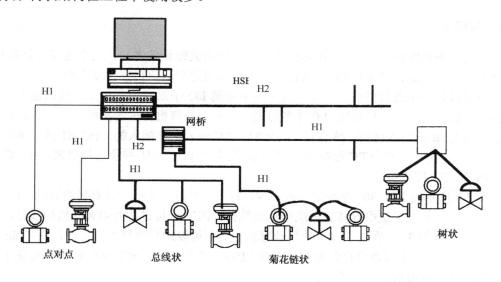

图 2.6 FF 总线拓扑结构

FF 总线网络可以包含一个或多个互连的 H1 链路。一条 H1 链路可连接一个或多个 H1 设备，两个或多个 H1 设备之间可通过 H1 网桥实现互连。H1 总线网段的主要特性参数如表 2.1 所示。不包含 H1 网桥的链路设备也可以实现 H1 报文的重发功能。

表 2.1 H1 总线网段的主要特性参数

类　别	参　数		
数据传输速率	31.25kb/s	31.25kb/s	31.25kb/s
信号类型	电压	电压	电压
拓扑结构	总线状/菊花链状/树状	总线状/菊花链状/树状	总线状/菊花链状/树状
通信距离	1 900m	1 900m	1 900m
分支长度	120m	120m	120m
供电方式	非总线供电	总线供电	总线供电
本质安全	不支持	不支持	支持
设备数/段	2～32	1～12	2～6

2.2.2 主要连接件和接口设备

FF 总线系统中，主站可以通过一个接口直接和现场级网络相连，也可以通过一个链路设备经过主站级网络后再和现场级网络连接。像笔记本电脑那样的手持设备则是通过接口和现场级网络进行连接。不管是接口还是链路设备都是通过端口和现场级网络进行相连。一块接口卡或者一台链路设备往往有不止一个端口，因此它们可以接多个现场级网络。若干台链路设备又可以通过主站级网络连成一个大系统。同样，接口也可以设计成可插入一个计算机或 I/O 子系统的若干块卡或模板。

接口的每一个端口能支持的设备数量是有限的。由于线路电阻和设备的功耗等带来的电气限制，大部分的装置只能支持约 16 台设备，所以市场上的接口通常也就支持这么多设备。

1. 接口卡

基金会现场总线接口卡是 FF 现场总线控制系统的关键设备之一，用于连接计算机和 FF 现场仪表等设备，是计算机与 FF 现场设备间的信息通道和通信指挥调度中心。

接口可以是一个通信模板，插在传统系统中常规 I/O 子系统的背板上。接口也可以是插在计算机里的一块卡。计算机接口有许多形式，有插在计算机背板的插槽里的内置式的，也有与计算机 USB 端口连接的，或者像 PCMCIA（PC 卡）一样插入的。PC-H1 接口卡就是插于 PC 内的接口卡，它符合 PC 标准和 FF 规范，用来将 PC 和 H1 网段连接起来，使 PC 成为 H1 网络的操作监控设备。

如图 2.7 所示为 PCI 302 现场总线接口卡，PCI 卡可以直接插在计算机内置的 16 位 ISA 总线上，从而使监控系统很容易获得现场总线数据。PCI 卡具有功能强大的结构设计，它的大小为 PC AT 卡的 3/4，在安装到工业用计算机上时，可以进行热插拔。它携带 4 个 Smar 的调制解调器芯片，1 个双通道存储器的 32MIPS RISC 指令 CPU，所有这些特点都保证了它具有强大的功能及获得数据的完整性。

PCI 卡与现场总线的连接全部通过卡后端的 DB37 公头接口来完成，它由 SC71 电缆制成，连接与断开都非常方便。如图 2.8 所示为 SC71 电缆接口卡。

图 2.7　PCI 302 现场总线接口卡　　　　图 2.8　SC71 电缆接口卡

2. 链路设备

链路设备通过高速主站级网络把现场级网络和主站直接连接起来，或者通过远程 I/O

网络的方式直接连接现场级网络和主站，这样就不需要 I/O 子系统的接口模板了，如图 2.9 所示为 DFI302 现场总线（FF）/以太网（Ethernet）链路设备。链路设备作为信息的缓冲器以照顾两个级别网络之间数据传输速度的差别。如图 2.10 所示为链路设备连接现场级和主站级的结构图。

图 2.9　DFI302 现场总线（FF）/以太网（Ethernet）链路设备

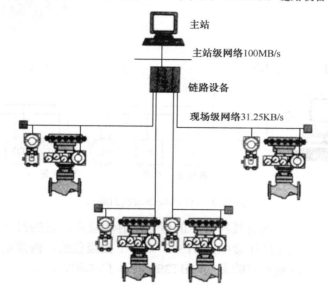

图 2.10　链路设备连接现场级和主站级的结构

把 FF-H1 和 HSE 网络连接起来时都要使用链路设备。链路设备、现场总线设备电源、阻抗和终端器可以集成为一台设备。一台链路设备可以具有多个接口，也可以执行辅助功能，例如起传统调节器的作用。

对于有效性要求较高的情况，可以采用冗余的链路设备，即有一个备用的链路设备。如图 2.11 所示是采用两个独立的链路设备同时连接到现场级网络上，使得两个全程独立的数据通道与主站相连。当有一个接口发生故障时，作为备用的链路设备立刻起作用，这就保证了仍能有一个过程窗口，确保现场数据送到操作员一端。

3．终端器

终端器是安装在传输电缆的首端和末端的阻抗匹配器，如图 2.12 所示为终端器 BT302。每段总线必须只能有 2 个终端器。H1 网段终端器的连接如图 2.13 所示。终端器可以避免总线信号在长线传输时在电缆两端产生信号波反射和信号失真。终端器有外置式和内置式两类，其中外置式是独立产品，供用户选购并安装于总线首、末端；内置式已安装在现场设备、电源、本质安全栅、PC-H1 接口卡和端子排内。在安装前要了解清楚某台设备或附件是否有内置终端器，避免重复使用，影响总线的数据传输。

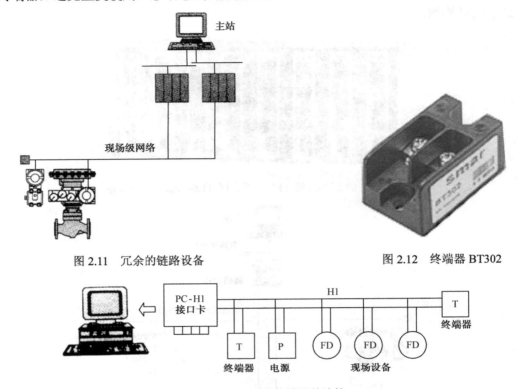

图 2.11　冗余的链路设备　　　　　　　　图 2.12　终端器 BT302

图 2.13　H1 网段终端器的连接

总线终端器用于防止现场总线网络中的信号反射和噪声，它的尺寸很小，使用两个螺钉就可以方便地直接安装在接线盒中。BT302 采用工业级包装，内部电路层层密封，这有助于消除潮湿和环境等因素对它的影响。BT302 取得了本质安全认证。

4．中继器

中继器用来扩展 H1 网段。由于信号沿着信号线逐渐衰减，所以网段的长度不能过长。中继器包含一个芯片，芯片能对从一端接收到的信号进行同步刷新并放大其电平。中继器恢复了原信号的对称性和振幅，克服了衰减。中继器为双向电隔离，它被用来把若干网段接在一起形成一个较大的网络，它最多可以把 32 个同样的网段接在一起。但是，网络上的两个设备之间最多不能超过 4 个中继器，也就是说，两个设备之间最多只能有 5 个网段，如图 2.14 所示。4 个中继器串联时，如果采用 A 型电缆，其总长度可达到 1.9km 的 5 倍，即 9.5km。中继器不能向网段提供电源，所以接有总线供电设备的网段必须另外提供电源，即在中继器的另外两个端子上加电源。

另外，还可以使用中继器向新网段上添加新设备。当一条网段上的设备多于 32 台时，就要使用中继器。一个新网段中，除了中继器这台设备外还可再增加 31 台现场设备。所以使用 4 台中继器时，5 条网段中总设备数为 160 台，除去 4 台中继器，实际可扩展到 156 台现场设备或现场仪表。

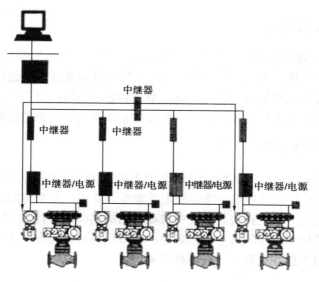

图 2.14　任意两个设备之间最多可有 4 个中继器

在使用中，中继器最好是隔离的且在两个端口上都内置终端器。尽管每一种网络的中继器互不相同，但是所使用的中继器都是按照 IEC 61158—2 规定的特性设计的。

如图 2.15 所示为 Smar 现场总线中继器 DF48，DF48 网络间可隔离 1 500V 交流电压，输入端为低漏电流，可用来延长现场总线网络长度。

5. 网桥

网桥把数据从一个网络传送到另一个网络，使得处于不同网络的两个设备可以互相通话，如图 2.16 所示。在一个网络上的所有设备都有不同的结点地址，即使它们处在同一网络的不同网段，也不会有地址重复现象。但是，在不同网络上的两个设备就有可能有同样的结点地址，在这种情况下，网桥可以保证设备不会被混淆。网桥具有极强的软件功能。在实际使用中并不是把网桥本身作为一个设备，而是把它作为多端口链路设备或接口卡的一个组成部分。

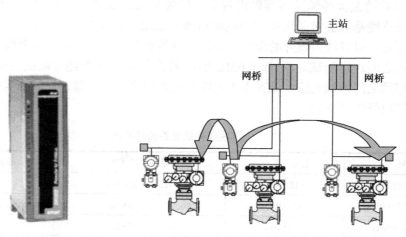

图 2.15　Smar 中继器 DF48　　　　图 2.16　网桥使两个不同网络的设备可以互相通话

2.2.3 电缆、布线和电源

FF 并没有规定在现场总线仪表中使用的电缆的具体型号或性能指标，但还是推荐使用那些经过一致性测试的电缆。为了简化现有仪表向现场总线仪表过渡的过程，制定标准时专门考虑了现场总线仪表可以和仪表中常用的电缆型号兼容。电缆的型号和性能是决定总线长度和总线上可挂仪表数量的主要因素，同时，总线的布线原则和电源的选取也同样很重要。

1. 基金会现场总线（FF）电缆类型

（1）多种类型的电缆可用于现场总线。FF 的电缆类型及其支持的传输介质种类繁多。如表 2.2 所示是 IEC/ISA 物理层标准中指定的电缆类型。其中，A 型电缆是符合 IEC/ISA 物理层一致性测试的首选电缆，是新安装系统中推荐使用的电缆。替代 A 型电缆的是 B 型电缆，它通常用于工厂的新建和改造项目中，在那里，多条现场总线在同一个区域中运行。C 型和 D 型两种电缆主要用于总线改造，一般不推荐采用。

表 2.2　现场总线电缆类型和最大长度

类　　型	电缆说明	大小尺寸	最长长度
A 型	屏蔽双绞线	*18 AWG（0.8 mm²）	1 900 m
B 型	屏蔽多对双绞线	*22 AWG（0.32 mm²）	1 200 m
C 型	无屏蔽多对双绞线	*26 AWG（0.13 mm²）	400 m
D 型	屏蔽多芯电缆	*16 AWG（1.25 mm²）	200 m

（2）传输介质。基金会现场总线支持多种传输介质：双绞线、电缆、光缆和无线介质等。目前应用较为广泛的是前两种。H1 标准采用的电缆类型可分为无屏蔽双绞线、屏蔽双绞线、屏蔽多对双绞线和多芯屏蔽电缆几种类型。显然，在不同数据传输速率下，信号的幅度、波形与传输介质的种类、导线屏蔽和传输距离等密切相关。要使挂接在总线上的所有设备都满足工作电源、信号幅度和波形等方面的要求，必须对在不同工作环境下作为传输介质的导线横截面、允许的最大传输距离等做出规定。线缆种类、线径粗细不同，对传输信号的影响各异。现场总线基金会对采用不同缆线时所规定的最大传输距离如表 2.3 所示。根据 IEC 61158—2 的规范，以导线为媒介的现场设备，不管是否为总线供电，当在总线主干电缆屏蔽层与现场设备之间进行测试时，对低于 63Hz 的低频场合，测量到的绝缘阻抗应该大于 250kΩ。一般在设备与地之间增加绝缘，或在主干电缆与设备间采用变压器、光耦合器等隔离部件，以增强设备的电气绝缘性能。

表 2.3　导线媒体的允许传输距离

电缆类型	电缆型号	数据传输速率	最大传输距离
A 型屏蔽双绞线	#18AWG	H1　31.25KB/s	1 900m
B 型屏蔽多对双绞线	#22AWG	H1　31.25KB/s	1 200m
C 型无屏蔽双绞线	#22AWG	H1　31.25KB/s	400m
D 型多芯屏蔽电缆	#16AWG	H1　31.25KB/s	200m

2．现场总线控制系统的网络布线与安装

现场总线控制系统具有数字化通信特征，它的布线和安装与传统的模拟控制系统有很大区别。一条双绞线上挂接着多个现场设备，传送着温度、压力、流量等多种类、多测点的过程变量、控制信息以及其他信息，因而现场总线控制系统对布线和安装有许多新的特点和要求。

（1）现场总线网段的基本构成部件。如图 2.17 所示为一个典型的基金会现场总线网段。在这个网段中，有作为链路主干、组态器和人机界面的 PC；符合 FF 通信规范要求的 PC 接口卡；网段上挂接的现场设备；总线供电电源；连接在网段两端的终端器；电缆或双绞线以及连接端子。如果现场设备间距离较长，超出规范要求的 1 900m 时，可采用中继器延长网段长度，也可使用中继器增加网段上的连接设备数，还可采用网桥或网关与不同速度、不同协议的网段连接。在有本质安全防爆要求的危险场所，现场总线网段还应该配有本质安全防爆栅。

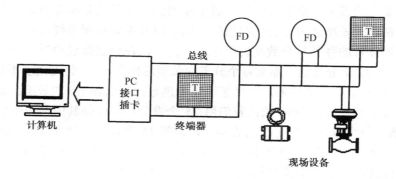

图 2.17　基金会现场总线网段的基本构成

网段上连接的现场设备有两种，一种是总线供电式现场设备，它需要从总线上获取工作电源；总线供电电源就是为这种设备准备的。另一种是单独供电的现场设备，它不需要从总线上获取工作电源。

终端器是连接在总线末端或末端附近的阻抗匹配元件。每个总线网段上需要两个，而且只能有两个终端器。终端器采用反射波原理使信号变形最小，它所起到的作用是保护信号，使其减少衰减与畸变。目前市场上已有封装好的终端器产品供选购、安装。有时，也将终端器电路内置在电源、安全栅、PC 接口卡和端子排内。在安装前要了解清楚是否某个设备已有终端器，避免重复使用，影响总线的数据传输。

（2）FF 总线网络的扩充。FF 总线网络的扩充包括如下几方面的内容。

① 扩充设备。工程中，相对 A 型电缆和 B 型电缆而言，C 型电缆和 D 型电缆在使用距离上要短。在某些特定场合中，要避免使用 C 型和 D 型两种电缆。其他类型的电缆也可在现场总线系统中使用。中继器是总线供电或非总线供电的设备，用来扩展现场总线网络。在现场总线网络任何两个设备之间最多可以使用 4 个中继器。使用 4 个中继器时，网络中两个设备间的最大距离可达 9 500m。网桥和网关是总线供电或非总线供电的设备。网桥用于连接不同速度或不同物理层，如金属线、光导纤维等的现场总线网段，进而组成一个大网络。网关用于将现场总线的网段连向其他通信协议的网段，如以太网、LonWorks 网段和 RS485 等。

② 扩充方案。现场总线的网段由主干及其分支构成。主干是指总线网段上挂接设备的最长电缆路径，其他与之相连的线缆通道都叫做分支线。网络扩充是通过在主干的任何一点

分接或者延伸，并添加网络设备而实现的。网络扩充应遵循一定的规则，或者说应受到某些限制，如总线网段上的主干长度和分支线长度是受到限制的。不同类型的电缆对应不同的最大长度，长度应包括主干线缆和分支线的总和，其最大长度如表 2.4 所示。

表 2.4　每个分支上最大长度的建议值（m）

设 备 总 数	1 个设备/分支	2 个设备/分支	3 个设备/分支	4 个设备/分支
25～32	1	1	1	1
19～24	30	1	1	1
15～18	60	30	1	1
13～14	90	60	30	1
1～12	120	90	60	30

③ 网络扩充中分支线长度的取值。分支线应越短越好。分支线的总长度要根据分支的数目和每个分支上的设备个数加以限制。表中指出的最大长度是推荐值。它包括一些安全因素，以确保在这个长度之内不会引起通信问题。段长度要根据电缆类型、规格、网络的拓扑结构、现场设备的种类和个数而有所区别。例如，在分支数较少时，一个分支可延长至 120m。如果有 32 个分支线，那么每个分支线长度应短于 1m。分支线表不是绝对的，如有 25 个分支，每支上有一个设备，严格按照表中规定，会选择 1m 的长度；如果能去掉一个设备，表中显示每段可有 30m 长；若仍用 25 个设备，可以使其中某一个少于 30m；若已有 14 个设备，每个分支线都是准确的 90m，但第 15 个设备的分支线为 10m，分支线的密度乘以它的长度为 1 270m；当有 14 个设备时，表格允许的密度为 1 260m，即 14 个设备乘以 90m，已经超出了表格中要求数值的 8%，此时也能认可。

④ 网络扩充中使用中继器。如果需要使用长于 1 900m 的电缆，可以使用中继器。中继器取代一个现场总线设备的位置，但这意味着要开始一个新的起点，新增加了一条 1 900m 的电缆，即创建了新的主干线。这样便可以添加更多的现场设备。第一条主干有 i 个设备，其中之一也为中继器；第二条主干有 j 个设备，其中之一也为中继器。可以在任何两个设备之间使用 4 个中继器，这样就得到了 9 500m 的总长。除了增加网络的长度以外，中继器还可以向网络上添加设备数，当一个网段上的设备多于 32 个时，可使用中继器。使用 4 个中继器时网段中各种设备的个数可以达到 156 个。

⑤ 网络扩充中使用混合电缆。网络中有时需要几种电缆的混合使用，以下公式可以决定两种电缆的最大混合长度：

$$LX/MAXX + LY/MAXY < 1$$

式中，LX 为电缆 X 的长度；LY 为电缆 Y 的长度；$MAXX$ 为电缆 X 单独使用时的最大长度；$MAXY$ 为电缆 Y 单独使用时的最大长度。例如，假设混合使用 1 200m 的 A 型电缆和 170m 的 D 型电缆，则有 $LX=1\,300m;LY=150m;MAXX=1900m;MAXY=200m$。将各项代入公式得：1300/1900+150/200=1.434。由于结果大于 1，表明不能这么做。按公式所描述，有 475m 的 A 型电缆和 150m 的 D 型电缆结果恰好为 1，所以两者可以混合使用。另外，网络中两种类型的电缆所在的具体位置并不重要。推而广之，四种类型电缆也可以混合，公式为：

$$LV/MAXV + LM/MAXM + LX/MAXX + LY/MAXY < 1。$$

对于电缆的组合，还有其他的影响因素。例如，在总线供电设备组成的系统中，要根据欧姆定理和电缆阻抗，用设备所需要的工作电压和电流来决定总线长度，使电源能满足总线上远端设备的供电要求。当公式条件成立时，使用 190m 的 A 型电缆和 360m 的 C 型电缆提供 24V 电压的输出，那么总线回路的阻抗为：$2 \times ((0.19 \times 24) + (0.36 \times 132)) = 104\Omega$。若在远端提供最小 9V 电压，总线可提供给总线耗能设备的最大电流为：$1000 \times (24-9)/104 = 144mA$。假设每个设备消耗 14mA，那么网段中可以有 10 个设备。有许多方法可使这种状况得到改善，例如，用一个 32V 输出的现场总线电源，或使用一个中继器。

⑥ 关于现场总线的接地、屏蔽与极性。

● 接地。不能在网络中任何一点把信号传输导体（即双绞线）接地。现场总线信号在全网络中都要被特殊保护，将任何信号传输导体接地会引起这条总线上的所有设备失去通信能力。任何一根导线接地或两线接在一起，会导致通信中断。

● 屏蔽。现场总线电缆最好有屏蔽。通常使用多芯"仪器"电缆，它有一条或多条双绞线，有一个金属屏蔽和一根屏蔽线。也可以使用有单一屏蔽双绞线的电缆。对于新的安装，可购买"现场总线电缆"。现场总线网络可以使用 C 型未加屏蔽的双绞线，如果它们被铺设在管道内，也可得到屏蔽。现场总线电缆的屏蔽沿着电缆的整个长度方向上仅在一点接地，而且屏蔽线绝对不可用做电源的导线。某些工厂的标准中，在电缆铺设路径中屏蔽线多点接地，这种操作方法在 4~20mA 直流控制回路中可以接受，但在现场总线系统中会引起干扰。当使用屏蔽电缆时，要把所有分支的屏蔽线与主干的屏蔽线连接起来，最后在同一点接地。对于大多数网络来说，接地点的位置是任意的；对于要达到本质安全性要求的安装，接地点还需要按特殊规定选择。

● 极性。现场总线所使用的曼彻斯特信号是一个每位改变一次或两次极性的交变电压信号。在非供电网络中，仅有这种交变电压存在；在供电网络中，交变电压被加载到为设备供电的直流电压上。现场总线的信号是有极性的。现场设备必须正确接线，才能按正确的极性得到正确的信号。如果现场设备被反向接线，那么会得到"反置"的信号，就不能进行通信了。但有一种无极性的现场设备，可在网络上按任何方向连接。无极性设备往往是网络供电的，它们对网络的直流电压很敏感，能知道哪端是正端，设备可以自动检测和修正极性，因此它可以正确地接收任何极性的信息。如果建立了现场总线网络，必须考虑信号的极性，所有的"＋"端必须相互连接，同样，所有的"－"端也必须相互连接。有极性的设备应标识出极性或者带有专用连接器；无极性的设备不必标识；为总线供电的现场设备也要标明极性。

3. FF 电源类型

FF 电源类型及其总线供电与网络配置都要遵循 FF 物理层相应规范。

（1）电源设计类型。按照 FF 物理层规范，电源设计为以下 3 种类型。

① 131 型。非本安电源，为本安防爆栅供电而设计，其输出电压取决于防爆栅功率（额定值）。

② 132 型。非本安电源，不用于本安防爆栅供电。输出电压最大值为 32 V。

③ 133 型。本安电源，符合推荐的本安参数。

为了保证现场总线的正常运行，电源的阻抗必须与网络匹配。无论把现场总线电源内置或外置，这个网络都是电阻/电感网络。电源的选取和 H1 现场设备的分类与编号密切相关，如表 2.5 所示。从设备类型的分类表可以看到，它按照设备是否为总线供电、是否可用于易燃易爆环境以及功耗类别而区分。

表 2.5　H1 现场设备的分类与编号

设 备 类 型	标 准 信 号		低功耗信号	
	总线供电	分开单独供电	总线供电	分开单独供电
本质安全型	111	112	121	122
非本质安全型	113	114	123	124

（2）FF 总线供电与网络配置。在网络上如果有两线制的总线供电现场设备，应该确保有足够的电压可以驱动它，每个设备至少需要 9V 电压，为了确保这一点，在配置现场总线网段时需要知道以下情况：

① 当前每个设备的功耗情况。

② 设备在网络中的位置。

③ 电源在网络中的位置。

④ 每段电缆的阻抗。

⑤ 电源电压。

对于总线供电类的设备，挂接在总线上的位置不同，从总线得到的电压会有所不同，为了确保任何一个制造商所提供的现场总线设备可挂接在总线的任何位置上且能正常工作，必须对满足设备正常工作的电压、电流范围等参数做出明确规定。如表 2.6 所示为 111 类，即总线供电的本安型标准设备列出的现场总线基金会的推荐参数，从表中可以看出，对于不同类别的设备，其参数的要求应有所区别，如本安型与非本安型设备在功率消耗方面的指标应该不同。其他类现场设备的推荐参数可查阅基金会现场总线物理层的相应规范。按照 IEC 1158—2 规范的要求，现场总线基金会对设备电路开路时最大输出电压的推荐值为 35V。对直流回路进行分析，可得到每个现场设备的电压。现以如图 2.18 所示的网络为例进行说明。假设在接口板处设置一个 12V 的电源，且在网络中全部使用 B 型电缆；在 10m 的分支线处，有一个现场设备 FD5，它采用单独供电方式（一个 4 线制设备）；同时，在 10m 分支线处，还有一个现场设备 FD3，它的消耗电流为 20mA；其他的设备各自耗能为 10mA；网桥为单独供电方式，并不消耗任何网络电流；忽略温度影响，每米导线电阻为 0.1Ω。表 2.7 显示了每段电缆的电阻、流经此段的电流以及压降。总线供电设备从网段上得到的电压为：FD1 处 10.95V，FD3 处 9.73V，FD4 处 9.74V，阀门处 9.72V。因此所有的现场设备都得到了大于 9V 的电压，这个结果令人满意。如果网络上有更多的现场设备或网络电缆直径较小，就不会是这种情形了，或许需要提高供电电源的电压，或许需要调整电源的安放位置。这个计算过程很烦琐，在添加一个或更多的网络耗能现场设备时都进行这样的计算。一般现场总线销售商会提供计算机软件，使计算过程变得简单，只要输入网络现状，所有的直流电压就立即显示出来。如果改变了网络，电压要被重新计算。某些情况下，网络可能负荷过重，以至于不得不重新考虑摆放电源的位置，使每个设备的供电电压得到满足。当做这些计算时，还要考虑到高温状态下电缆的电阻会增大这个因素。现场总线上的供电电源，需要有一个电阻/电感式阻抗匹配网络。阻抗匹配可在网络一侧实现，也可将它嵌入到总线电源中。可以按照 IEC/ISA 物理层标准的要求，组成电源的冗余式结构，但仅仅将两个电源并联在一起是不符合要求的。同时，不能把会导致数字信号短路的自关闭电源用于现场总线网段上。

表 2.6　111 类现场设备的推荐参数

参　　数	设备允许电压	设备允许电流	设备输入电源	设备残余容抗	设备残余感抗
推　荐　值	最小 24V	最小 250mA	1.2W	<5nF	<20μH

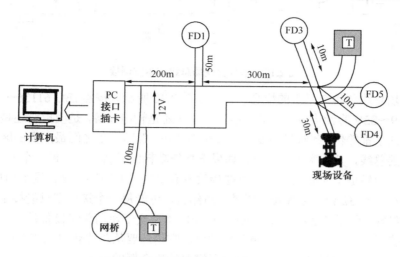

图 2.18　电源与网段配线示例

表 2.7　图 2.18 中各段的电路参数

段　长　度（m）	电　阻（Ω）	电　流（A）	压　降（V）
200	20	0.05	1.0
50	5	0.01	0.05
300	30	0.04	1.2
10	1	0.02	0.02
30	3	0.01	0.03

4．基金会现场总线设备的本质安全

本质安全技术是指保证电气设备在易燃、易爆环境下安全使用的一种技术。它的基本思路是限制在上述危险场所中工作的电气设备中的能量，使得在任何故障的状态下所产生的电火花都不足以引爆危险场所中的易燃、易爆物质。因此，对本质安全系统中的设备、电缆、电源及导线都提出了一些苛刻的要求，尤其是对电压、电流、功率、电容和电感几个参数都要进行一定程度的限定。例如，在工业领域中常用的现场总线网络中，系统对每一条现场总线上所连接的设备数量和电缆的长度都有严格的限制。

在有本质安全防爆要求的危险场所，现场总线网段应该配有本质安全防爆栅。如图 2.19 所示为基金会现场总线的本安网段示例。这种齐纳安全栅将向危险区输入的电压限制在一定的范围之内，例如±11V；另外，还有一种单独供电式隔离型安全栅。

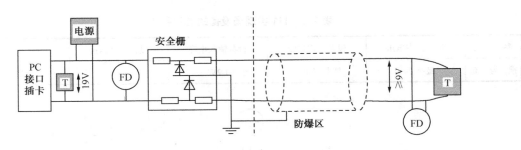

图 2.19 基金会现场总线的本安网段

基金会现场总线和传统系统的概念一样，如图 2.20 所示。按照 IEC 61158—2 的规定，所有的设备都在 9～32V 直流电源下工作。不管是输入还是输出设备，是模拟量还是离散量设备，在电气上它们几乎都等价，此时只需要一种安全栅即可。现场设备之间最主要的区别在于功耗。用于本质安全的总线，其功率受到限制，如果选择低功耗的设备，可使每一个安全栅上连接尽可能多的设备。功耗是本质安全网段上可挂接设备数量的主要限制因素，设备功耗高，可挂接的设备数量会远低于 32 台，尽管安全栅是多点结构，可能每一个接口端只能接 16 台设备。安全栅可以是齐纳栅，也可以是本质安全的电隔离器。本质安全现场总线设备是一台电流吸收器，它不会为网络提供功率。即使该设备是单独供电，它仍然要从总线获得电流以供它进行通信。通过使用功耗尽可能低的设备可以大大减少所需要的安全栅的数量。

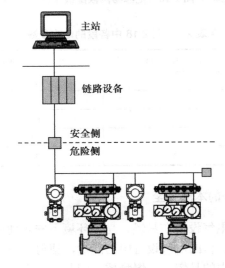

图 2.20 安全栅将安全区和危险区隔开

终端器中含有电容，当用于本质安全系统时，它们必须经过本质安全认证。在功率未达到额定值时，终端器处于全通状态，不消耗电流，因此也不会减少电缆的长度或者设备的数量。由于每一种网络对应不同的安全栅，所以，要使用按照 IEC 61158—2 规定的特性设计的安全栅。

注意，每一个危险区的网段只能接一个安全栅，不能冗余。通常安全栅装在安全区。如果要装在危险区，则一定要安装在带有防火密封的防火型外壳里。当使用非隔离型安全栅时，一定要特别注意遵守产品手册中关于接地的指示条文。向本质安全系统供电有两种方案，一种采用传统的实体概念；另一种是使用比较新的现场总线本质安全（FISCO）模型。现场总线本质安全模型允许提供更大的功率，这意味着可以挂更多的设备或使用更长的电缆。

（1）实体概念。在对本质安全设备和安全栅进行认证时，要对电压、电流、功率、电容和电感这些实体参数做出说明。利用这些参数很容易实现设备和安全栅之间的匹配。当多台设备以多点结构方式挂接在一台安全栅上时，必须对所有设备的实体参数进行汇总，再与安全栅的实体参数进行匹配。按照传统的实体概念，电缆的电容和电感也应集中考虑，因此，计算网络在危险区网段的电容和电感时，要把电缆的电容和电感计算进去。对于实体概念，应使用线性输出特性的安全栅，如图 2.21 所示。对于 Exia ⅡC 防爆等级，输出功率大约只有 1.2W，或者在 11V 直流电压下允许约 60mA 电流，这个电流限制了每一台线性安全栅上可挂接的设备数。同样，由于只允许有很小的电压降，所以低电压输出也限制了电缆的长度。现场设备可以控制的电压、功率和电流都有限制；同样，总线允许的电容和电感的总量也有限制。因此，在选择安全栅时，必须使它的电压、电流和功率输出同具有最低的对应实体参数的现场设备相比，低于该现场设备所允许的值。如图 2.22 所示为基于实体概念的 IEC 61158-2 安全栅。安全栅必须能够处理连接在安全侧的全部设备和网络电缆的总的外部电容和电感。电缆参数必须从电缆数据表中获得。电缆的电感值超出了安全栅所允许的值，这种情况经常发生。对电感值的一个常用变通办法是比较电缆的电感值和安全栅所允许的电感/电阻（L/R）比值。在实体概念的基础上，电缆的电容被认为是本质安全系统中对距离的限制因素。有屏蔽层的电缆的电容比没有屏蔽层电缆的电容高。通过查阅电缆允许的最大电容，可以计算出允许的最大电缆长度。电缆允许的最大电容就是安全栅允许的电容与所有设备的电容的差值。评价网络最容易的办法就是将网络所有元件列成实体参数表，如表 2.8 所示。

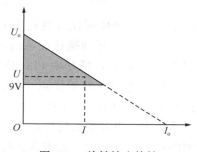

图 2.21　线性输出特性

图 2.22　基于实体概念的 IEC 61158—2 安全栅

【例 2.1】　针对 4 台设备和电缆的典型参数如表 2.8 所示。在本例中，500m 电缆具有 200nF/km 电容的典型值和 25μH/Ω 的 L/R 比值。安全栅允许的 L/R 比值是 30.7μH/Ω。

表 2.8　网络实体参数评估列表

工　位	U_i (V_{max})/V	I_i (I_{max})/mA	P_i (P_{max})/W	C_i/nF	L_i/μH	L/R (μH/Ω)	L_q/mA
FT-123	24	250	1.5	5	8		12
TT-124	24	250	1.5	5	8		12
FCV-123	24	250	1.5	5	8		12
TCV-124	24	250	1.5	5	8		12
终端器	24	250	1.5	0	0		0
电缆				100	275	25	0

工　　位	U_i（V_{max})/V	I_i（I_{max})/mA	P_i（P_{max})/W	C_i/nF	L_i/μH	L/R（μH/Ω)	L_q/mA
	最小值	最小值	最小值	累加值	累加值		累加值
	U_o（U_{oc})	I_o（I_{sc})	P_o（P_m)	C_o（C_a)	L_o/L_a	L_o/R_o（L/R)	
安全栅要求	24	250	1.5	120	307	25	48
所选用的安全栅	21.4	200	1.1	154	300	30.7	60

本例中安全栅的输出电压、电流和功率比现场设备允许的最大值都低。它能提供足够的电流，且电容值也在允许范围内，但所允许的电感值太低。不过，因为安全栅的 L/R 比值足够，所以安全栅仍可以安全使用。

【例 2.2】 通过查找在安全栅的限制值中减去 4 台设备的电容后的剩余电容值，可以计算出本例的安全栅中，考虑电容的因素后的电缆的最大长度为 670m，即

$$L=\frac{C}{c}=\frac{154-4\times5}{200}=670m$$

（2）现场总线本质安全概念。现场总线本质安全概念是一个比较新的本质安全模型。在 FISCO 模型中，只要电缆的参数处在给定的限制值内，电缆的电容值和电感值将不再被集中考虑而仍能起保护作用。由于同样的原因，FISCO 型的安全栅也没有规定的电容和电感的允许值。FISCO 安全栅有梯形输出特性，如图 2.23 所示，对于 Exia II C 防爆等级可提供高达 1.8W 的输出功率。因此，FISCO 型安全栅可以比传统实体安全栅连接更多的设备。绝大部分 FISCO 设备也可以用于实体概念，但要确认设备的各种认证。并不是所有 FISCO 批准的设备都能够承受 1.8W 的输出功率，有些 FISCO 型安全栅使用在只能提供 1.2W 输出功率的场合，适用于低功率等级的设备。使用安全栅时，要特别仔细确认设备的功率限制。低功率 FISCO 设备通常被标注为"small FISCO"或者"FISCO"。低功率 FISCO 安全栅只能向较少的设备供电，但仍具有较长电缆和不需要计算电感和电容等优点。经过 FISCO 认证的设备几乎可以忽略低电容和电感（分别小于 5nF 和 10μH）。只要电缆的参数处于表 2.9 所示的规定的范围内，电缆就可以用在 FISCO 系统中，电缆的长度可达 1km，最长的支线可达 30m。因此，在使用这些设备时，不必对网络中的电缆和设备的参数进行分析。

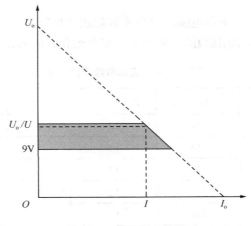

图 2.23　梯形输出特性

表 2.9　允许的 FISCO 电缆参数

R（回路）	15～150Ω/km
L	400～1 000Ω/km
C	80～200nF/km

【例 2.3】　一个输出电流为 100mA 的 FISCO 安全栅可以连接 8 台电流消耗为典型值（12mA）的设备。这可以按如下公式进行计算：

$$n=\frac{I}{i}=\frac{100}{12}=8$$

电缆的有效电容值大小取决于其与屏蔽层的连接方式，同时必须使用如图 2.24 所示的简单方程进行计算。如果屏蔽层与安全栅的信号线相连接，则其电容值将高于导线和接地的屏蔽层隔离的情况下的电容值。

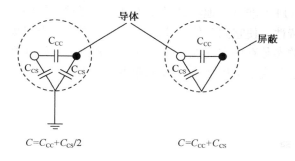

图 2.24　电缆的有效电容取决于屏蔽层的连接方式

选择安全栅时必须使它的电压、电流和功率输出与具有最低的对应参数的现场设备相比，仍低于该现场设备所允许的值。一个有 8 种典型设备的参数的例子如表 2.10 所示。

表 2.10　FISCO 网络分析

工 位 号	U_i (V_{max})/V	I_i (I_{max})/mA	P_i (P_{max})/W	I_q/mA
FT-123	24	250	2	12
TT-124	24	250	2	12
LT-125	24	250	2	12
PT-126	24	250	2	12
FCV-123	24	250	2	12
TCV-124	24	250	2	12
LCV-125	4	250	2	12
PCV-126	24	250	2	12
终　端　器	24	250	2	0
	最小值	最小值	最小值	累加值
	U_o (U_{oc})	I_o (I_{sc})	P_i (P_m)	
安全栅要求	24	250	2	96
所选的安全栅	15	190	1.8	100

在这个例子中，安全栅的输出电压、电流和功率比现场设备所允许的最大值低，并能够

提供足够的电流，所以这个安全栅是可用的。

同非本质安全系统一样，电缆的最大长度是根据电压降来计算的，因为只要符合规定的电缆参数，在 lkm 的长度内对电容和电感是没有限制的。

一个输出 13.8V 的安全栅带 8 个设备构成的本质安全系统，在只考虑电压降的情况下，计算得到的最大长度为 1.1km。但是考虑到其他因素，对 Exia II C 防爆等级，设定长度限制值为 lkm。

最重要的是安全栅和现场设备都必须通过 FISCO 认证。非 FISCO 安全栅和设备不得用于 FISCO 型系统。FISCO 现场设备必须能够承受 FISCO 安全栅的高功率输出。为了同典型的 FISCO 安全栅兼容，设备的 P_i（P_{max}）应大于安全栅所提供的典型值（1.8W）。

2.3 基金会现场总线组态基础

基金会现场总线（FF）非常好地满足了设备组态的要求，其协议有用于设置设备运行的标准参数。正是这一特性，使它同其他协议区别开来，成为用于现场仪表的最通用协议。基金会现场总线（FF）的参数存储在功能块中，可以事先将准备好并经过验证的设备组态设计成模板，组态时使用这些模板可以加快组态速度并减少错误。

2.3.1 基本概念

1. 链路活动调度器

在数据链路层上所生成的协议控制信息是为完成对总线上的各类链路传输活动进行控制而设置的。总线通信中的链路活动调度，数据的接收发送，活动状态的探测、响应，以及总线上各设备间的链路时间同步，都是通过数据链路层来实现的。每个总线网段上有一个媒体访问控制中心，称为链路活动调度器（LAS，Link Active Scheduler）。LAS 具备链路活动调度能力，能形成链路活动调度表，并按照调度表的内容产生各类链路协议数据，链路活动调度是该设备中数据链路层的重要功能。对没有链路活动调度能力的设备来说，其数据链路层要对来自总线的链路数据做出响应，以此控制本设备对总线的活动。此外，在 DLL 层还要对所传输的信息实行帧校验。

2. 链路活动调度器的功能

链路活动调度器拥有总线上所有设备的清单，它掌管总线网段上各设备对总线的操作。任何时刻每个总线网段上都只有一个 LAS 处于工作状态，总线网段上的设备只有得到链路活动调度器的许可，才能向总线上传输数据。因此，LAS 是总线的通信活动中心，如图 2.25 所示。

基金会现场总线的通信活动有受调度通信和非调度通信两类。由链路活动调度器按预定调度时间表周期性依次发起的通信活动，称为受调度通信。链路活动调度器内有一个预定调度时间表。一旦到了某个设备要发送信息的时间，链路活动调度器就发送一个强制数据（CD，Compel Data）给这个设备，基本设备收到这个强制数据信息后，就可以向总线上发送它的信息。现场总线系统中的这种受调度通信一般用于设备间周期性地传送控制数据，如在现场变送器与执行器之间传送测量或控制器输出信号。在预定调度时间表之外的时间，通过得到令牌来发送信息的通信方式称为非调度通信。非调度通信在预定调度时间表之外的时间，由 LAS 通过现场总线发出一个传递令牌（PT，Pass Token），设备得到这个令牌后就可以发送信息。所有总线上的设备都有机会通过这一方式发送调度之外的信息。由此可见，FF 通信采用的是令牌总线工作方式。

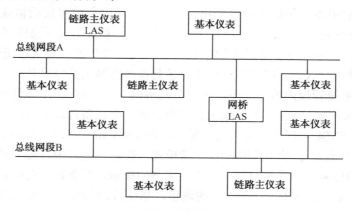

图 2.25　现场总线仪表与 LAS

受调度通信与非调度通信都由 LAS 掌管。按照基金会现场总线规范的要求，链路活动调度器应具有以下五种基本功能。

（1）向设备发送强制数据。按照链路活动调度器内保留的调度表，向网络上的设备发送 CD。调度表内只保存要发送 CD 的请求，其余功能函数都分散在各调度实体之间。

（2）向设备发送传递令牌，使设备获得发送非周期数据的权力，为它们提供发送非周期数据的条件。

（3）为新入网的设备探测未被采用过的地址。当为新设备找好地址后，把它们加入到活动表中。

（4）定期对总线网段发布数据链路时间和调度时间。

（5）监视设备对传递令牌的响应，当设备既不能随着 PT 顺序进入使用，也不能将令牌返还时，就从活动表中去掉这个设备。

3．功能块

由标准功能块组成的基金会现场总线的编程语言功能非常强大。一般每个功能块相当于把几个专有语言功能块的功能集成在一个模块中。但是，真正使这些功能块变得强有力的是它的握手（Handshake）能力，以及使状态信息与数值信息一起从一个功能块传到另一功能块的能力。由于功能块的行为是标准化的，所以这些功能可以跨越几个不同制造商的设备来完成。功能块还包含使用这些状态信息的标准停车连锁和串级初始化机制。这就意味着不需要对使用不同语言的附加逻辑进行组态，便可实现这些功能，甚至是其他的功能。换句话说，工厂不仅仅是从单独的功能块所具有的能力中获得好处，更重要的是从能把这些模块链接起来的标准化互操作性的结合能力中获得好处。

2.3.2　系统管理和网络管理

1．系统管理

系统管理是 FF 协议栈的重要组成部分，它可以全部包含在一个设备中，也可以分布在多个设备之间。

（1）系统管理概述。每个设备中都有系统管理实体，该实体由用户应用和系统管理内核（SMK，System Management Kernel）组成。系统管理内核可看做是一种特殊的应用进程（AP）。从它在通信模型中的位置可以看出，系统管理通过集成多层的协议与功能而完成。系统管理用以协调分布式现场总线系统中各设备的运行。基金会现场总线采用管理员/代理者模式（SMgr/SMK），每个设备的系统管理内核承担代理者角色，对从系统管理者（SMgr）实体收到的指示做出响应。系统管理内核使设备具备与网络上其他设备进行互操作的能力。如图 2.26 所示为系统管理内核的框图。在一个设备内部，SMK 与网络管理代理和设备应用进程之间的相互作用属于本地作用。系统管理内核是一个设备管理实体，它负责协调网络和执行功能的同步。SMK 采用两个协议进行通信，即 FMS 和 SMKP。为加强网络各项功能的协调与同步，SMK 使用了系统管理员/代理者模式。在这一模式中，每个设备的系统管理内核承担了代理者的任务并响应来自系统管理员实体的指示。系统管理内核协议 SMKP（SMK Protocol1）用来实现管理员和代理者之间的通信。系统管理操作的信息被组织为对象，存放在系统管理信息库（SMIB）中，从网络的角度来看，SMIB 属于管理虚拟设备（MVFD，Management Virtual Field Device），这使得 SMIB 对象可以通过 FMS 服务进行访问（如读/写），MVFD 与网络管理代理共享。系统管理内核的作用之一是要把基本系统的组态信息置入到系统管理信息库中。它采用专门的系统组态设备，如手持编程器，通过标准的现场总线接口，把系统信息置入到系统管理信息库中。组态可以离线进行，也可以在网络上在线进行。SMK 采用了两种通信协议，即 FMS 与 SMKP（系统管理内核协议），FMS 用于访问 SMIB，SMKP 用于实现 SMK 的其他功能。为执行其功能，系统管理内核必须与通信系统和设备中的应用相联系。系统管理内核除了使用某些数据链路层服务之外，还运用 FMS 的功能来提供对系统管理信息库的访问。设备中的 SMK 采用与网络管理代理共享的 VFD 模式；同时采用应用层服务可以访问 SMIB 对象。在地址分配过程中，系统管理必须与数据链路管理实体（DLME，Data Link Management Entity）相联系。系统管理和 DLME 的界面都是本地生成。系统管理内核与数据链路层有着密切联系，它直接访问数据链路层，以执行其功能。这些功能由专门的数据链路服务访问点（DLSAP，Data Link Layer Service Access Point）来提供。DLSAP 地址保留在数据链路层中。系统管理内核采用系统管理内核协议与远程 SMK 通信。这种通信应用有两种标准数据链路地址。一个是单地址，该地址唯一地对应于一个特殊设备的 SMK；另一个是链路的本地组地址，它对应在一次链接中要通信的所有设备的 SMK。SMKP 采用无连接方式的数据链接服务和数据链路单元数据（DL-unit data）；而 SMK 则采用数据链路时间（DL-time）服务来支持应用时钟同步和功能块调度。从系统管理内核与用户应用的联系来看，系统管理支持结点地址分配、应用服务调度、应用时钟同步和应用进程位号的地址解析。系统管理内核通过上述服务使用户应用获得这些功能。如图 2.27 所示的框图描述了 SMK 所具备的用以支持这些联系的组成模块与结构关系，SMK 可以作为服务器或响应者工作，也可以作为客户端工作，为设备应用提供服务界面。本地 SMK 和远程 SMK 相互作用时，本地 SMK 可以起到服务器的作用，以满足各种服务请求。从图中可以看到，系统管理内核为设备的网络操作提供多种服务：访问系统管理信息库；分配设备位号与地址；进行设备辨认；定位远程设备与对象；进行时钟同步、功能块调度等。

（2）系统管理的作用。系统管理可完成现场设备的地址分配、寻找应用位号、实现应用时钟的同步、功能块列表、设备识别，以及对系统管理信息库的访问等功能。

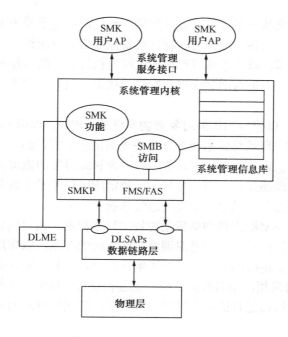

图 2.26　系统管理内核框图

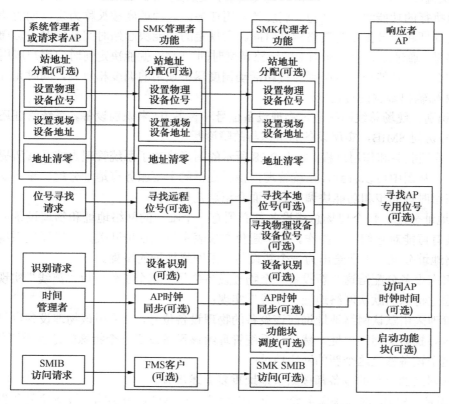

图 2.27　系统管理功能及其组织

　　① 现场设备地址分配。现场设备地址分配应保证现场总线网络上的每个设备只对应唯一的一个结点地址。首先给未初始化设备离线地分配一个物理设备位号，然后使设备进入初

始化状态。设备在初始化状态下并没有被分配结点地址，但能附属于网络，一旦处于网络之上，组态设备会发现该新设备并根据它的物理设备位号给它分配结点地址。这个过程包括一系列由定时器控制的步骤，以使系统管理代理定时地执行它们的动作和响应管理员请求。在错误情况下，代理必须有效地返回到操作开始时的状态；同时，代理也必须拒绝与它当时所处状态不相容的请求。

② 寻找应用位号。以位号标识的对象有物理设备（PD）、虚拟现场设备（VFD）、功能块（FB）和功能块参数。现场总线系统管理允许查询由位号标识的对象，查询时包含此对象的设备将返回一个响应值，其中包括有对象字典目录和此对象的虚拟通信关系表。此外，必要时，现场总线系统管理还允许采用位号与其他特定应用对象发生联系。该功能还允许正在请求的用户应用确定是否复制已存在于现场总线系统中的位号。

③ 应用时钟同步。SMK 提供网络应用时钟的同步机制。由时间发布者的 SMK 负责应用时钟时间与存在于数据链路层中的链路调度时间之间的联系，以实现应用时钟同步。基金会现场总线支持存在冗余的时间发布者，为了解决冲突，它利用协议规则来决定哪个时间发布者起作用。SMK 没有采用应用时钟来支持它的任何功能。每个设备都将应用时钟作为独立于现场总线数据链路时钟而运行的单个时钟，或者说，应用时钟时间可按需要由数据链路时钟计算而得到。

④ 功能块调度。SMK 代理的功能块调度功能，运用存储于 SMIB 中的功能块调度，告知用户应用该执行的功能块，或其他可调度的应用任务。这种调度按被称为宏周期的功能块重复执行。宏周期起点被指定为链路调度时间。所规定的功能块起始时间是相对于宏周期起点的时间偏移量。通过这条信息和当前的链路调度时间，SMK 就能决定何时向用户应用发出执行功能块的命令。功能块调度必须与链路活动调度器中使用的调度相协调，同时允许功能块的执行与输入/输出数据的传送同步。

⑤ 设备识别。现场总线网络通过物理设备位号和设备 ID 来识别设备。系统管理还可以通过 FMS 服务访问 SMIB，实现设备的组态与故障诊断。

（3）系统管理服务和作用过程。如图 2.28 所示的图形描述了系统管理内核及其所提供服务的作用过程。从图中可以看到，系统管理内核所提供的主要服务有地址分配、设备识别、定位服务、应用时钟同步和功能块调度。下面介绍这几种服务。

① 设备地址分配。每个现场总线设备都必须有一个唯一的网络地址和物理设备位号，以便现场总线有可能对它们实行操作。为了避免在仪表中设置地址开关，可以通过系统管理自动实现网络地址分配。下面给出为一个新设备分配网络地址的步骤。

● 通过组态设备分配给这个新设备一个物理设备位号。这个工作可以"离线"实现，也可以通过特殊的默认网络地址"在线"实现；

● 系统管理采用默认网络地址询问该设备的物理设备位号，并采用该物理设备位号在组态表内寻找新的网络地址。然后，系统管理给该设备发送一个特殊的地址设置信息，迫使这个设备移至这个新的网络地址；

● 对进入网络的所有的设备都按默认地址重复上述步骤。

② 设备识别。SMK 的识别服务允许应用进程从远程 SMK 得到物理设备位号和设备标示 ID。设备 ID 是一个与系统无关的识别标志，它由生产者提供。在地址分配中，组态主管也采用这个服务去辨认已经具有位号的设备，并为这个设备分配一个更改后的地址。

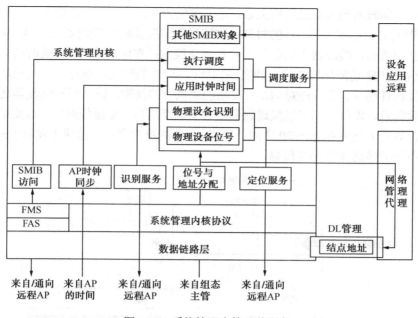

图 2.28　系统管理内核及其服务

③ 应用时钟分配。基金会现场总线支持应用时钟分配功能。系统管理者有一个时间发布器，它向所有的现场总线设备周期性地发布应用时钟同步信号。数据链路调度时间与应用时钟一起被采样、传送，这使得正在接收的设备有可能调整它们的本地时间。应用时钟同步允许设备通过现场总线校准带时间标志的数据。

④ 寻找位号（定位）服务。系统管理通过寻找位号服务搜索设备或变量，为主机系统和便携式维护设备提供方便。系统管理对所有的现场总线设备广播这一位号查询信息。一旦收到这个信息，每个设备都将搜索它的虚拟现场设备，看是否符合该位号。如果发现这个位号，就返回完整的路径信息，包括网络地址、虚拟现场设备编号、虚拟通信关系目录、对象字典目录。主机或维护设备一旦知道了这个路径，就能访问该位号的数据。

⑤ 功能块调度。功能块调度指示用户应用，现在已经是执行某个功能块或其他可执行任务的时间了。SMK 使用 SMIB 中的调度对象和由数据链路层保留的链路调度时间来决定何时向它的用户应用发布命令。功能块执行可重复，每次重复称为一个宏周期（Macrocycle），宏周期通过使用值为零的链路调度时间作为它们起始时间的基准而实现链路时间同步。例如，如果一个特定宏周期的生命周期是 1 000，那么它将以 0、1 000 和 2 000 等时间点作为起始点。每个设备都将在它自己的宏周期期间执行其功能块调度，如数据转换和功能块执行时间通过它们相对各自宏周期起点的时间偏置来进行同步。设备中的功能块执行则在 SMIB FB Start Entry Objects 中定义，该 SMIB 内容就是功能块调度。当控制一个过程时，发生在固定时间间隔上的监控和输出改变十分重要。与该固定时间间隔的偏差称为抖动，其值必须很小。根据为每个设备组态的 SMIB FB Start Entry Objects，功能块精确地在固定时间间隔上执行。合适的功能块调度和它的宏周期必须下载到执行功能块的设备的 SMIB 中。设备利用这些对象和当前 LS 时间来决定何时执行它的功能块。采用调度组建工具来生成功能块和链路活动调度器。假定调度组建工具已经为某个控制回路组建了如表 2.11 所示的调度表，该调度表包含开始时间，这个开始时间是指它偏离绝对链路调度开始时间起点的数值。绝对链路调度开始时间是总线上所有设备都知道的。如图 2.29 所示的图形描述了绝对链路调度开始时间、链路活动调度循环周期、功能

块调度与绝对开始时间偏离值之间的关系。在偏离值为 0 的时刻，变送器中的系统管理将引发 AI 功能块的执行；在偏离值为 20 的时刻，链路活动调度器将向变送器内的 AI 功能块的缓冲器发出一个强制数据，缓冲器中的数据将发布到总线上；在偏离值为 30 的时刻，调节阀中的系统管理将引发 PID 功能块的执行，随之在偏离值为 50 的时刻，执行 AO 功能块。控制回路将准确地重复这种模式。需要注意的是，在功能块执行的间隙，链路活动调度器还向所有现场设备发送令牌消息，以便它们可以发送它们的非受调度消息，如报警通知、改变给定值等。在这个例子中，只有偏离值在 20～30 之间，即当 AI 功能块数据正在总线上发布的时间段上时，所有现场设备不能传送非受调度信息。

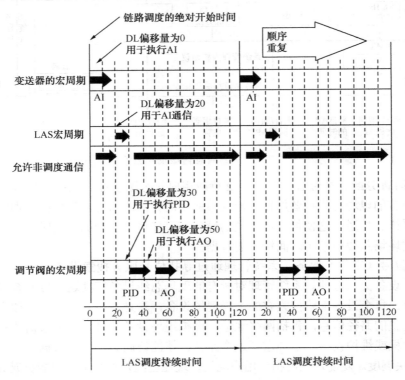

图 2.29　功能块调度与宏周期

表 2.11　某控制回路调度表

受调度的功能块	与绝对链路调度开始时间的偏离值
受调度的 AI 功能块执行	0
受调度的 AI 通信	20
受调度的 PID 功能块执行	30
受调度的 AO 功能块执行	50

2．基金会现场总线的网络管理（NM）

现场总线基金会采用网络管理代理（NMA，Network Management Agent）和网络管理者（NMgr，Network Manager）工作模式。FF 的每台设备都有一个网络管理代理，负责管理其通信栈，并监督其运行。每个现场总线网络至少有一个网络管理者，网络管理者实体在相应的网络管理代理的协同下，执行并完成网络的通信管理。网络管理者指导网络管理代理运行。网络管理（NM，Network Management）的主要功能是对通信栈组态、下载链路活动调度表、下载虚拟通信关系表（VCRL）或表中某个条目、监视通信性能及通信异常。

（1）网络管理的组成。基金会现场总线的网络管理主要由网络管理者、网络管理代理和网络管理信息库（NMIB，Network Management Information Base）三部分组成。

① 网络管理者。每个现场总线网络至少有一个网络管理者，它按系统管理者的规定负责维护网络运行，并根据系统运行需要或系统管理者指示，来执行某个动作。网络管理者监视每台设备中通信栈的状态，它通过处理由 NMA 生成的报告，来完成某个任务；它指挥 NMA，再通过 FMS，来执行它所要求的任务。一台设备内网络管理与系统管理的相互作用属于本地行为，但网络管理者与系统管理者之间的关系涉及系统构成。网络管理者实体指导网络管理代理运行，由 NMgr 向 NMA 发出指示，再由 NMA 对它做出响应。NMA 也可在一些重要的事件或状态发生时通知 NMgr。

② 网络管理代理。每台设备都有一个网络管理代理，负责管理通信模型中的第二层至第七层（即通信栈），并监督其运行。网络管理代理支持组态管理、运行管理、监视通信性能及判断通信差错。网络管理代理利用组态管理设置通信栈内的参数，选择工作方式与内容。在工作期间，网络管理代理可以观察、分析设备的通信状况，如果判断出有问题，并需要改进或者改变设备间的通信，就可以在设备工作的同时实现重新组态。是否重新组态则取决于它与其他设备间的通信是否已经中断。尽管大部分组态信息、运行信息、出错信息驻留在通信栈内，但都包含在网络管理信息库中。网络管理者与它的网络管理代理之间的虚拟通信关系是 VCR 表中的第一个虚拟通信关系，它提供了排队式、用户触发、双向的网络访问，它以含有 NMA 的所有设备都熟知的数据链路连接端点地址的形式，存在于含有 NMA 的所有设备中，并要求所有的 NMA 都支持这个 VCR。通过其他 VCR，也可以访问 NMA，但只允许监视。

③ 网络管理信息库。网络管理信息库是被管理变量的集合，包含了设备通信系统中组态、运行、差错管理的相关信息。网络管理信息库和系统管理信息库结合在一起，成为设备内部访问管理信息的中心。NMIB 的内容借助虚拟现场设备管理和对象字典来描述。

（2）网络管理代理的虚拟现场设备。网络管理代理的虚拟现场设备（NMA VFD）是网络上可以看到的网络管理代理，或者说是由 FMS 看到的网络管理代理。NMA VFD 运用 FMS 服务，使得 NMA 可以穿越网络进行访问。NMA VFD 的属性有厂商名、型号、版本号、行规号、逻辑状态、物理状态及 VFD 专有对象表。其中，前三项由制造商规定并输入；行规号为 0X4D47，即网络管理英文字母 M、G 的 ASCII 代码 4DH，47H；逻辑状态和物理状态属于网络运行的动态数据；VFD 专有对象是指 NMA 索引对象。NMA 索引对象是 NMIB 中对象的逻辑映射，它作为一个 FMS 数组对象的定义。NMA VFD 同其他虚拟现场设备一样，具有它所包含的所有对象的对象描述，并形成对象字典，同时把对象字典本身作为一个对象进行描述。NMA VFD 对象字典的对象描述是 NMA VFD 对象字典中的条目 0，其内容有标识号、存储属性（ROM/RAM）、名称长度、访问保护、OD 版本、本地地址、OD 静态条目长度和第一个索引对象目录号。NMA 索引对象是包含在 NMIB 中的一组逻辑对象。每个索引对象包含了要访问的由 NMA 管理的对象所必需的信息。通信行规、设备行规、制造商都可以规定 NMA VFD 中所含有的网络可访问对象。这些附加对象收容在 OD 里，并为它们增加索引，通过索引指向这些对象。同时，要确保所增加的对象定义不会受底层管理的影响，即所规定的对象属性、数据类型不会被改变、替换或删除。NMA 索引对象被规定为 FMS 数组对象。NMA 标准索引总是由第二个 SOD（静态对象字典）条目描述。当存在 N 个索引对象时，它们分别由对象字典中前 N 个连续的 SOD 条目引导。数字 N 被看做为索引对象数组中的一个值。数组内包括的内容有数字标识符、数据类型目录号、元素长度、元素数量、访问组、访问权、密码和本地地址等。索引对象数组在逻辑上被分为标题（头）和一组指针，指针指向三类对象：FMS 单对象、复合对象和复合列表对象。复合对象是两个或多个具有连续对象指针的 FMS 单对象组成的复合组，组内对象具有不同的 FMS 对象类型。索引提供的指针指向组内第一个对象，即指向具有最低对象目录号的对象。复合列表对象是一组相关的、连续的索引条目，每个都指向同类型的复合对象。

（3）网络管理的服务。不同的网络管理对象使用各自相应的 FMS 服务。例如，NMA VFD 的属性由 FMS Identify 服务读取；NMA VFD OD 由 Get OD、Put OD 访问；索引对象及其他具体管理对象支持 FMS Read 和 FMS Write 两种服务访问。NMA 可以表示为多个复合对象，复合对象用类（Class）模型定义，如表 2.12 所示是几个类模型的举例。

表 2.12　类模型举例

类（Class）	说　　明	属 性 举 例
DlmeLinkMasterInfo	LM 信息	定义令牌持有时间，时间分配区间
DlmeScheduleDescriptor	调度表描述	版本，循环周期，时间分辨率
VcrListCharacteristics	VCR 表整体属性	版本，最大条目数，动态标识
VcrDynamicEntry	VCR 的动态管理对象	FMS 状态，FAS 状态

（4）网络管理者与网络管理代理。网络管理者按系统管理者的规定，负责维护网络运行。网络管理者监视每个设备中通信栈的状态，在系统运行需要或系统管理者指示时，执行某个动作。网络管理者通过处理由网络管理代理生成的报告，来完成其任务。它指挥网络管理代理，通过 FMS，执行它所要求的任务。一个设备内部网络管理与系统管理的相互作用属本地行为，但网络管理者与系统管理者之间的关系，涉及系统构成。网络管理者实体指导网络管理代理运行，由 NMgr 向 NMA 发出指示，而 NMA 对它做出响应，NMA 也可在一些重要的事件或状态发生时通知 NMgr。每个现场总线至少有一个网络管理者。每个设备都有一个网络管理代理，负责管理其通信栈。通过网络管理代理支持组态管理、运行管理、监视判断通信差错。网络管理代理利用组态管理设置通信栈内的参数，选择工作方式与内容，监视判断有无通信差错。在工作期间，它可以观察、分析设备通信的状况，如果判断出有问题，需要改进或者改变设备间的通信，就可以在设备一直工作的同时实现重新组态。是否重新组态则取决于它与其他设备间的通信是否已经中断。尽管大部分组态信息、运行信息、出错信息驻留在通信栈内，但都包含在网络管理信息库 NMIB 中。网络管理负责以下工作。

- 下载虚拟通信关系表 VCRL 或表中某个单一条目；
- 对通信栈组态；
- 下载链路活动调度表 LAS；
- 运行性能监视；
- 差错判断监视。

NMA 是一个设备应用进程，它由一个 FMS VFD 模型表示。在 NMA VFD 中的对象是关于通信栈整体或各层管理实体（LME）的信息。这些网络管理对象集合在网络管理信息库中，可由 NMgr 使用一些 FMS 服务，通过与 NMA 建立 VCR 进行访问。NMgr、NMA 和被管理对象间的相互作用如图 2.30 所示。在网络管理者与它的网络管理代理之间的通信规定了标准虚拟通信关系。网络管理者与它的网络管理代理之间的虚拟通信关系总是 VCR 表中的第一个虚拟通信关系，它提供了可用时间、排队式、用户触发、双向的网络访问。网络管理代理 VCR，以含有 NMA 的所有设备都熟知的数据链路连接端点地址的形式，存在于含有 NMA 的所有设备中，它要求所有的 NMA 都支持这个 VCR。通过其他 VCR，也可以访问 NMA，但只允许通过那些 VCR 进行监视。网络管理信息库是网络管理的重要组成部分之一，它是被管理变量的集合，包含了设备通信系统中组态、运行、差错管理的相关信息。网络管理信息库与系统管理信息库结合在一起，成为设备内部访问管理信息的中心，它的内容借助虚拟现场设备管理和对象字典来描述。

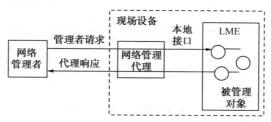

图 2.30　网络管理者、被管理对象和网络管理代理之间的相互作用关系

（5）通信实体。如图 2.31 所示为现场总线通信实体示意图。从图中可以看到，通信实体包含自物理层、数据链路层、现场总线访问子层和现场总线信息规范层直至用户层，它们占据了通信模型的大部分地区，是通信模型的重要组成部分。设备的通信实体由各层的协议和网络管理代理共同组成，通信栈是其中的核心。图中的层管理实体提供对层协议的管理功能。FMS、FAS、DLL 和物理层都有自己的层管理实体。层管理实体向网络管理代理提供对协议被管理对象的本地接口。网络对层管理实体及其对象的全部访问，都通过 NMA 进行。图 2.31 中的 PH-SAP 为物理层服务访问点；DL-SAP 为数据链路服务访问点；DL-CEP 为数据链路连接端点。它们是构成层间虚拟通信关系的接口端点。层协议的基本目标是提供虚拟通信关系。FMS 提供 VCR 应用报文服务，如变量读/写。不过，有些设备可以不用 FMS，而直接访问 FAS。系统管理内核除采用 FMS 服务外，还可使用系统管理内核协议直接访问数据链路层。FAS 对 FMS 和应用进程提供 VCR 报文传送服务，并把这些服务映射到数据链路层。FAS 提供 VCR 端点对数据链路层的访问，为运用数据链路层提供了一种辅助方式。在 FAS 中还规定了 VCR 端点的数据联络功能。数据链路层为系统管理内核协议和总线访问子层访问总线媒体提供服务。访问通过链路活动调度器进行，可以是周期性的，也可以是非周期性的。数据链路层的操作被分成两层，一层提供对总线的访问，一层用于控制数据链路与用户之间的数据传输。物理层是传输数据信号的物理媒体与现场设备之间的接口，它为数据链路层提供了独立于物理媒体种类的接收与发送功能，它由媒体连接单元、媒体相关子层和媒体无关子层组成。各层协议、各层管理实体和网络管理代理所组成的通信实体协同工作，共同承担网络通信任务。

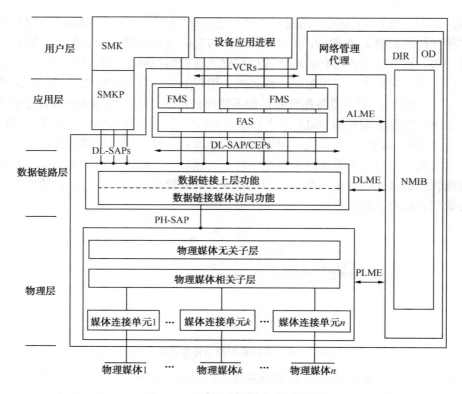

图 2.31　现场总线通信实体示意图

2.3.3　基金会现场总线的编程语言

　　模块有功能块、转换块和资源块三种，功能块编程语言是基金会现场总线的一个有机部分，是针对调节控制和过程监测建立策略的理想工具。FF 建立的几十种标准功能模块可以执行控制系统所需的不同功能，并且还推出了针对离散逻辑功能的模块。用户可以通过选择、链接这些模块并设置参数建立控制策略。转换块、资源块以及功能块在 H1 和 HSE 设备中都按相同的方式工作。

1．相关术语和基础知识

　　以下为 FF 中资源块、转换块和功能块的具体内容。
　　（1）资源块。资源块代表了现场设备的本地硬件对象及其相关运行参数，描述了设备的特性，如设备类型、设备版本、制造商等。为了使资源块能描述这些特性，规定了一组参数，如表 2.13 所示。这些参数全是内含参数，且资源块无输入/输出参数，所以它没有连接。

表 2.13　资源块部分参数表

索　引	参　数	数据类型（长度）	有效范围/选项	默认值	单　位	存储模式	描　述
6	BLOCK_ERROR	位串（2）			E	D/RO	块错误
7	RS_STATE	8 位无符号数			E	D/RO	功能块应用状态

索引	参　　数	数据类型（长度）	有效范围/选项	默认值	单位	存储模式	描　　述
8	TEST_RW	DS-85			无	D	仅在一致性读/写试验时使用
9	DD_RESOURCE	可视串（32）		空	na	S/RO	识别包括设备描述的资源的位号
10	MANUFAC_ID	32 位无符号数	FF 控制	无		S/R	厂商识别号码，用于接口设备定位资源的 DD 文件
11	DEV_TYPE	16 位无符号数	厂商设置	无		S/RO	接口设备定位资源的 DD 文件所用的厂商模型号码
12	DEV_RE	8 位无符号数	厂商设置	无		S/RO	接口设备定位资源的 DD 文件所用的厂商修订版号码
13	DD_REV	8 位无符号数	厂商设置	无		S/RO	接口设备定位资源的DD文件所用的DD修订版
14	GRANT_DENY	DS-70		0	na	D	控制主计算机访问和本地操作盘操作及块报警参数的选项
15	HARD_TYPES	位串（2）	厂商设置		na	S/RO	可用硬件的类型
16	RESTART	8 位无符号数	1：运行 2：资源重启动 3：按默认重启动 4：处理器重启动	E		D	不同类型的复位重启
17	FEATURE	位串（2）	厂商设置		na	S/RO	显示所支持的资源块选项
18	FEATURE_SEL	位串（2）		0	na	S	选择资源块选项

（2）转换块。转换块描述了现场设备的 I/O 特性，如传感器和执行器的特性。转换块的参数都是内含的，以标准压力转换块为例，参数如表 2.14 所示。基金会定义了带标定的标准压力转换块、带标定的标准温度转换块、带标定的标准液位转换块、带标定的标准流量转换块、标准的基本阀门定位块、标准的先进阀门定位块和标准的离散阀门定位块 7 类标准的转换块。

（3）功能块。功能块是参数、算法和事件的完整组合。通过对功能块的链接和组态，构成控制回路，实现控制策略，完成自动化系统的任务。现场总线基金会规定了一组标准基本功能块，共有 10 个，分别是输入块，包含模拟量输入（AI）和离散输入（DI）；输出块，包含模拟量输出（AO）和离散输出（DO）；控制块，包含手动装载（ML）、控制选择（CS）、偏置（BG）、比例积分（PD）、比例积分微分（PID）和比率系数（RA）。此外还规定了 19

个标准附加功能块，分别是 7 个先进功能块、7 个计算块和 5 个辅助功能块。功能块可以按照对设备的功能需要设置在现场设备内，如温度变送器和压力变送器中可能包含 AI 功能块，调节阀中可能包含 PID 和 AO 功能块等。资源块、转换块和功能块都包含内含参数，用于模块设置和操作以及诊断。功能块还包含输入参数，经模块算法运算后产生输出参数。一个功能块中总共有三类参数：内含参数（Contained Parameter）、输入参数（Input Parameter）和输出参数（Output Parameter）。例如，AI 功能块，它所包含的参数如表 2.15 所示。

表 2.14　标准压力转换块参数表

索引	参　数	数据类型（长度）	有效范围/选项	默认值	单位	存储模式	描　述
5	MODE_BLK	DS-69		O/S	无	D	模式参数
6	BLOCK_ERR	位串（2）			无	S	块错误
7	UPDATE_EVT	DS-73			na	D	任何静态参数改变而报警
8	BLOCK_ALM	DS-72				D	块报警
9	TRANSDUCER_DIRECTOR	16 位无符号数阵列			无	N/RO	转换块目录指定在转换块中的号码和开始索引号
10	TRANSDUCER_TYPE	16 位无符号数			E	N/RO	转换块类型
11	XD_ERROR	8 位无符号数			E	D	
12	COLLECTION_DIRECTOR	32 位无符号数阵列		0	无	N	指定在转换块中的数据收集的号码、开始索引和 DD 项的 IDS 的目录
13	PRIMARY_VALUE_TYPE	16 位无符号数			E	S	被初级值表达的测量的类型，如表压、流量、温度
14	PRIMARY_VALUE	DS-65			PV	D/RO	功能块可用的测量值和状态
15	PRIMARY_VALUE_RANGE	DS-68		0～100%		N/RO	被显示初级值的高低限值工程单位码及小数点位数
16	CAL_POINT_HI	浮点数		+Inf	CU	S	最高标定值
17	CAL_POINT_LO	浮点数		−Inf	CU	S	最低标定值
18	CAL_MIN_SPAN	浮点数		0	CU	N	最小标定量程
19	CAL_UNIT	16 位无符号数			E	S	标定值设备描述工程单位码
20	SENSOR_RANGE	16 位无符号数		0	E	S	传感器类型

索引	参　数	数据类型（长度）	有效范围/选项	默认值	单位	存储模式	描　述
21	SENSOR_RANGE	DS-68	0～100%		SR	N/RO	被显示传感器值的高低限工程单位码及小数点位数
22	SENSOR_SN	可见字符串			无	N/RO	传感器序列号
23	SENSOR_CAL_METHOD	8位无符号数		0	E	S	传感器最后一次标定的方法（ISO规定或其他）
24	SENSOR_CAL_LOC	可见字符串			无	S	传感器最后一次标定的地方，如某某实验室
25	SENSOR_CAL_DATE	日期		0	无	S	传感器最后一次标定的日期
26	SENSOR_CAL_WHO	可见字符串			无	S	传感器最后一次标定的执行人
27	SENSOR_ISOLATOR_MTL	16位无符号数	由FF规定		E	N/RO	定义隔离膜片构造材料
28	SENSOR_FILL_FLUID	16位无符号数	由FF规定		E	N/RO	定义传感器充液类型
29	SECONDARY_VALUE	DS-65			SVU	D/RO	有关传感器二类数值，如环境温度
30	SECONDARY_VALUE_UNIT	16位无符号数			E	S	有关传感器二类数值的工程单位
38*	CAPACITANCE_LOE	浮点数				D/RO	差动电容传感器低侧电容值
39*	CAPACITANCE	浮点数				D/RO	差动电容传感器高侧电容值

注：（1）*表示 Smar LD302 压力变送器转换块增加参数的举例

（2）表中单位缩写：CU-CAL-UNIT；SVU-SEC0NDARY_VALUE_UNIT；SR-SENSOR_RANGE

（3）E：列举参数；na：无单位位串；RO：只读；D：动态；S：静态；N：非易失

表2.15　AI 控制功能块部分参数表

索引	参　数	数据类型（长度）	有效范围/选项	默认值	单位	存储模式	描　述
1	TAG						
2	TARGET						
3	XD_SCALE	DS-68					转换器量程
4	L_TYPE	8位无符号数					线性化类型

索 引	参 数	数据类型 （长度）	有效范围 /选项	默认值	单 位	存 储 模 式	描 述
5	MODE_BLK	DS-69		O/S	na	S	模式参数
6	PV	DS-65			PV	D/RO	IN 值经 PV 滤波器处理后的过程模拟变量
7	OUT	DS-65	OUT_SCALE ±10%		OUT	D/MAN	PID 计算的结果输出值
8	OUT_SCALE	DS-68	0～100%		OUT	S/MAN	对输出参数的高低标定值
9	PV_FTIME	浮点	正数	0	s	S	PV 滤波时间常数
10	HI_ALM	DS-71			PV	D	带时间标签高报警
11	LO_ALM	DS-71			PV	D	带时间标签低报警

注：E：列举参数；na：无单位位串；RO：只读；D：动态；S：静态；N：非易失

2．功能块链接

从输出参数到输入参数，功能块彼此链接。链路中既包括参数数值，又包括参数状态。一个输出参数可以链接到任何数目的输入。不同设备间功能块的链接通过网络通信实现。同一设备上功能块的链接无须通过总线进行通信，会立刻完成并且不占用网络带宽，如图 2.32 所示。因此，如果希望减少设备间通信量，可以尽可能地将功能块安排在一个设备中，使链路处于设备内部，从而提高回路响应时间。资源块和转换块不是控制策略的一部分，它们所有的参数都是内含参数，不可以进行链接。

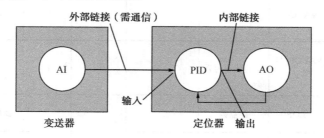

图 2.32　功能块链接

输入参数也可以链接到另一个输入参数，但仅局限于同一个设备内。组态工具的习惯做法是在一个设备内将多个输入链接起来，而不是从一个设备的一个输出分别链接到另一个设备的两个或多个输入，这样可以减少外部链路数量。组态工具通常会检查控制策略中不必要的外部链，并把它转换成内部链。所有带外部链的输出参数会在网络上"发布"（Publish），这意味着该输出对所有需要使用它的输入都有效。带外部链的输入分别"接收"（Subscribe）输出。

如果更新输入参数的通信发生故障，模块会出现相应的反应状态，这使模块采取行动并把它提示给操作员。离散输出只能链接到离散输入；同样，模拟输出只能链接到模拟输入。用户可以对没有链接的输入参数进行写入，但不可以对链接了的输入参数进行写入。功能块的链接有非串级（向前）（Noncascade（Forward））、串级向前（Cascade Forward）和串级向后（Cascade Backward）3 种形式。

现场总线术语中，作为向前链路源头的模块被称为"高端"（Higher）或"上游"（Up

Stream）模块。相应地，接收向前链路的模块被称为"低端"（Lower）或"下游"（Down Stream）模块。传统的控制策略中，术语串级（Cascade）的意思是主 PID 控制器的输出作为次级 PID 控制器的设定点。基金会中串级（Cascade）有着更广泛的意义，它是从其他功能块接收设定点的任何类型的功能块。例如，PID 模块的输出（OUT）链接到一个模拟输出（AO）的串级输入（CAS_IN），并成为其设定点，继而用于控制阀门开度的伺服装置。初听起来，这种更广泛含义的串级似乎很奇怪，但很快就会顺理成章。与传递上游模块输出到下游模块串级设定点的向前串级链路相关的，是从下游模块返回到设定点源头的向后反馈链路。反馈链路起始于回算输出（BK_CAL_OUT），终止于回算输入（BKCAL_IN），它用来提供若干实用的联锁和无扰切换。向前和向后串级链路统称串级结构，如图 2.33 所示。例如，一个基本 PID 回路由三个模块组成：模拟输入（AI）、PID 控制（PID）和模拟输出（AO）。三个功能块需要链接起来，如图 2.34 所示。第一个链路从 AI 模块输出（OUT）到 PID 模块主要输入（IN），用于过程变量；第二个从 PID 模块输出（OUT）到 AO 模块串级设定点输入（CAS_IN）；最后，链路从 AO 模块回算输出（BKCAL_OUT）返回到 PID 模块回算输入（BKCAL_IN）。这样，PID 和 AO 间的串级结构和两个 PID 间的串级结构一样，如图 2.35 所示。

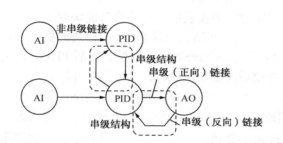

图 2.33　链接种类和串级结构

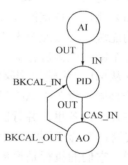

图 2.34　基本 PID 回路中的模块和链接

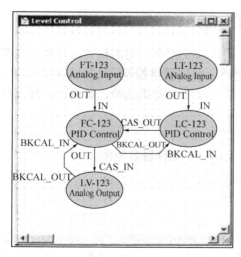

图 2.35　一个串级回路有两个串级结构，一个位于两个 PID 间，另一个位于 PID 和 AO 间

　　回算输出，且只有回算输出，可以链接到回算输入。一个回算输出应该链接到一个，且只能是一个回算输入。离散输出应该只能链接到离散输入，而模拟输出只能链接到模拟输入。

3．功能块联锁

一个已经链接的输出参数数值和状态一起被传递到接收模块的输入参数，并告知该数值是否适合用于控制，它也可以作为反馈告知输出是否没有移动最终控制单元等。状态用于几个内置的联锁功能。例如，如果传感器失效，AI 模块会通知 PID 模块停止控制；如果调节阀处于手动操作，AO 模块反馈链路状态会通知 PID 模块初始化它的输出，以此来防止积分饱和以及以后无扰地切换到自动。因此，在整个控制策略中最好都使用基金会现场总线功能块，而不要有其他中间语言。这样用户可以完全从这一内置功能中获益，而不必实施并验证离散逻辑。

4．功能块运行

功能块接收输入并执行其算法以产生输出，并将输出传递给下一个模块。以下是三种并列的功能块执行方式。

（1）受调度的（Scheduled）执行方式。

（2）链式（Chained）执行方式。

（3）制造商特定的（Manufacturer Specific）执行方式。

功能块通常按照组态工具准备好的调度运行。调度表明何时各个功能块应该被执行以及何时各个链路应该进行通信。例如，一个简单 PID 回路从变送器中 AI 模块的执行开始，接着执行从 AI 模块输出到阀门定位器中 PID 模块输入的外部链路通信，然后 PID 模块执行，紧接着是同一设备中 AO 模块的执行。功能块周而复始地执行，通常每秒几次。由于功能块分布在几个设备里，并行回路以真正的多任务方式同时进行。功能块在网络中执行的周期称为"宏周期"。资源块和转换块不是控制策略的一部分，因而它们的执行不受调度控制，更确切地说，它们的执行是设备所独有的。对链式（Chained）模式而言，设备中前一个功能块执行结束后，另一个紧接着开始执行。

2.3.4　链路活动调度执行组态

在基金会现场总线 H1 中，只要拥有一定的权力，任何设备都可以发起通信。在基金会 H1 网络上，通信的传输由链路活动调度器控制。数据链路层在报文的前面增加 5～15 字节的控制信息，在报文的最后增加 2 字节的差错校验，接收的时候又将它们移去。

1．H1 设备类型

基金会 H1 数据链路层识别以下三种设备类型。

（1）基本设备（Basic）。

（2）链路主设备（Link Master）。

（3）网桥（Bridge）。

链路主设备能够成为 LAS，而基本设备则不能。现场仪表（如变送器和阀门定位器）一般都是基本设备，而主站接口一般是链路主设备或网桥。不过很多现场设备可以被组态成链路主设备，担当 LAS 的角色。

2. H1 寻址

基金会 H1 数据链路层使用 1 字节的网络地址。地址 0～15 由内部功能使用；16～247 可以由仪表使用；248～251 被用于未初始化设备的默认地址；252～255 被用于临时连接的设备，例如手持设备。在一个设备连接到网络上时，LAS 自动分配地址。自动地址分配可以避免地址重复。

3. H1 仲裁

对于基金会数据链路层，有受调度通信（前台通信，Foreground Traffic）和非调度通信（后台通信，Background Traffic）两种类型的通信。

不需要频繁进行通信的数据被非周期性地（Acyclically）以非调度通信传送。非调度通信的例子包括主站读取和改写现场仪表中的参数。LAS 在设备之间通过传递令牌报文传递一个令牌。一旦一个设备持有该令牌，它就可以发送报文，直到用尽最大令牌持有时间或者报文发送完毕，两者中哪一个时间短则以哪一个为准。

只有以精确周期循环通信的数据才能使用受调度通信传送。受调度通信的例子包括设备之间的功能块链接。LAS 内有一个调度日程（Schedule），它决定网络上设备中的周期性数据何时发送。到达计划发送某个值的时刻，LAS 发送一个强制数据报文给该设备，使该设备通过广播的形式"发布"该数据，所有"接收"这个被"发布"的数据的设备能够同时接收到它。

受调度通信在网络上具有最高的优先级。当所有的被调度的数据被"发布"之后，在下一个宏周期之前的剩余时间可以被用于传送非调度通信或用于某些其他功能。LAS 维护一个网络上已知设备的在线设备列表（Live List），它周期地向未被使用的地址发送一个探测结点（PN）报文来检测是否有新的设备加入网络。当一个设备收到这样的报文后，它将发送一个探测响应（PR）报文，让 LAS 知道它的存在，然后这个设备被加入到在线设备列表中，LAS 继而把这个被更新的列表广播给网络上所有的设备。LAS 也周期性地广播一个时间发布（TD）报文来保证网络上设备的时钟被精密地同步。时间的发布保证功能块的执行和报文的"发布"在网络上所有设备之间是同步的。

LAS 调度和令牌传递机制保证了只有一个设备在某个时刻被授权访问总线，因此避免了冲突。LAS 保证了受调度的数据被"发布"以及所有的设备都有机会通信。受调度通信的时序（Timing）被精确地定义，因此是有确定性的（Deterministic）。

4. H1 检错

通信差错通过发送一个帧校验序列（FCS）来检测，这个序列包含在由发送设备产生的报文中。接收设备通过对比内部计算所得的 FCS 和接收到的 FCS 来检测通信差错。

2.4 基金会现场总线仪表及其应用

2.4.1 基金会现场总线仪表简介

现场总线仪表从常规仪表逐渐发展而来，除了一些接口和网络设备外，一般也分为变送器、执行器、转换器和电源等类型。国内市场目前也有一些现场总线仪表，如罗斯蒙特公司的 FF3051 压力（压差）变送器、FF3244MV 温度变送器和 FFDVC50000 智能阀门；Smart 公司的 FFLD302 压力（压差）变送器、FFTT302 温度变送器和 FFFP302 现场总线到气压转换器等。

与常规仪表相比，基金会现场总线仪表的主要特点表现在功能块和通信功能两个方面。

首先，现场总线仪表的功能由所带的功能模块决定，同类型被测变量的变送装置如果所带的功能模块不同，所具有的功能也不同。例如，北京华控技术有限公司的温度变送器 HK2F102TT 仅有 AI 功能模块，而 Smar 公司的 302 温度变送器不仅有 AI 功能模块，还有 PID 功能模块。因此，它们可应用在不同的场合。此外，同类型的执行器，由于采用的智能阀门定位器所带功能模块不同，同样会有不同的功能。例如，ABB 公司的 TZID2C120220 定位器只有 AO 功能，而 SamsonAG 公司的 3787 定位器除了带 AO 功能模块外，还带 PID 功能模块。另外，不同版本的现场总线仪表功能也可能有所不同。不同版本的现场总线仪表所带的功能模块不同，所具有的通信类型不同。通常，使用常规仪表不必考虑仪表的版本。现场总线仪表中，由于总线通信中有发布方和约定接收方之分，不同版本仪表的发布方和接收方的数量不同。例如，Rosemount 公司的 3051 现场总线压力变送器，版本 3 具有 2 个发布方和 3 个接收方，而版本 6 不仅具有 4 个发布方和 4 个接收方，还可作为链路主设备的后备。

通信功能是现场总线仪表的主要特点。基金会现场总线控制系统将控制下移到现场级，仪表通信更为重要。由于现场总线仪表的信号连接是通过现场总线进行，现场总线仪表位通信能力、位置、所带功能模块，都影响现场总线系统的通信性能。

1. 现场总线压力变送器（LD302）

LD302 是现场总线仪表系列的重要产品之一，它是一种测量差压、绝对压力和表压力、液位和流量的变送器。它同时也是一种转换器，即把差压、绝压、表压、流量和液位转换为符合 FF 标准的现场总线数字通信信号。LD302 是在具有运行可靠和性能优越并经现场验证的数字式电容传感器的基础上开发的。

LD302 的测量范围为 0～12.5Pa/40MPa；准确度为校准量程的 0.1%，校准范围为 URL（测量范围上限，Upper Range Limit）～UPL/40；与介质接触的部分采用 316 不锈钢、哈氏合金和钛等；数字指示器为任选件，它是一个四位半数字值和五位字母的 LCD（液晶显示）显示器。

LD302 是 Smar 公司完整的 302 系列现场总线仪表的一部分，它将多个现场总线仪表互连起来，用户通过功能块的链接建立适合于用户所需的控制策略。为了对用户友好，它引入了功能块概念，这样，用户能容易地建立和浏览一个具有复杂控制策略的系统。LD302 的另一个优点是提高了灵活性，控制策略不需要重新接线或改变任何硬件即可编制。

（1）LD302 的内装功能模块。LD302 包含的模块有：1 个现场总线资源块，1 个传感器输入转换块，1 个传感器显示块，1 个模拟输入（AI）功能块，1 个 PID 控制功能块，1 个累积（INTG）功能块，1 个输入选择（ISEL）功能块，1 个折线（CHAR）功能块，1 个计算（ARTH）功能块。这些模块都是典型的常用于各种应用中的功能模块，LD302 内装的功能模块如图 2.36 所示。为了更好地掌握和使用功能块，这里主要对 LD302 内装模块中的 PID 和 AI 进行总结性的简要概述。使用时，PID 功能块如同一个由操作员、其他功能块、计算机、DCS 或 PLC 调整的设定值，控制变量也具有相同的设定值调整结构。MV 值（控制变量）与乘上增益的前馈变量相加，并加上一个偏置值。PID 功能块提供限值报警、偏差报警、设定值跟踪、安全输出、直接（正向）作用和反向作用等功能。模拟输入 AI 模块接收由传感器测量的变量，并加以定标、滤波，使输出信号能用于其他模块。输出可以是输入的线性函数，也可以按照平方根模式输出。AI 模块具有报警功能，同时还能切换到手动，以便迫使输出变成一个可调的数值。

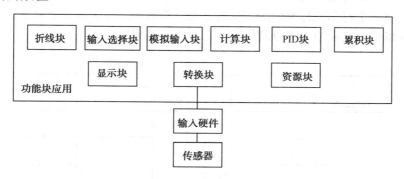

图 2.36　LD302 的内装模块

（2）控制策略。其他现场总线仪表的功能也是以模块形式体现的，但某些功能模块在 LD302 中没有提供。将现场总线系统的各种功能模块结合在一起，能为大多数控制系统提供所需的全部功能。例如，图 2.37 展示了 LD302 在控制系统中的一个简单应用。图中执行器包含一个模拟输出功能块，其中，TOT 是累积块符号的又一种表示。用户可以把 LD302 和执行器中的功能块通过现场总线链接起来，形成用户所需要的控制策略。在系统中每一个块均由用户所分配的指定模块位号所标识，在现场总线系统中，这个位号必须是唯一的。在功能块中，有三种类型参数：输入参数，即功能块接收到并进行处理的值；输出参数，即功能块的处理结果，可送给其他功能块、硬件或者使用者；内含参数，用于块的组态、运行和诊断。例如，在一个 PID 功能块中，过程变量是输入参数，控制变量是输出参数，整定参数是内含参数，一个功能块中的所有参数都有预先确定的名。如果 LD302 只需要完成一个测量功能，那么用户仅需要模拟输入功能块。为了实现控制，就要用到 LD302 中或其现场总线仪表中的 PID 功能块。通过把功能块的输出链接到其他功能块的输入，可以建立起控制策略。当完成这种链接时，一个功能块的输入从要取值的功能块的输出获得数值。在同一仪表或与其他仪表之间，都可实现功能块之间的链接，一个输出可以链接到多个输入，这种链接是纯软件的。对一条物理导线上可以传输多少链接基本上没有限制，但必须考虑每个链接的通信时间。内含参数不能建立链接，但它是网络可视的。功能块输出通常总是包含变量的状态信息。它告诉来自传感器或其他功能块或仪表的数据是好的、还是坏的或是不确定（可疑）的。根据这些状态信息，用户可以决定下一步如何做。这些状态信息可通过某些功能块传播。在图 2.37 的例子中，当输出功能块驱动阀门时，送给阀门的实际值通过"反向通路"反馈到控制 PID，而来自传感器的数值（前向通路）送到 TOT 块和 PID 块，这些数值的状态是否适合于控制，可以由接收功能块采取相应的动作。链接是用输出参数的名称和输出该参数的功能模块的位号来单独定义。

（3）安装。法兰安装适合于 LD302L 液位型；可选择平面支架安装、水平或垂直的（DN50）2"管线安装；可通过支架装在三阀组上。直接管线安装适合于变送器与孔板法兰的组合体。如图 2.38 和图 2.39 所示。

（4）校验。每个传感器都有一条特性曲线，一般称为原始特性，它描述了施加压力和传感器输出信号之间的关系，该曲线仅适用于各自的传感器，并存入传感器电路的存储器中。

当传感器与变送器电路连接时，其存储器中的内容与微处理机接通，微处理机使传感器输出信号与测量压力相对应。有时变送器的显示和转换块读数可能与所施加的压力有所不同，其原因可能是变送器的安装位置有问题，或者是用户的压力标准与制造厂的压力标准不同，也可能是变送器的原始特性受过压、过热或长时间漂移的影响。校验就是要使读数与所施加的压力相一致。将一个已知的标准值加在变送器上，然后通知变送器这个值是多少，进而指导变送器达到正确值。实际中，可以利用以下三种校验类型进行校验。

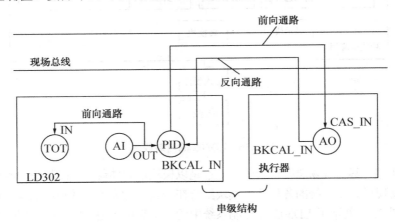

图 2.37　LD302 的控制应用

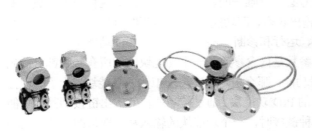

图 2.38　现场总线压力变送器（LD302）

图 2.39　现场总线压力变送器典型安装（LD302）

① 下限校验。进行下限校验时，必须施加已知的外部标准下限输入信号。当单击图 2.40 所示的"OK"按钮后，就打开了 SYSCON 的上、下限校验窗口，如图 2.41 所示。选择"Lower Value"（下限），25.523 287mmH$_2$O 是变送器的当前下限测量值，若标准下限输入信号是 25mmH$_2$O，只需使用键盘把标准下限数值 25mmH$_2$O 输入 Desired（希望值）方框内，再单击"Send"（发送）按钮。这样，就把正确的读数通知给了变送器，从而完成了下限校验。传感器下限校验的一个特殊情况是零点校验，它不需要连接任何标准输入设备（压力信号源），只需要让变送器的两个容室中的压力相等。实现的方法有释放压力、切断流量或放空储罐等。同时，无须输入任何数值，就可以进行零点校验。

② 上限校验。进行上限校验时，必须施加已知的外部标准上限输入信号。上限校验窗口如图 2.42 所示，选择"UpperValue"（上限），若此时 201.800 00mmH$_2$O 是变送器的当前上限测量值，而标准上限输入信号是 200mmH$_2$O，只需使用键盘把标准上限数值 200mmH$_2$O 输入 Desired（希望值）方框内，再单击"Send"（发送）按钮。这样，就把正确的读数通知给了变送器，从而完成了上限校验。一般来说，上限校验总是在下限校验之后进行。

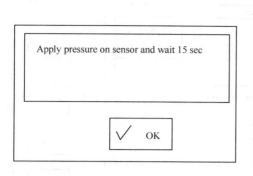

图 2.40　TRIM 组态画面

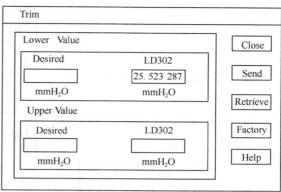

图 2.41　下限校验

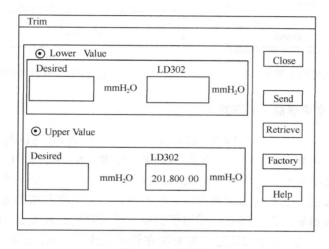

图 2.42　上限校验

③ 非线性校验。在一定温度和压力范围内的传感器特性曲线可能有一点非线性，这点非线性将被非线性校验功能所校正。因此，用户可在使用范围内校验变送器，以获得更好的精度。因非线性校验可改变变送器的特性，所以应仔细阅读 LD302 说明书，确认正在使用标准压力源的精度在 0.03%或更高，即标准信号源的精度至少是 LD302 的三倍。否则，变送器的精度将受到很大影响。将鼠标的光标移至图 2.43 所示的"Characterization"的选项上，用左键单击选定，就可打开非线性校验画面，如图 2.44 所示。非线性校验仍然需要把标准压力施加到变送器上。为了保证校验精度，最好使用活塞式压力计。非线性校验画面中一共有五个校验点，如果决定采用非线性校验，至少需确定两点，特性曲线将由这两点决定，点的最大数为五点。建议所选择的校验点应均匀分布在变送器的工作范围内和特别需要高精度的特殊点上。假设变送器的工作范围为 0～5 000mmH2O，标（刻）度为 0～2 000mmH2O，可选择的校验点为：P1=0mmH2O，P2=500mmH2O，P3=1 000mmH2O，P4=1 500mmH$_2$O，P5=2 000mmH2O。此时，要确认一下稳定的压力源及与变送器相连的精确的压力指示表。若外部给定压力源的压力 P1=0，选择如图 2.44 所示画面上的第一点，将鼠标的光标移至最上面的第一个小圆圈并单击选中，然后，输入 0，即完成了第一点的校验。依次类推，一直校验到第五点，单击"Send"按钮将正确的读数通知给变送器，从而完成非线性校验。

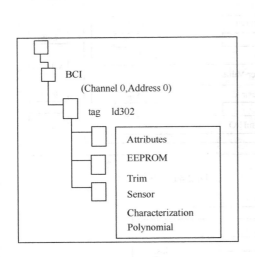

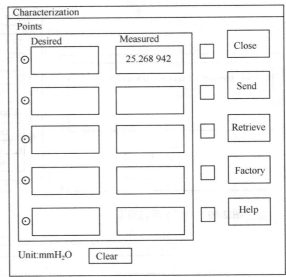

图 2.43　输入转换块菜单　　　　　　　图 2.44　非线性校验画面

2．现场总线温度变送器（TT302）

TT302温度变送器是一种符合FF通信协议的现场总线仪表，它可以与各种热电阻（Cu10、Ni120、Pt50、Pt100和Pt500等）或热电偶（B、E、J、K、N、R、T、L和U等）配合使用测量温度，也可以使用其他具有电阻或毫伏（mV）输出的传感器，如负荷传感器、电阻位置指示器等测量其他参数，它具有量程范围宽、精度高、环境温度和振动影响小、抗干扰能力强、重量轻以及安装维护方便等优点。采用低铝铜（重量轻的）外壳或316不锈钢外壳，可以把它直接安装在传感器上，也可通过支架安装在管道上或平台上，还可安装在墙上或盘上。TT302的外形如图2.45所示。

TT302还具有控制功能，其软件中提供了多种与控制功能有关的功能模块，用户通过组态，可以实现所要求的控制策略。这充分体现了现场总线仪表的特色，将控制功能下放到现场。TT302还可以进行双通道输入，可接收两个测量元件的信号，实现温差控制。

（1）模块。TT302的准确度为0.02%，量程可组态，在现场总线系统中可以作为主站或从站。TT302内装17个模块：RES（资源块）、TRD（转换块）、DSP（显示转换块）、DIAG（组态转换）、AI（模拟输入块）、PID（PID控制块）、EPID（增强PID）、ISEL（输入选择块）、ARTH（计算块）、CHAR（折线块）、SPLT（分程块）、AALM（模拟报警块）、SPG（设定值程序发生块）、TIME（定时与逻辑块）、LLAG（超前/滞后块）、CT（常数块）和OSDL（输出选择/动态限幅块）。

（2）安装。TT302可直接安装在传感器上；或通过支架安装在2″管线上、墙上或平面上。如图2.46所示为TT302安装示意图。

3．电流—现场总线转换器（IF302）

IF302是Smar公司生产制造的第一代现场总线设备之一，它是模拟变送器与现场总线系统之间的转换器。IF302接收电流信号，主要为4～20mA或0～20mA，并把它转换成现场总线信号。IF302采用数字技术，可用一个设备接收三路输入并提供了多种转换功能，这使得现场仪表与控制室之间的转换十分简便，并且大大减少了IF302在安装、运行及维修方面的费用。

图2.45 现场总线温度变送器（TT302）　　　图2.46 TT302安装示意图

（1）IF302内装功能模块。IF302能同时转换3路模拟信号，它可以提供各种形式的转换功能。IF302可作为主站或从站，它内装的功能模块有DSP、DIAG、TRD、RES、AI、PID、EPID、ARTH、INTG、ISEL、CHAR、SPLT、AALM、SPG、TIME、LLAG、OSDL和CT。

（2）安装。可通过支架进行安装，可安装在2″管线上、墙上或平面上。如图2.47所示为IF302安装示意图。

4．现场总线—电流转换器（FI302）

FI302是Smar公司生产制造的第一代现场总线设备之一，如图2.48所示，它是现场总线系统与控制阀门或其他执行器间的转换器。FI302接收从现场总线网络传来的一个输入信号并产生相应的4～20mA输出信号。FI302采用了数字技术，现场仪表与控制室之间的转换十分简便，并且大大减少了安装、运行及维护方面的费用。

FI302具有三路输出，降低了每路的成本。FI302是302系列产品之一，它能够将控制完全下放到现场，其内装的模块有DSP、DIAG、TRD、RES、PID、EPID、AO、ARTH、INTG、CHAR、SPLT、AALM、SPG、TIME、LLAG、OSDL、CT和ISEL。

5．现场总线—气压转换器（FP302）

FP302是Smar公司生产制造的第一代现场总线设备之一，它是现场总线系统与气动控制阀门或阀门定位器之间的转换器。FP302接收来自现场总线的一个输入信号并产生正比于它的一个21～103kPa的气压输出信号。FP302采用了数字技术，现场仪表与控制室之间通信十分简便，并且大大减少了安装、运行及维修方面的费用。如图2.49所示为现场总线—气压转换器FP302的外观图。

图 2.47　IF302 安装示意图　　　　　　　图 2.48　FI302 现场总线—电流转换器

在 FP302 内装有很多功能模块，如 DSP、DIAG、TRD、RES、PID、EPID、AO、ARTH、INTG、ISEL、CHAR、SPLT、AALM、SPG、TIME、LLAG、OSDL 和 CT 等。仪表中 PID 等模块的存在，大大减少了信息交换，缩短了控制周期，使基础控制级的体系结构变得更为紧凑。

6．现场总线阀门定位器（FY302）

FY302 是 Smar 现场总线 302 系列产品之一，是第一代现场总线设备之一，如图 2.50 所示。它是用于现场总线系统中的阀门定位器。FY302 可根据现场总线系统或内部控制器输入的信号输出相应的压力信号，并设定控制阀门的位置。现场与控制室之间的接口简单，这大大减少了安装、运行及维修费用。

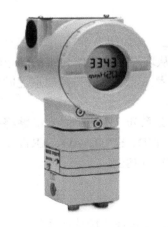

图 2.49　现场总线—气压转换器（FP302）　　　图 2.50　现场总线阀门定位器（FY302）

FY302 阀门感应为非机械式接触，这大大减少了设备磨损及由此导致的性能的降低。它以霍尔效应为基础，能直接感应纵向或旋转动作。定位信号还可用于高级控制策略。阀门特性、动作、阻尼及变化率范围等可通过软件调整（改变线性、等开、快开阀门的参数），组态可远程进行，且只需操纵按钮即可完成，而不用改变机械部分，如凸轮、弹簧等，这使得 FY302 操作起来十分灵活。

FY302 具有持续的自诊断功能，它可以及时对阀门或其定位器的软、硬件出现的故障发出警报，这样就可以迅速查出故障所在，避免造成设备损坏，并可根据需要获得相应的诊断数据。

它的优点是操作人员无须将设备拿到现场进行检测就可以知道故障位置，这大大节省了时间。诊断数据可以帮助确定过程故障是否是阀门出了问题，而无须亲临现场，在很短的时间内生产即可恢复正常。诊断功能还适合于维护性检修，例如检测增加门阀死区或单击操作。它具有软件行程限幅开关，可自动向操作发出警报。

2.4.2　现场仪表功能块及其常用参数

功能块是现场总线仪表的核心技术，也是一种图形化的编程语言。功能块相当于单元仪表，即积木仪表，也可称为软仪表。功能块的引入使得现场总线仪表与传统 DCS 相比在功能上有了很大的增强，一些过去只能在控制系统中完成的控制及运算功能，现在下放到现场总线仪表中完成，从而使系统的分散度更高，控制品质更好。

功能块是现场总线技术的载体，不但仪表制造厂要掌握它，用户工程师更要掌握它。只有掌握了功能块的配置组合和参数设定，才能根据控制对象的动态特性，形成各种各样的控制策略。功能块及其应用是一个十分重要和复杂的问题，为了实现最佳的优化控制方案，对功能块的配置组合和参数设定，还需一个长期的工程实践和经验积累。每个功能块都有十几个或几十个参数，并预先定义了名称，通常列成参数表。我们应该理解参数中每个参数的含义，在组态中设定好参数，从而形成合适的控制策略。

1. 功能块类型

每种类型的功能块都有一个不同的内部算法及几个参数来执行不同类型的功能。功能块不依靠 I/O 硬件，独立运行基本的监测和控制功能。例如，模拟输入模块提供测量所需的仿真、推算量程、传递函数、阻尼和报警等基本功能。压力变送器中的标准 AI 模块跟温度变送器中的相同。无论在变送器中、定位器中或中央控制器中，无论设备制造商是谁，标准 PID模块都相同。根据特性不同，可以将功能块分为输入类（Input Class）、控制类（Control Class）、计算类（Calculate Class）和输出类（Output Class）四类，如图 2.51 所示。

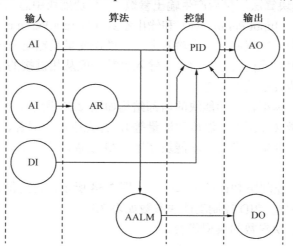

图 2.51　功能块种类

2．功能块的内部结构与功能块链接

功能块应用进程提供了一个通用结构，它把实现控制系统所需的各种功能划分为功能模块，使其公共特征标准化，并规定它们各自的输入/输出、算法、事件、参数与块控制图，同时把按时间反复执行的函数模块化为算法，把输入参数按功能块算法转换成输出参数。反复执行意味着功能块按周期或事件发生重复作用。

如图 2.52 所示表示一个功能块的内部结构。可以看到，无论在一个功能块内部执行哪一种算法，实现哪一种功能，它们都与功能块外部的链接结构通用。分布在图 2.52 中左、右两边的一组输入参数与输出参数是本功能块与其他功能块之间要交换的数据和信息，其中输出参数由输入参数、本功能块的内含参数和算法的共同作用而产生。图中上部的执行控制用于在某个外部事件的驱动下，触发本功能块的运行，并向外部传送本功能块执行的状态。

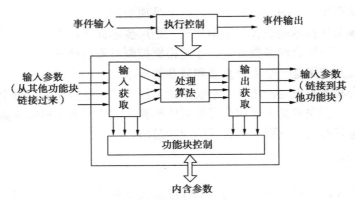

图 2.52 功能块的内部结构

3．常用功能块参数

资源块、转换块和功能块都包含内含参数，它们用于模块设置和操作以及诊断。功能块还包含输入参数，经模块算法运算后产生输出参数。一个功能块中总共有内含参数（Contained Parameter）、输入参数（Input Parameter）和输出参数（Output Parameter）三类参数。

例如，PID 模块中，过程变量成为输入之一，操作变量是输出之一，整定参数是一些内含参数。参数可以由用户或模块本身设定。输入参数一般从相链接的输出取得数据或由用户设定，但模块本身不能设定输入数值。

（1）模拟输入块。模拟输入功能块的内部结构如图 2.53 所示。AI 的主要作用是从转换块中取得模拟过程变量（如压力、温度和流量等），并完成通道配置、仿真、标度、线性化、阻尼和报警等功能，它的输出供其他功能块使用。AI 功能块大约有 36 个参数，常用参数如表 2.16 所示。

（2）控制块 PID。控制块 PID 的内部结构如图 2.54 所示，它提供了比例（P）、积分（I）和微分（D）的运算控制。PID 控制功能块参数如表 2.17 所示。表 2.17 是对最基本且常用的参数的说明，它是功能块参数的典型代表。

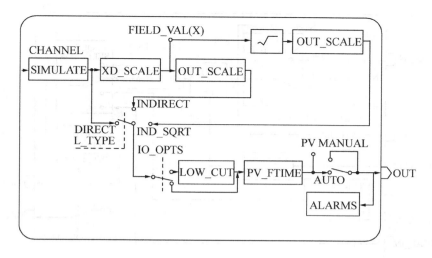

图 2.53　模拟输入功能块的内部结构

表 2.16　AI 控制功能块参数表

索 引	参 数	数据类型（长度）	有效范围/选项	默认值	单位	存 储 模 式	描 述
1	TAG						
2	TARGET						
3	XD_SCALE	DS-68					转换器量程
4	L_TYPE	8 位无符号数					线性化类型
5	MODE_BLK	DS-69		O/S	na	S	模式参数
6	PV	DS-65			PV	D/RO	IN 值经 PV 滤波器处理后的过程模拟变量
7	OUT	DS-65	OUT_SCALE ±10%		OUT	D/MAN	PID 计算的结果输出值
8	OUT_SCALE	DS-68		0～100%	OUT	S/MAN	对输出参数的高低标定值
9	PV_FTIME	浮点	正数	0	s	S	PV 滤波时间常数
10	HI_ALM	DS-71			PV	D	带时间标签高报警
11	LO_ALM	DS-71			PV	D	带时间标签低报警

注：E：列举参数；na：无单位位串；RO：只读；D：动态；S：静态；N：非易失

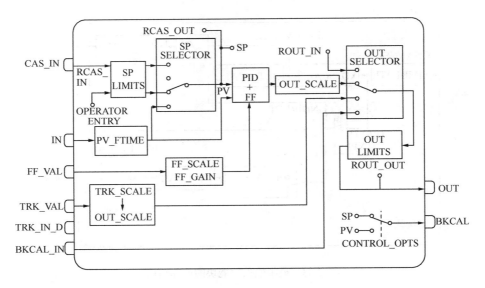

图 2.54　控制块 PID 的内部结构

表 2.17　PID 控制功能块参数表

索 引	参　　数	数据类型（长度）	有效范围/选项	默 认 值	单 位	存储模式	描　　述
1	TAG						
2	TARGET						
3	MODE_BLK	DS-69		O/S	na	S	模式参数
4	PV	DS-65			PV	D/RO	IN 值经 PV 滤波器处理后的过程模拟变量
5	SP	DS-65	PV_SCAIE ±10%		PV	N/AUTO	模拟设定值。可以手动设置，也可以通过接口设备或另一现场设备自动设置
6	OUT	DS-65	OUT_SCALE ±10%		OUT	D/MAN	PID 计算的结果输出值
7	PV_SCALE	DS-68		0～100%	PV	S/MAN	对 PV 和 SP 参数的高低标定值
8	OUT_SCALE	DS-68		0～100%	OUT	S/MAN	对输出参数的高低标定值
9	CONTROL_OPTS	位串（2）	见功能块选项	0	na	S/O/S	功能块选项
10	IN	DS-65			PV	D	功能块的初级输入值
11	CAS_IN	DS-65			D		远程块或 DCS 来的设定值
12	GAIN	浮点		0	无	S	PID 的比例系数峰值
13	RESET	浮点	正数	+INF	s	S	PID 的积分系数 Tr 值
14	RATE	浮点	正数	0	s	S	PID 的微分系数 Td 值
15	BKCAL_IN	DS-65			OUT	N	来自下游块的 BKCAL_OUT，用于抗积分饱和和控制回路初始化

続表

索引	参　数	数据类型（长度）	有效范围/选项	默认值	单位	存储模式	描　述
16	BKCAL_OUT	DS-65			PV	D/RO	提供给上游块的BKCAL_IN,用于抗积分饱和和控制回路无扰切换
17	RCAS_IN	D6-65			PV	D	远程目标设定值
18	ROUT_IN	DS-65			OUT	D	远程目标输出
19	FF_VAL	DS-65			FF	D	前馈数值和状态
20	FF_SCALE	DS-68	0~100%		FF	S	前馈输入高低标定值
21	FF_GAIN	浮点		0	无	S/MAN	前馈输入比例增益
22	HI_AIM	DS-71			PV	D	带时间标签高报警
23	LO_ALM	DS-71			PV	D	带时间标签低报警
24	PID_OPTS	位串（2）		0		S/O/S	处理输出跟踪附加特征的选项

注：E：列举参数；na：无单位位串；RO：只读；D：动态；S：静态；N：非易失

（3）模拟输出块（AO）。模拟输出块的内部结构如图 2.55 所示。AO 功能块从另一个功能块接收信号，然后通过内部通道的定义，将计算结果传递到一个转换块。在传递给输出转换块前，它提供了用户对 AO 所期望的功能，如限幅、正反作用、位置反馈（读回）、仿真及故障安全输出等。AO 控制功能块参数如表 2.18 所示，它是对最基本且常用的参数的说明。

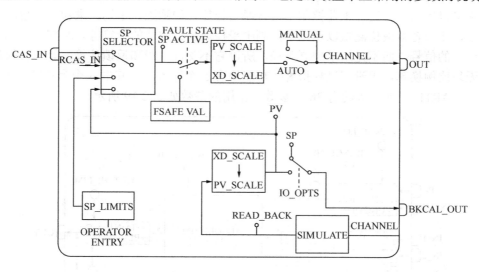

图 2.55　模拟输出功能块的内部结构

表 2.18　AO 控制功能块参数表

索引	参数	数据类型（长度）	有效范围/选项	默认值	单位	存储模式	描　述
1	TAG						
2	XD_SCALE						

索引	参　数	数据类型（长度）	有效范围/选项	默认值	单位	存储模式	描　述
3	PV	DS-65			PV	D/RO	IN值经PV滤波器处理后的过程模拟变量
4	SP	DS-65	PV_SCAIE ±10%		PV	N/AUTO	模拟设定值。可以手动设置，也可以通过接口设备或另一现场设备自动设置
5	OUT	DS-65	OUT_SCALE ±10%		OUT	D/MAN	PID计算的结果输出值
6	PV_SCALE	DS-68		0～100%	PV	S/MAN	对PV和SP参数的高低标定值
7	IN	DS-65			PV	D	功能块的初级输入值
8	CAS_IN	DS-65				D	远程块或DCS的设定值
9	SP_RATE_DN	浮点	正数	+INF	PV/s	S	设定值下降变化率限制
10	RCAS_OUT	DS-65					返回主机的设定值输出
11	BKCAL_OUT	DS-65			PV	D/RO	提供给上游块的BKCAL_IN，用于抗积分饱和和控制回路无扰切换
12	RCAS_IN	D6-65			PV	D	远程目标设定值

注：E：列举参数；na：无单位位串；RO：只读；D：动态；S：静态；N：非易失

（4）计算块。计算功能块的内部结构如图2.56所示。计算功能块提供了多种用途的计算能力，它可以用来执行过程工业控制中最普通的计算，如乘除、平均、求和、流量的压力和温度补偿、闭口容器液位测量以及比率控制中受控流量设定值的计算等。ARTH用来计算转换器（块）的信号，而不是用于控制路径，所以它不支持串级和反馈计算，无须转换为百分比，也无须比例换算，更没有过程报警。功能块有5个输入端（其中3个为辅助输入）和1个输出端。ARTH功能块大约有36个参数，常用的参数如表2.19所示。

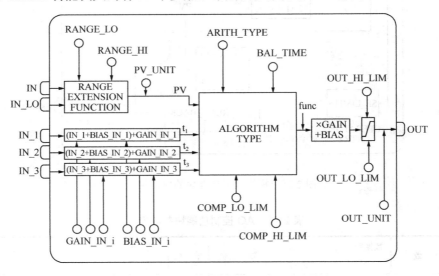

图2.56　计算功能块的内部结构

表 2.19　ARTH 控制功能块参数表

索 引	参　数	数据类型 （长度）	有效范围 /选项	默认值	单 位	存 储 模 式	描　述
1	GAIN	浮点					计算块增益
2	PV	DS-65			PV	D/RO	IN 值经 PV 滤波器处理后 的过程模拟变量
3	PV_UNITS	16 位无符号数					显示 PV 的工程单位
4	OUT	DS-65	OUT_SCALE ±10%		OUT	D/MAN	PID 计算的结果输出值
5	OUT_UNITS	16 位无符号数					显示 PV 的工程单位
6	BIAS	浮点					计算块输出的偏置值
7	IN	DS-65			PV	D	功能块的初级输入值
8	IN_1	DS-65					辅助输入 1
9	IN_2	DS-65					辅助输入 2
10	BIAS_IN_1	浮点					加到 IN_1 上的常数
11	GAIN_IN_1	浮点					乘在（IN_1+BIAS）上的常 数

注：E：列举参数；na：无单位位串；RO：只读；D：动态；S：静态；N：非易失

（5）输入选择块。输入选择功能块的内部结构如图 2.57 所示。输入选择功能块提供了最多 4 种输入的选择，根据组态产生 1 个输出信号。它通常接收来自 AI 功能块的数据，可以执行最大（MAX）、最小（MIN）、中间（MID）、平均（AVG）、第一好（FIRST GOOD）运算和状态的信号选择。功能块的另一个输出参数是"选中通道（SELECTED）"，它指明了算法（由 SE_LECT_TYPE 设定）选中的那个输入。功能块支持 OOS、Man 和 Auto 模式。输入选择功能块一共有 24 个参数，常用参数如表 2.20 所示。

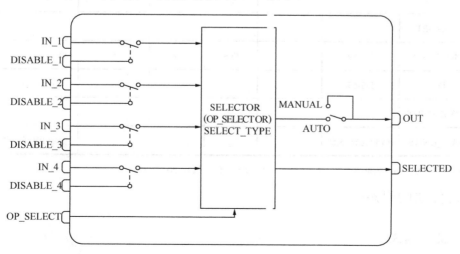

图 2.57　输入选择功能块的内部结构

表 2.20 ISEL 控制功能块参数表

索 引	参 数	数据类型 （长度）	有效范围 /选项	默 认 值	单 位	存 储 模 式	描 述
1	SELECTED	DS-66					指出被选择的输入信号通道号
4	OUT	DS-65	OUT_SCALE ±10%	OUT	D/MAN		PID 计算的结果输出值
5	OUT_UNITS	16 位无符号数					显示 PV 的工程单位
8	IN_1	DS-65					辅助输入 1
9	IN_2	DS-65					辅助输入 2

注：E：列举参数；na：无单位位串；RO：只读；D：动态；S：静态；N：非易失

（6）累积块。INTG 功能块用于对一个变量进行时间累积或者与 PUL 块（脉冲输入块）配合对脉冲输入进行计数。INTG 功能块，即 TOT 功能块，通常用来累积流量，即给出一段时间内物流的总质量或总体积（kg 或 m^3），也可累积一段时间的功率，给出总能量。累积方法可以从零递增，也可以从某一设定值递减。累积值与预设的触发设定值进行比较，累积到达设定值或从设定值递减到零时产生一个开关信号。累积的复位方式可以是自动的，也可以是周期的，还可以是用户命令的。表 2.21 为 INTG 控制功能块参数表。

表 2.21 INTG 控制功能块参数表

索 引	参 数	数据类型 （长度）	有效范围 /选项	默 认 值	单 位	存 储 模 式	描 述
1	TAG						
2	TARGET						
3	MODE_BLK	DS-69		O/S	na	S	模式参数
4	IN_1	DS-65					辅助输入 1
5	TIME_UNITS						
6	OUT_UNITS	16 位无符号数					显示 PV 的工程单位

注：E：列举参数；na：无单位位串；RO：只读；D：动态；S：静态；N：非易失

2.4.3 功能块的组态

1. 组态的含义

组态（Configuration）指功能模块的任意组合（或链接）。FF 为工业控制应用提供了大量的功能模块，用户无须掌握太多的编程语言技术，利用组态软件就能很好地完成一个复杂工程所要求的所有功能。

现场总线控制系统的组态简单一致，但由于历史的原因，或为了更好说明组态策略起见，还是出现了三种组态图，但这三种组态图差别不大，控制策略的实现均一致。

2．三种系统组态图

下面以一个串级控制为例，介绍这三种组态图。

如图 2.58 所示为一串级控制 P&I 图。这是一个温度控制系统，它使用蒸汽加热冷流体（产品），工艺要求经过加热的热流体（产品）出口温度保持一定。若忽略热损失，当蒸汽带进的热量与热流体带出的热量相等时，热流体出口温度保持为规定的数值。由于冷流体流量、冷流体入口温度和蒸汽阀前压力等因素的波动，出口温度可能下降或上升。为此，设计一个前馈-反馈串级温度控制系统。

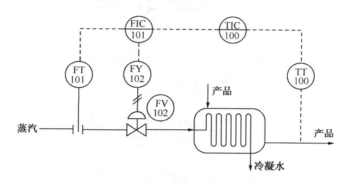

图 2.58　串级控制 P&I 图

（1）现场总线型。现场总线型组态如图 2.59 所示。从物理角度而言，现场总线只是一对屏蔽双绞线，但从信息角度而言，它是一个很"粗"的通道。由于图 2.59 组态突出了现场总线"粗"的特点，所以称这样的组态为现场总线型。

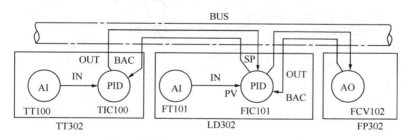

图 2.59　串级控制功能块链接组态图一

（2）方框圆圈型。方框圆圈型组态如图 2.60 所示。这里的虚框代表现场总线仪表，圆圈代表功能块，所以称为方框圆圈型。这是推荐画法，读者或用户应熟练掌握。

（3）圆圈方框型。圆圈方框型组态如图 2.61 所示。这里的圆圈（有时是虚线圆圈）代表现场总线仪表，方框代表功能块，所以称为圆圈方框型。这不是推荐画法，以前版本的组态软件支持这种画法，但这种画法与推荐画法没有本质区别，有时可以不加以区分。

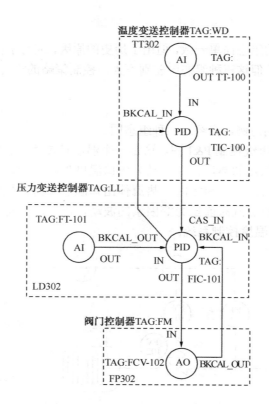

图 2.60　串级控制功能块链接组态图二

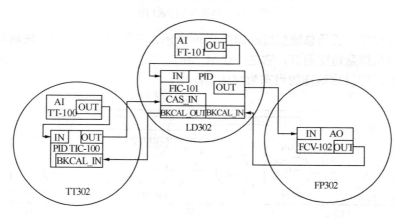

图 2.61　串级控制功能块链接组态图三

2.4.4　一个典型的控制系统组态

下面以锅炉汽包水位控制作为典型范例进行分析。

1．锅炉汽包水位三冲量控制 P&I 图

如图 2.62 所示的锅炉汽包水位三冲量控制 P&I 图，是经常被采用的经典控制方案。

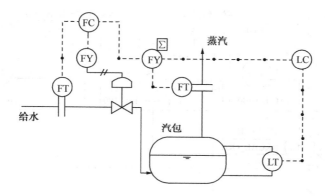

图 2.62　锅炉汽包水位三冲量控制 P&I 图

保持锅炉汽包水位在一定范围内是锅炉稳定安全运行的主要指标。水位过高会造成饱和蒸汽带水过多、汽水分离差，使过热器管壁结垢，传热效率下降，过热蒸汽温度下降，当用于蒸汽透平（汽轮机）的动力源时，会损坏汽轮机叶片，影响运动的安全性与经济性；水位过低造成汽包水量太少，负荷有较大变动时，水的汽化速度过快，而汽包内水的全部汽化将导致水冷壁的损坏，严重时会发生锅炉爆炸。

单冲量水位控制系统是最简单和最基本的控制系统。单冲量指只有一个被控变量，即汽包水位。锅炉汽包水位控制系统的操纵变量总是选用给水流量。根据锅炉水位动态特性分析，该过程具有虚假水位的反向特性，因此，当负荷变化较大时，会造成控制器输出错误动作，影响控制系统的控制品质。此外，由于蒸汽负荷变化后，要在引起水位变化后才改变给水量，因此会造成控制不及时。

考虑到蒸汽负荷扰动可测但不可控（因为蒸汽负荷由用户决定）这一因素，将蒸汽流量作为前馈信号，与汽包水位组成前馈-反馈控制系统，通常称为双冲量水位控制系统。其中，另一个冲量是蒸汽流量。在图 2.62 中，FT 是蒸汽流量变送器，FY 是加法器，采用的是前馈与反馈相加方式。

考虑到给水流量的扰动影响及延迟等因素，将给水流量引入到双冲量控制系统中，由此组成了如图 2.62 所示的三冲量水位控制系统。

三冲量汽包水位控制系统是将汽包水位作为主被控变量，给水流量作为副被控变量的串级控制系统与蒸汽流量作为前馈信号的前馈-串级反馈控制系统。LC 是主调节器，FC 是副调节器。因为 FY 是非常明显的电流-气压转换器，所以在圆圈的右上方没有标注 I/P。

2．组态图

三冲量汽包水位控制系统组态如图 2.63 所示。图中虚线框表示实际的现场总线仪表；每个圆圈表示 FF 的功能块，圆圈里标有功能块的名称；实线为功能块输入/输出参数的链接线，实线上还标有输入/输出参数的名称。每个功能块的旁边还标有功能块的位号，如FT-100、FT-101、LT-100、FQ-100、LIC-100、FQ-101、FIC-100 和 FCV-100 等。这些位号与 P&I 图中圆圈的位号一致，这就是所谓的交叉参考。因图 2.61 中的回路号没有标上，读者可根据交叉参考标上。图 2.62 中各功能块的链接在 Smar 302 现场总线控制系统采用的组态软件 SYSCON 上实现，再经过参数设置，即可生成控制策略。

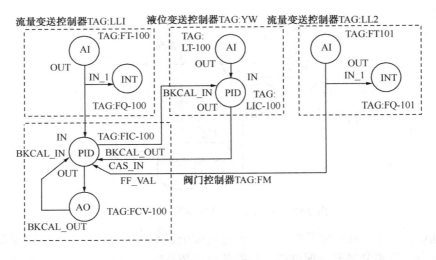

图 2.63　三冲量汽包水位控制系统组态图

AI 功能块通过硬件通道与压力转换块相连，它能对转换块来的信号进行阻尼、开方和量程调整，因此，三个 AI 可分别对汽包液位、给水流量和蒸汽流量的频繁波动设置阻尼，同时，可通过阻尼时间参数 PV_FTI ME 设置阻尼大小。同样，通过设置 L_TYPE 参数（置 3）可以对差压进行开方运算，从而得到流量的线性信号。INT 是累积功能块，它能对蒸汽流量和给水流量进行累积或积算，不用额外增添仪表，就可得到两个非常重要的总量参数。副 PID 有前馈输入参数 FF_VAL，它与反馈控制信号相加，取代了 P&I 图的加法器 FY。

液位变送控制器中的 PID 是主调节器，阀门定位器（或阀门控制器）中的 PID 是副调节器，两者构成给水三冲量的串级控制。由 FF 模块构成的串级控制能实现手动–自动模式的双向无扰切换。

汽包水位和给水流量两个调节器构成一个串级控制，其中汽包水位向给水流量提供闭环控制的设定值。蒸汽流量和给水流量构成一个前馈控制通路。蒸汽流量变化时给水流量能及时跟随变化，而不是靠液位变化来改变，蒸汽流量的增加将调整副调节器模块的设定点，这将使汽包液位被影响前，给水流量就会增加，因而减小了动态偏差，提高了控制质量。汽包水位 PID 调节有一个较长的时间常数，它避免在蒸汽流量激烈变化时因气泡而形成瞬时虚假水位，但从长时间控制周期看，汽包水位 PID 调节可以修正前馈调节所形成的液位积累误差。而给水流量和给水流量 HD 形成一个快速调节回路，当给水压力波动等情况发生时，会在汽包水位变化前得到修正，使汽包水位免受内扰发生的影响。

3．参数设置

画出了锅炉汽包水位三冲量控制系统的组态图后，还需要对组态图中的功能块的参数进行设置。基金会现场总线功能块有很多参数，使用非常灵活，基本上可以在任何应用中使用。但多数情况下，只使用少数参数。用户往往只需设置最通用的参数，例如模式、设定点以及 PID 功能块的整定参数。对绝大多数的参数，可以使用默认值。下面给出图 2.63 所示的组态图中各功能块参数的一般设置。

AI 功能块（YW）

    TAG=LT-100（模块位号）

    MODE_BLK TARGET=AUTO（目标模式=自动）

    XD_SCALE=-640～140mmH$_2$O

    OUT_SCALE=0～100%

PID 功能块（YW）

    TAG=LIC-100

    MODE_BLK TARGET=AUTO

    PV_SCALE=0～100%

    OUT_SCALE=0～150ton/h

    CONTROL_OPTS 作用方向=反向（置 0）

AI 功能块（LL2）

    TAG=FT-101

    MODE_BLK TARGET=AUTO

    XD_SCALE=0～9 500 mmH$_2$O

    OUT_SCALE=0～150 ton/h

    L_TYPE=3（开方非直接）

INT 功能块（LL2）

    TAG=FQ-101

    MODE_BLK TARGET=AUTO

    TIME_UNITS=HOURS

    OUT_UNITS=ton

AI 功能块（LL1）

    TAG=FT-100

    MODE_BLK TARGET=AUTO

    L_TYPE=3（开方非直接）

    XD_SCALE=0～3 500mmH$_2$O

    OUT_SCALE=0～150 m^3/h

INT 功能块（LL1）

    TAG=FQ-100

    MODE_BLK TARGET=AUTO

    TIME_UNITS=HOURS

    OUT_UNITS=3(HOURS)

    OUT_UNITS=m^3

PID 功能块（FM）

        TAG=FIC-100

        MODE_BLK   TARGET=CAS

        PV_SCALE=0～150/h

        OUT_SCALE=0～100%

        CONTROL_OPTS=0（反向）

        FF_SCALE=-100%～+100%

        FF_GAIN=1

AO 功能块（FM）

        TAG=FCV-100

        MODE_BLK TARGET=CAS

        PV_SCALE：0～100%

        XD_SCALE=0.02～0.1MPa

参数设置中的 LL1 为给水流量变送器，LL2 为蒸汽流量变送器，YW 为汽包水位变送器，FM 为阀门定位器。这些参数设置只有在组态操作时，通过键盘和鼠标输入给 PC，然后下装给各现场总线仪表，现场总线仪表才会具有设计要求的控制策略。

2.4.5　基金会现场总线工程与设计

作为前面内容的总结与应用，本节简单介绍基金会现场总线工程与设计的基本要求。

1．现场设备要求

以下为现场设备要求的具体内容。

（1）现场总线功能块。并非所有的现场设备都具有全部功能块，可能其中有些不可用或没有通过互操作测试。以下是现场总线基金会定义的 FF-891 功能块的第 2 部分，它定义了如下 10 类标准功能块：

AI—模拟输入；

AO—模拟输出；

B—偏差；

CS—控制选择器；

DI—离散输入；

DO—离散输出；

ML—手动装载；

PD—比例/微分控制；

PID—比例/积分/微分控制；

RA—比值。

从清单上可以看出，功能块的类型并不适合于所有仪表。因此，在指定不同现场设备类型的功能块时，有必要慎重考虑。考虑到设备的可用性这一因素，H1 网络/网段上控制器和现场设备中主机可以采用大多数功能块，但有些功能块的应用存在一定的限制，例如，AI

用于变送器，AO 和 PID 用于阀门，DI/DO 用于离散设备。由于今后可能增加一些功能块，定购设备时，要检验仪表生产商功能块的可利用性，从而确保获得期望的性能。为实现控制系统所需的不同功能，用户需要根据自己的实际应用需求来选择功能块。简而言之，功能块就是控制策略。现场总线基金会已经定义了多种设备规范，列出对多种类型设备的"本质"要求。根据上述规范使用设备是明智的做法。为实现期望的控制功能，FB 可根据需要嵌入到设备中。此外，在控制策略中要尽可能采用标准块。

（2）现场设备供电。根据设备类型，现场设备可以是网段（总线）供电，或是本地供电。如果有可能，所有现场设备均应由总线供电。总线供电设备通常要求 10～30mA 电流和 9～32V 电压，同时，设备功耗应尽可能小，这并不会对所需的功能产生负作用。

① 极性。现场总线设备的通信信号应对极性不敏感。一些老式的 FF 设备对极性敏感，如果安装不正确，可能引起网络故障。

② 2 线制。现场设备的回路可由主控制系统供电来实现 2 线制。现场总线设备的工作电压为 9～32V（DC）。其中 9V（DC）为最低要求，建议总线末端至少保持 1V 的裕量（即至少为 10V（DC））。而某些特殊的 FF 非标准设备，其工作电压可能为 11V。对于任何正常工作电压低于 15V 的网段，网段文档中应包含附加负载的警告，同时网络/网段文档中应显示网段的最低电压。

③ 4 线制。由外部电源供电的基金会现场总线的设备（如 4 线制设备）应具备外部电源和现场总线信号输入之间隔离的功能。

④ 短路保护。对于 40mA 限值的设备，其实际短路保护电流应为 60mA。由于激活短路保护线路大约需要 10mA 电流，这意味着在实际应用中所有设备的电流不得超过 50mA。

（3）工作条件。与传感器或组件选型相关的其他规范对任何设备的要求，不得因具体现场总线的状态而放宽。

① 在 5～100Hz 范围内，设备应能承受的最大振动载荷为 1.0g；同样范围内，5ms 的振动载荷可为 4.0g。在与主系统硬件、现场总线接线盒和现场仪表连接处，网络、数据和 I/O 干线需要采用经认证的电气绝缘。

② 电气认证。所有设备都应通过国家认证测试，并在其安装处标明区域等级（Zone 或 Division）。

2. 辅助设备要求

以下为辅助设备的要求。

（1）主配电电源。

① 24V（DC）主配电电源应采用冗余措施。FF 电源调节器要求输入电压范围为 20～35V（DC）。如果工厂内没有合适的直流电总线，应该使用主配电电源。主配电电源负责把 240/120V（AC）转换为 24V（DC）。经调节后，总线电源的电压通常约 19V（DC）。

② 主配电电源应采用两路独立的供电线路。主配电电源可由 UPS 供电或主配电电源包含备用电池。FF 电源调节器的供电电源应带有过流保护。

③ 主配电电源的负极应接地。主配电电源可以是为现场总线网络专门配置的电源，也可以是现场总线网络和传统 I/O 共用的电源。

④ 如果现场有传统 4～20mA 仪表的供电电源，则该电源可为 FF 电源调节器供电，此时要确认供电电源的备用容量符合 FF 电源调节器的要求，且最终用户代表应以书面方式批

准现有供电电源的使用。

（2）基金会现场总线电源调节器（FFPS）。

① 1 个现场总线电源。每个现场总线网络/网段都需要电源调节器。如果采用常规供电电源为现场总线供电，为维持恒定的电压电平，该电源将吸收信号。因此，常规电源需经调节后方可以为现场总线供电。一种做法是在供电电源和现场总线接线处安装电感器，将现场总线信号与主配电电源的低阻抗隔离。电感器允许线路上的 DC 电源通过，但防止信号进入供电电源。实际上并不采用电感器，因为电感器将引起现场总线网段上出现不希望的振荡。电子电路具有如下特征：现场总线电路与地之间隔离、电缆短路时网段有电流限制及现场总线信号具有高阻抗。

② 现场总线供电电源/调节器应采用冗余、均分负载和输出电流限制措施。FF 电源调节器应提供 FF 信号所需的阻抗匹配特性。

③ 现场总线电源。电源/调节器应由一级和二级（冗余）主配电电源供电。如果需要，可以采用一级——一级和二级——二级的链接。

④ FF 电源调节器单元可与公共主配电电源和公共报警连在一起，但不得将 8 个以上的 FF 电源调节器单元连在一起。一级和二级的主配电电源可为相连的 FF 电源调节器两端供电。一些生产商的冗余电源（FFPS）可以预先定做跳接线，跳接线可用于有效分配电源，并将多个（相连的）FFPS 装置的报警串联。这样，多个冗余 FFPS 可以向两个一级和两个二级主配电电源供电。

⑤ 任何冗余 FF 电源调节器的失效或故障都应通知主系统，此时可以采用单个机柜实现所有 FF 电源调节器的公共报警，同时，电源调节器应该被隔离。

（3）基金会现场总线终端器。

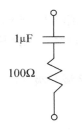

图 2.64　现场总线的终端电路

① 每个现场总线网段的终端器只能为两个。两个终端器之间的接线定义为主干线。

② 建议现场的所有终端器都安装在接线盒中；终端器不得安装在 FF 设备中。当信号沿电缆传输遇到故障时，比如开路或断路，将产生反射。因断续反射回来的该部分信号将沿相反的方向传输。反射是一种噪声，并引起信号失真。在现场总线电缆终端安装终端器可以防止反射。现场总线终端器包括一个与 100Ω 电阻串联的 $1\mu F$ 电容，如图 2.64 所示。前面讨论的一些线路元件带有终端器（如 FFPS），这些终端器可以是永久性安装，利用 DIP 开关或改变跳接线接通或关断。H1 网段上的终端器用做电流旁路，图 2.64 仅用于说明终端器的等效电路，用户不要根据该图制作终端器。

（4）基金会现场总线中继器。

① 计算网络现场设备数量时，中继器相当于一个现场设备，它允许接入一个完全等效的新网段，使用它可以有效地将网络切分成多个较小的网段。

② 添加中继器后，可以连接新的网段，新网段的两端都需安装终端器。中继器可以增加网络带载设备的数量，最大设备数可达 240 个。在达到物理上的最大设备数之前，可能已经超出主系统和网络调度的限度。

③ 采用现场总线中继器时，必须通知委托方工程师，并且在相关的网络图纸上清晰地标明。例如，如果网段（网络）超过 1 900m 的长度限制，可考虑采用中继器。新增网段的设

计必须得到委托人的审核和书面批准。通常采用中继器并不是为了增加传输距离，而是实现本质安全网段的联合。由于安全栅只支持 3～4 个设备，每个网络要达到 16 个设备的带载能力，通常要安装多个安全栅。

经济上可行的案例表明：中继器可用于增加网段总长度。其典型应用案例为 H1 接口插件不能安装在较为靠近过程的场合（例如废气处理系统）。通过增强和重新定时，中继器可以净化信号，进而提高通信的可靠性。当接线长度小于 1 900m 时，中继器可用于提高网络的稳定性。

（5）基金会现场总线接线盒。建议所有主干和分支都在现场接线盒中连接，包括不带分支的直通式主干线对，并采用基金会现场总线网络专用的"接线端子"为终端。另一种连接方式是不带接线盒的防风雨的"模块"，它采用工厂定制的插拔接头。

① 现场总线支持传统端子排，但用户须注意网络上所有设备的接线应采用并联方式。接线端子/接线盒或模块应满足如下要求。

- 现场总线主干线的输入/输出电缆分设两组独立专用的连接；
- 分支端子集成短路保护器，根据区域等级和网络允许的电流，限制分支的最大电流。分支电路应具有一定的无火花等级。

② 短路保护器可装在与输入或输出主干线网络电缆相连的端子板上。

- 可插拔（可拆卸）的"主干"和"分支"连接件；
- 当分支短路或处于过流模式时，分支连接的指示器应显示该状态；
- 显示获得总线供电的状态；
- Ex n 认证的电气条例（如 CSA 或 FM）；Class I，Division 2，组 B，C，D 或 Zone 2，IIA，IIB，IIC；
- 接线规格：12～24 AWG；
- 温度范围：−45～+70℃；
- DIN 导轨安装（端子排）；
- 可选的组态方式：4 分支、6 分支和 8 分支。

另外，根据终端用户标准，未上电的备用现场总线主干线可最终接在传统端子排上。

③ 带集成式短路保护器的接线板可防止设备或分支电缆故障（短路），避免引起整个 FF 网段崩溃。如果分支发生短路，通常其负载电流增加 10mA。在开始设计网络和各网段之前，需深入理解系统的设计。为有效设计现场总线网段，应掌握 P&ID、仪表位置图和配置图信息。

④ 在定义现场总线网段之前，应完成 P&ID 的可用性、各位置的仪表选型和过程控制策略。这是设计现场控制的必要条件，它要求回路的所有设备应成为同一个网络/网段的一部分。

3．现场总线网段设计

现场总线网段设计包括如下内容。

（1）基金会现场总线网络/网段拓扑。现场总线的安装应采用树状、分支或组合拓扑结构，不要采用菊花链拓扑。现场总线网段的组件可采用不同的拓扑方式连接。为降低安装成本，拓扑的选择通常并不总是由物理设备的位置决定，因而在设计现场总线网段时，除使用 P&ID 和仪表索引外，还运用控制叙述和配置图。分支应连接在总线的限流连接件上，以实现短路保护，并且无须热工作许可就能为现场设备提供服务。该电流限制连接应为现场设备提供无火花或本质安全的连接。压降和电流限制可由接线盒内的端子板或现场安装的模块提供。

① 点对点拓扑。该拓扑由只包含两个设备的网络组成，如图 2.65 所示为点对点拓扑示意图。网络可以完全位于现场（如变送器和阀门，两台设备之间无任何连接）或是与主系统连接的现场设备（负责控制或监视）。不要采用图 2.65 所示的拓扑结构，除非是特例，它是一种不经济的方案。在基金会现场总线的安全规范完成之前，这是用户在安全应用中希望自认证和应用现场总线技术的唯一途径。

② 树状拓扑（鸡爪状）。树状拓扑网络由单个与公共接线盒相连的独立现场总线组成，该拓扑可用于主干线电缆的末端。如果同一网段上的设备彼此分离，但仍然在接线盒的总区域范围之内，使用该拓扑是一种可行的方案。采用树状拓扑时，必须考虑分支的最大长度。树状拓扑结构如图 2.66 所示。要实现现场控制，需要将受影响回路的所有设备连接到同一个网段上。对现有电缆再利用时，树状是首选的拓扑结构，因为它类似于传统的安装方式，并且可以充分利用已有的基本设施。树状拓扑适用于改造项目、现场设备密度高的特定区域和采用高速以太网（HSE）等场合。在组态和分配网络/网段设备时，该拓扑具有最大的灵活性。

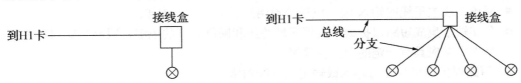

图 2.65　点对点拓扑示意图　　　　　　图 2.66　树状（鸡爪状）拓扑示意图

③ 分支拓扑。现场总线设备通过一根称为分支的电缆与多站式总线网段连接，构成分支拓扑。从技术角度看，该拓扑可行，但通常不是一种经济的方案。如图 2.67 所示为分支拓扑示意图。对于首次安装，且区域的设备密度较低，应采用带分支的总线拓扑。分支应通过限流装置（30mA，或按特定分支上设备的相应需要）与总线连接，从而提供短路保护。

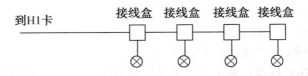

图 2.67　分支拓扑示意图

④ 混合拓扑。上述几种拓扑混合使用时，必须遵循现场总线网络/网段最大长度的所有规则，包括总长度中分支长度的计算。如图 2.68 所示为混合拓扑示意图。

⑤ 菊花链拓扑。该拓扑由设备到设备的网络/网段组成，连接位于现场设备的端部。菊花链拓扑如图 2.69 所示。该型拓扑不适于维护，建议不要采用。不采用菊花链拓扑的原因在于：运行状态下，如果不中断其他设备的服务，则不能从网络/网段上添加或删除设备。

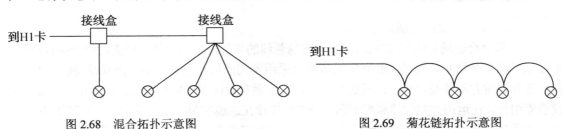

图 2.68　混合拓扑示意图　　　　　　　　图 2.69　菊花链拓扑示意图

（2）基金会现场总线接线。

① 电缆类型。对于首次安装，或是要获得基金会现场总线网络的最佳性能，可以采用基金会现场总线专用的单独屏蔽的双绞线对和全屏蔽电缆。然而与具有价格优势的标准托盘电缆相比，特殊设计的 FF 电缆的优势并不总是很突出。为降低由线缆进入的外部噪声，应采用双绞线，而不是并行的导线。屏蔽双绞线可以进一步降低噪声灵敏度。表 2.22 给出了 IEC 物理层标准的典型 FF 电缆特性，表 2.23 为现场总线电缆的技术规格。如果项目中没有采用表 2.22 和表 2.23 所述类型的电缆，在安装之前应测试电缆，测试方法是：预期的最大长度加上 25%，施加现场总线的诱导信号；测试包括供电电源出线端和电缆远程端的信号捕获。FF 装置使用的电缆应标明 ITC 型号（16 种规格），并且安装在托盘或管道中。所有电缆都应是单对或多对双绞线电缆，并且各线对之间有独立的屏蔽。多线对电缆还应提供额外的全屏蔽措施。现场总线电缆应采用特殊的颜色，并且容易与传统 4～20mA 电缆相区分。尽管现场总线技术不断发展，工厂中 4～20mA 信号仍将存在一段时间，因而有必要对电缆加以区分。可以在电缆终端，采用套管或着色的热收缩标记进行区分。如果各线对彼此屏蔽，现场总线信号和 4～20mA 信号可以在同一根多芯电缆上传送。在采用现场总线版本的设备之前，若现场需要安装传统仪表，它可以带来便利。一旦安装现场总线设备后，可以将现场接线盒中的设备切换到现场总线网络中。电缆应采用热塑性弹性体（TPE）的阻燃绝缘，并且其颜色和极性应与现有设备统一。电缆应具备如下性能。

● 适合于电气区域等级；
● 适合于室外电缆槽安装，电缆套管可采用阻燃的聚氯乙烯（PVC）。

表 2.22　IEC 物理层标准的典型 FF 电缆特性

特　　性	描　　述
线号	18 GA（0.8 mm^2）
屏蔽	90% 覆盖度
衰减值	39 kHz 时为 3 db/km
最大电容	150 pF/m
特性阻抗	31.25 kHz 时为 100 Ohms ＋/－ 20%

表 2.23　现场总线电缆的技术规格

型　　号	米/英尺（m/ft）	阻抗欧姆（Ω）	分布电阻率（Ohm/km）	衰减值（db/km）	说　　明
A	1 900/6 270	100	22	3	相互屏蔽线对
B	1 200/3 960	100	56	5	全屏蔽的多线对
C	400/1 320	未知	132	8	无屏蔽的多线对
D	200/660	未知	20	8	多导线，非线对

② 长度限制。如果没有安装中继器，现场总线网段的最大允许长度为 1 900m（6 232ft）。网段总长度等于主干线和所有分支线的长度之和，具体计算公式如下：

$$网段总长度=主干长度+所有分支长度$$

ISA 50.02 现场总线标准中给出了最大长度。根据现场经验，上述长度限值是保守值。根据该技术规范，网段长度受到电压降和信号质量（如衰减值和失真）的限制，最终用户根据现场经验，可对长度限值加以修订以反映实现情况。

③ 主干线电缆。无论预制电缆还是工业标准的 16AWG 多线对，所有主干线应采用适用于模拟信号的相互屏蔽电缆。电缆路径应遵循现场工程技术规范，尽量避免与大功率的电缆并行，同时空间和屏蔽应有足够的保证。所有多线对现场总线网段的主干电缆，至少应预留10%的备用线对，最低限度要有一根备用线对，这包括编组机架和接线盒之间以及两个接线盒之间主干电缆的备用。现场区域是采用多线对或是单线对的主干电缆取决于网络/网段的数量。通常情况下，如果区域内存在多个网络/网段，或者区域内网络/网段内的负载达到最大值时，主干电缆应采用多线对电缆。根据项目的情况，各工厂有其各自的备用容量规范。在这方面的标准还未建立时，这是一种建议性的指导。利用旧厂设备安装基金会现场总线时，需要测试现有的主干线电缆，以确定是否可以再利用。该测试可采用 Relcom FBT-3 和 FBT-5 电缆测试工具完成，它是目前已知的简便式手持测试产品。

④ 分支。分支的长度范围为 1～200m（656ft）。小于 1m 的分支可认为是接头；长度小于 200m 的分支可以等效成传输线，并且可以准确地建立等效电容模型。值得注意的是，H1 频率的 1/4 波长超过 2km。与 Relcom 提供的 FF 接线指南相比，本文档中分支长度的限值较为宽松；但是该限值是以传输线理论、实验室测试和现场安装经验为基础。如果严格遵循 ISA 50 接线指南，将会给 FF 现场接线带来不必要的麻烦，并且代价很大。每个分支只能连接一个基金会现场总线设备。由于采用短路保护接线块，网段设计时每个分支只能有一个设备。最大分支长度为 200m（656ft）。分支长度为接线块到 FF 设备之间的电缆长度。分支是主干线的延伸。主干线可认为是主干电缆，并且每个末端带有网段终端器。尽管无终端分支的最大允许长度为 200m，所有超过 100m（328ft）的分支需获得委托人的批准。选择多站式总线接线方法的目的是缩短长分支的长度，并保证分支在推荐的 30m（98ft）或更小值范围内。采用较长的分支时，可能需要总线避开高危险区域。

（3）基金会现场总线电源、接地和避雷保护。

① 电源。根据设备的设计，现场总线设备可以是网段（总线）供电，或是本地供电。总线供电设备通常需要 10～30 mA 电流，电压值为 9～32V。对于任何正常工作电压低于 15V 的网络/网段，应在网络文档中列出附加负载的警告。网络文档中必须显示网络/网段的最小电压。网络上所有设备的总电流不得超过基金会现场总线供电电源的额定值。网段上总线供电设备的数量受到以下因素的制约：

- 基金会现场总线电源的输出电压；
- 每台设备的电流消耗；
- 网络/网段上设备的位置（即电压降）；
- 基金会现场总线电源的位置；
- 各电缆分段的阻抗（即电缆类型）；
- 各设备的最低工作电压。

现场总线接线系统的长度和网络/网段上设备的数量受到配电、衰减值和信号失真的限制。ISA 50.02 估算现场总线电缆的长度，同时保证足够的信号质量（即可接受的衰减值和失真），计算网络/网段上的功率分布相对简单，并且容易实施。确定网络上的设备数量时，还需考虑设备关键程度，单点故障相关的风险管理对此有影响。

② 极性。整个网段设计和安装过程中都应考虑接线极性。由于某些现场总线设备对极性敏感，导线极性很关键。导线极性颠倒，设备可能不工作。

③ 接地。仪表信号导线不得用于接地。仪表安全接地必须通过信号电缆之外的独立导

线。在网络中的任何一处，现场总线设备不得将双绞线对中的任一根导线与地连接。整个网络中，现场总线信号的使用情况和防护等级不同。如图 2.70 所示是一种可选的接地方法，为欧洲地区采用。在现场终端组件（主机）末端，网络电缆屏蔽线只能以单点方式接地。现场仪表中，电缆屏蔽线不得与仪表地线或机壳连接。这与传统仪表系统中采用的惯例相同。双绞线外部的屏蔽是为了避免可能干扰信号的噪声。仪表信号导线不得用做接地线。如果要求仪表安全接地，应采用独立的导线。接地导线、仪表信号线和屏蔽线可以在同一根电缆中，但不得位于该电缆的屏蔽线之外。在网络中的任何一处，现场总线设备不得将双绞线中的任一根导线与地连接。现场总线导线中的任一根接地将导致该总线网络/网段上的所有设备通信中断。

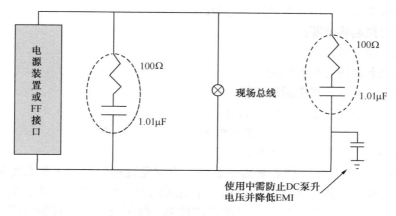

图 2.70　可选的网段终端

④ 屏蔽。仪表屏蔽线应在编组柜中和网络的主机（功率调节器）末端处结束，并且不得在任何其他位置接地。如果多根主干线电缆引入现场接线盒，不得将该电缆屏蔽线与其他网络相连。因为这样会形成接地回路并在网络引入噪声。

⑤ 防雷/冲击电压保护。在必须提供浪涌电压保护的场合（如闪电多发地区，或大感性负载启动和停止的应用），应提供浪涌电压保护。浪涌电压抑制装置由小电容的硅雪崩二极管或放电器组成，可采用常规和公共保护方式接线，并与电气安全接地网相连。其典型应用是位于罐区或蒸馏塔顶部的现场设备中。保证浪涌电压抑制设备不会明显造成现场信号的衰减，这一点至关重要。雪崩二极管通常不能短路。如果考虑这一因素，浪涌电压抑制设备可能要与熔断丝串联。

⑥ 终端器。终端器由电容和串联电阻组成。所有位于现场的终端器都应安装在接线盒中。终端器不得安装在现场总线设备中。电缆信号遇到故障时，如导线开路或短路，将产生反射。反射是一种噪声，它会引起原始信号失真。为防止反射，应在现场总线电缆末端采用终端器。

⑦ 中继器。计算网络现场设备数量时，中继器相当于一个现场设备，它允许接入一个完全等效的新网段。通过添加中继器，可以创建新网段。采用中继器可将网络切分成多个较小的网段。如果网络中采用中继器，将创建与之相连的新网段。新建网段的两端都应安装终端器。计算物理设备数量时，中继器可按现场设备考虑。网络的设备数量可以扩展到现场总线类型允许的最大数量。在达到物理上最大设备数量之前，可能已经超出主系统和网络调度的限度。采用带内置中继器的安全栅时，每个安全栅可以带 4 个设备，而中继器能支持 4 个危险区域网段，从而组成一个包含 16 台设备的网络，它们都与主机相连。根据现场

总线、供电电源型号、现场设备本身的功耗，实际设备数量可能有所不同。供电电源应符合 IEC 61158—2 标准和性能要求，并且优先考虑低功率发送信号的选项。电源调节器应采取冗余措施，以便实现一个装置到另一个装置的无差错传输。电源的一级和二级应在物理上隔离，并且不得共用同一个底板或 AC 电源。供电电源可在总线网络/网段上的任何一处接入。实际上，供电电源可能是主控制系统生产商的集成组件。

（4）冗余和稳定性。

① 冗余。要求高可靠性的应用场合，可考虑采用下列冗余组件。

- 提供冗余电源；
- 带 20min 备用电池的主配电冗余电源；
- 冗余系统控制器电源；
- 冗余系统控制器；
- 冗余基金会现场总线 H1 插件；
- 冗余基金会现场总线电源适配器；
- 冗余控制器不得安装在同一个底板上；
- 冗余 H1 插件不得安装在同一个底板上；
- 冗余电源不得共用同一个底板。

② 主机稳定性。由于过程要求高可靠性，为避免过程停产，主机系统应具备足够的稳定性来处理失效冗余组件的无扰动切换。主机系统中，尽可能避免单点故障。对于所有采用冗余的结点，主机应具备在线升级软件的性能。除了与单个过程输入/输出/H1 插件连接的控制回路外，系统内任何一处的单点故障不得引起其他控制回路失控；任何单个设备的失效不得影响系统与其他设备的通信；切换不得中断任何系统功能。冗余设备和软件应对错误进行连续监视，所有模块都能够在线诊断。为便于找出失效模块，错误报警应提供错误报文。为便于快速更换网络上的所有组件，I/O 端子应采用"可插拔的"连接端子，包括接口卡件。在现场接线盒或其他接至室内网络/网段的端子处，使用可插拔或快速连接端子，在现场也能够获得同样的功能。室内安装，室内空调环境中的设备指标为：温度范围为 0～60℃；相对湿度为 5%～95%。在室内空调环境下，设备应封装在防潮容器中。对于室外环境，如果需要，可能要在 Class 1 Div 2（Zone 2）环境下的室外机箱中安装系统控制器和 I/O 系统。在温度-40～85℃、相对湿度（防潮容器外部）5%～95%条件下，设备至少能够存储六个月。

思 考 题

1．简述基金会现场总线发展背景、特点及其应用情况。

2．基金会现场总线的主要技术有哪些？

3．基金会现场总线通信模型与 OSI 参考模型有什么区别？

4．在 FF 总线系统中可以采用什么形式的网络拓扑结构？

5．在 FF 总线系统中有哪些主要连接件和接口设备？分别说出它们的作用。

6．系统中现场总线网段的基本构成部件有哪些？

7．FF 总线中可以使用的网络扩充方案有哪些？分别简述。

8．假设想混合使用 1 500m 的 A 型和 120m 的 D 型线缆，在现实中是否可以达到目的？

9. 按照 FF 物理层行规规范，电源将被设计成哪几种类型？

10. 本质安全技术的基本思路是什么？什么情况下必须要使用安全栅？

11. FF 总线系统中链路活动调度器的功能有哪些？

12. 说出 FF 总线中系统管理和网络管理的作用。

13. 现场总线基金会规定的一组标准基本功能块有几个？分别说出每种模块的常用参数。

14. 现场总线阀门定位器（FY302）在现场如何安装？

15. LD302 有哪些内装功能模块以及在现场如何安装？如何进行上限校验和下限校验？

第 3 章

PROFIBUS 通信技术

本章从软、硬件两个角度对 PROFIBUS 通信技术进行阐述。主要介绍直接利用 I/O 口实现小于 4 字节的 PROFIBUS 通信方法、系统功能 SFC14、SFC15 的 PROFIBUS 通信应用、通过 CP 342-5 实现的 PROFIBUS 通信的方法和多个 S7-300 间的 PROFIBUS 通信方法等内容。

【知识目标】

（1）PROFIBUS 总线特点及技术要素；

（2）PROFIBUS 总线基本功能模块及硬件组态；

（3）PROFIBUS 总线网络系统的组态及参数设置；

（4）PROFIBUS 总线系统构建及通信实现。

【能力目标】

（1）能够根据项目特点、要求定制相应的工业以太网通信模块；

（2）能够利用选定的模块搭建通信网络系统，并编程实现数据通信。

3.1　PROFIBUS 通信简介

作为众多现场总线家族成员之一，PROFIBUS 是在欧洲工业界得到最广泛应用的现场总线标准，也是目前国际上通用的现场总线标准之一。PROFIBUS 是属于单元级、现场级的 SIMITAC 网络，适用于传输中、小量的数据。其开放性可以允许众多厂商开发各自的符合 PROFIBUS 协议的产品，这些产品可以连接在同一个 PROFIBUS 网络上。PROFIBUS 是一种电气网络，物理传输介质可以是屏蔽双绞线、光纤或无线传输。

PROFIBUS 主要由现场总线报文（PROFIBUS-FMS）、分布式外围设备（PROFIBUS-DP）和过程控制自动化（PROFIBUS-PA）三部分组成，其技术特点为：

（1）信号线可用设备电源线。

（2）每条总线区段可连接 32 个设备，不同区段用中继器连接。

（3）数据传输速率可在 9.6kb/s～12Mb/s 间选择。

（4）数据传输介质可以用金属双绞线或光纤。

（5）提供通用的功能模块管理规范。

（6）在一定范围内可实现相互操作。

（7）提供系统通信管理软件（包括波形识别、速率识别和协议识别等功能）。

（8）提供 244 字节报文格式及通信接口的故障安全模式（当 I/O 出现故障时输出全为零）。

3.2　掌握 S7-300 PLC 的 PROFIBUS 通信方法

下面通过两个实例，简要、直观地介绍 S7-300 PLC 的 PROFIBUS 通信，使读者可以快速、准确地掌握 PROFIBUS 的使用方法。

3.2.1　直接利用 I/O 口实现小于 4 字节的直接 PROFIBUS 通信

直接利用 I/O 口实现小于 4 字节直接 PROFIBUS 的通信方法包含以下两方面的内容。

（1）用装载指令访问实际 I/O 口——例如主站与 ET 200M 扩展 I/O 口之间的通信。

（2）用装载指令访问虚拟 I/O 口——例如主站与智能从站的 I/O 口之间的通信。

下面分别予以介绍。

1．CPU 集成 DP 口与 ET 200M 之间远程的通信

ET 200 系列是远程 I/O 站，为减少信号电缆的敷设，可以根据不同的要求在设备附近放置不同类型的 I/O 站，如 ET 200M、ET 200B、ET 200X 和 ET 200S 等，ET 200M 适合在远程站点 I/O 点数量较多的情况下使用，这里以 ET 200M 为例介绍远程 I/O 的配置。主站为集成 DP 接口的 CPU，下面进行详细介绍。

（1）硬件连接。硬件连接结构如图 3.1 所示。

图 3.1　集成 DP 口 CPU 与 ET 200M 硬件连接

（2）资源需求。包括以下几方面内容。

① 带集成 DP 口的 S7-300 的 CPU 315-2 DP 作为主站。

② 从站为带 I/O 模块的 ET 200M。

③ MPI 网卡 CP 5611。

④ PROFIBUS 总线连接器以及电缆。

⑤ STEP7 V5.2 系统设计软件。

（3）网络组态和参数设置。以下是网络组态和参数设置的主要内容。

① 按如图 3.1 所示连接 CPU 315C-2 DP 集成的 DP 接口与 ET 200M 的 PROFIBUS-DP 接口。先用 MPI 电缆将 MPI 卡 CP 5611 连接到 CPU 315-2 DP 的 MPI 接口，对 CPU 315-2 DP 进行初始化，同时对 ET 200M 的"BUS ADDRESS"拨盘开关的 PROFIBUS 地址设定为 4，如图 3.2 所示，即把数字"4"左侧对应的开关拨向右侧。如果设定 PROFIBUS 地址为 6，则把"2"和"4"两个数字左侧对应的开关拨向右侧，依次类推。

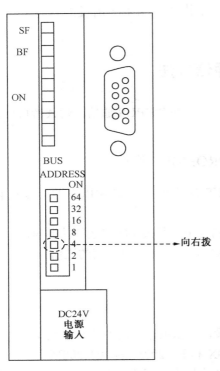

图 3.2　ET 200M 的外形图

② 在 STEP7 中新建一个"ET 200M 作为从站的 DP 通信"的项目。先插入一个 S7-300 站，然后双击"Hardware"选项，进入"Hw config"窗口。单击"catalog"图标打开硬件目录，按硬件安装次序和订货号依次插入机架、电源和 CPU 等进行硬件组态，如图 3.3 所示。

③ 插入 CPU 同时，弹出 PROFIBUS 组态界面。单击"New"按钮，新建 PROFIBUS（1），组态 PROFIBUS 站地址为 2，单击"Properties"组态网络属性按钮，选择"Network Settings"标签，界面如图 3.4 所示，单击"OK"按钮确认，完成 PROFIBUS 网络创建，同时在界面中出现 PROFIBUS 网络。

④ 在"PROFIBUS-DP"选项中，通过单击左边的"PROFIBUS-DP"→"ET 200M"→"IM 153-1"路径，选择接口模块 IM 153-1，将其添加到 PROFIBUS 网络上，如图 3.5 所示。添加是通过拖曳完成的，如果位置有效，则会在鼠标的箭头上出现"+"标记，此时释放"IM 153-1"。在释放鼠标的同时，会弹出如图 3.6 所示的对话框，在该对话框中进行 IM 153 的 PROFIBUS 网络参数配置。

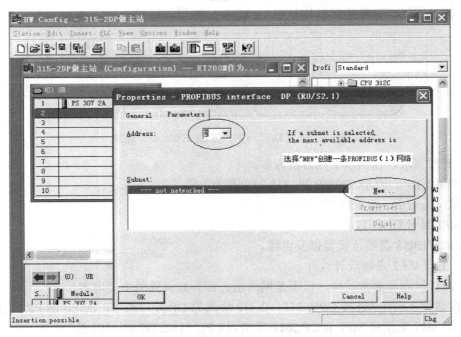

图 3.3　CPU 315-2 DP PROFIBUS 网络配置

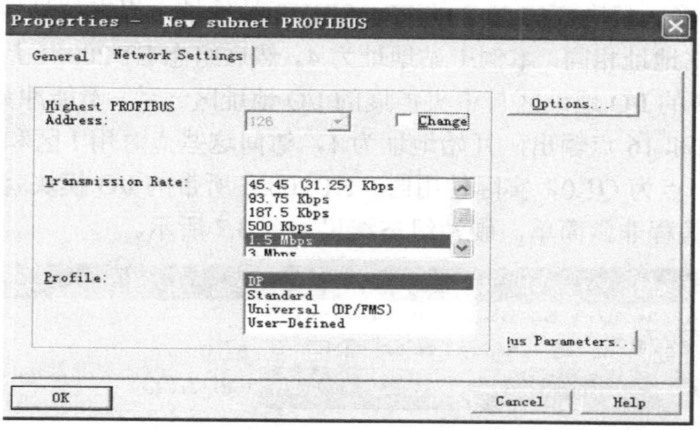

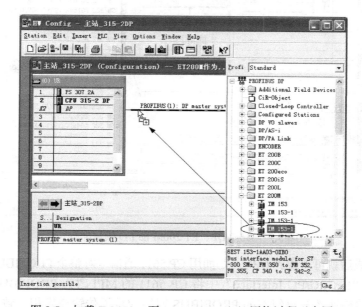

图 3.4 PROFIBUS-DP 的 "Network Settings" 的参数设置

图 3.5 加载 IM 153-1 至 PROFIBUS（1）网络过程示意图

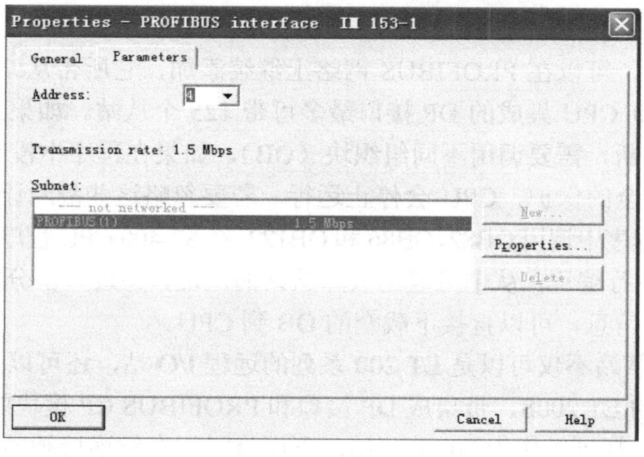

图 3.6 IM 153 的 PROFIBUS 网络参数配置

定义 ET 200M 接口模块 IM 153-2 的 PROFIBUS 站地址，组态的站地址必须与 IM 153-2 上拨码开关设定的站地址相同，本例中站地址为 4。然后组态 ET 200M 上 I/O 模块，设定 I/O 点的地址，ET 200M 的 I/O 地址区与中央扩展的 I/O 地址区一致，不能冲突，本例中 ET 200M 上组态了 16 点输入和 16 点输出，开始地址为 1，访问这些点时用 I 区和 Q 区，例如输入点为 I1.0，第一个输出点为 Q1.0，实际使用时，ET 200M 所带的 I/O 模块就好像是集成在 CPU 315-2 DP 上一样，编程非常简单。硬件组态结果如图 3.7 所示。

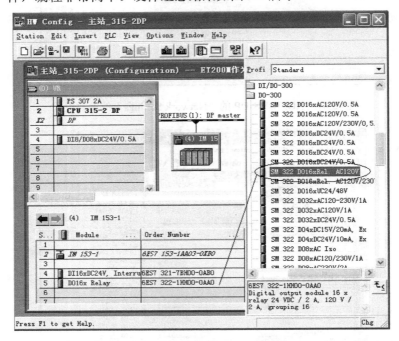

图 3.7　315-2 DP、ET 200M 的 I/O 模块配置

硬件组态完成后就可下载到 CPU 中。如用 CP 5611 通信卡对整个 PROFIBUS 网络进行编程和诊断，要先在"Set PG/PC Interface"中将 CP 5611 的 MPI 改为 PROFIBUS 接口，并设置 CP 5611 的数据传输速率与已组态的 PROFIBUS 网络的数据传输速率相一致，这样就可以将 CP 5611 连接到 PROFIBUS 网络上，并用软件对整个 PROFIBUS 网络进行编程和诊断。PC-Adapter 没有这样的功能。

若有更多的从站，可以在 PROFIBUS 网络上继续添加，它所带从站个数与 CPU 类型有关。S7-300 和 S7-400 CPU 集成的 DP 接口最多可带 125 个从站。如果某一个从站掉电或损坏，将产生不同的中断，需要调用不同组织块（OB），如果在程序中没有建立这些组织块，出于对设备和人身安全的保护，CPU 会停止运行。若要忽略这些故障让 CPU 继续运行，可以在 S7-300 的 CPU 程序中调用 OB82、OB86 和 OB122，在 S7-400 CPU 程序中调用 OB82、OB85、OB86 和 08122，并进行编程，从中可读出故障从站的地址，并进一步分析错误原因。如不需要读出从站错误原因信息，可以直接下载空的 OB 到 CPU。

PROFIBUS-DP 从站不仅可以是 ET 200 系列的远程 I/O 站，还可以是一些智能从站，例如，带有 CPU 接口的 ET 200S、带集成 DP 接口和 PROFIBUS CP 模块的 S7-300 站、S7-400 站（CPU V3.0 以上）都可以作为 DP 的从站，下面将举例介绍连接智能从站的应用。

2. 通过 CPU 集成 DP 口连接智能从站

下面将建立一个以 315-2 DP 为主站、313C-2 DP 为智能从站的通信系统，全面介绍智能从站的组态和使用方法。

（1）硬件连接。硬件连接结构如图 3.8 所示。把 CPU 315-2 DP 集成的 DP 口和 S7 CPU 313C-2 DP 的 DP 口按如图 3.8 所示的方式进行连接，然后分别组态主站和从站。原则上先组态从站。

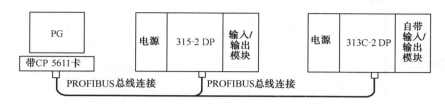

图 3.8 PROFIBUS 连接智能从站硬件连接

（2）资源需求。以下为所需求的资源。

① 带集成 DP 口的 S7-300 的 CPU 315-2 DP 作为主站。

② 带集成 DP 口的 S7-300 的 CPU 313C-2 DP 作为从站。

③ MPI 网卡 CP 5611。

④ PROFIBUS 总线连接器及电缆。

⑤ STEP7 V5.2 系统设计软件。

（3）网络组态以及参数设置。以下是网络组态以及参数设置的具体内容。

① 组态"从站"硬件。在 STEP7 中新建一个"主站与智能从站的通信"的项目。先插入一个 S7-300 站，然后双击"Hardware"选项，进入"Hw config"窗口。单击"Catalog"图标打开硬件目录，按硬件安装次序和订货号依次插入机架、电源和 CPU 等进行硬件组态。插入 CPU 时会弹出 PROFIBUS 组态界面，如图 3.9 所示。单击"New"按钮新建 PROFIBUS（1），本例中组态 PROFIBUS 站地址为 4。单击"Properties"组态网络属性按钮，选择"Network Settings"标签进行网络参数设置，在本例中设置 PROFIBUS 的数据传输速率为"1.5MB/s"，行规为"DP"，如图 3.10 所示。双击"CPU 313C-2 DP"项下的"DP"项，会弹出"PROFIBUS-DP"的属性菜单，如图 3.11 所示。在网络属性窗口选择顶部菜单"Operating Mode"，选择"DP slave"操作模式，如果其下的选择框"□"被激活，则编程器可以对从站编程，换句话说，这个接口既可以作为 DP 从站，同时还可以通过这个接口监控程序。诊断地址为 1022，选择默认值。选择"Configuration"标签，单击"New"按钮新建一行通信的接口区，如图 3.12 所示。在图 3.12 中定义 S7-300 从站的通信接口区。参数设置说明如表 3.1 所示。图 3.12 所示的"Configuration"选项中各参数的意义说明如下：

● ROW，表示行编号；

● MODE，表示通信模式，可选"MS"（主从）和"DX"（直接数字交换）两种模式；

● Partner DP Addr，表示 DP 通信伙伴的 DP 地址；

● Partner Addr，表示 DP 通信伙伴的输入/输出地址；

● Local Addr，表示本站的输入/输出的地址；

● Length，表示连续的输入/输出地址区的长度；

● Consistency，表示数据的连续性。

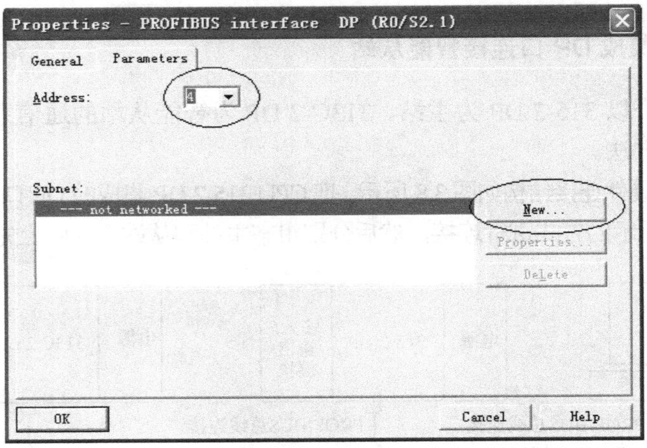

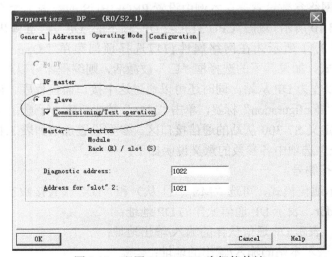

图 3.9　313C-2 DP 的 PROFIBUS 网络参数配置

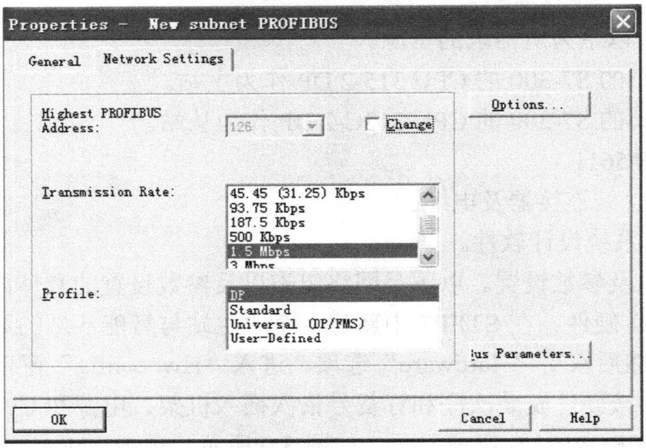

图 3.10　PROFIBUS-DP 的"Network Setting"参数设置

图 3.11　配置 313C-2 DP 为智能从站

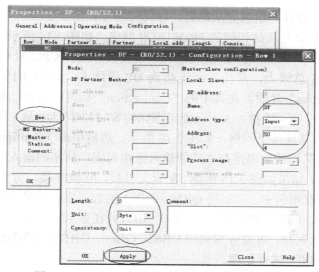

图 3.12　313C-2 DP 的 PROFIBUS 网络参数配置

表 3.1　PROFIBUS 网络参数设置说明

参　数	说　　明
Address type	选择"Input"对应 I 区，"Output"对应 Q 区
Length	设置通信区域的大小，最多为 32 字节
Unit	选择是按字节还是按字来通信
Consistency	选择"Unit"表示按在"Unit"中定义的数据格式发送，即按字节或字发送；若选择"All"表示打包发送，每包最多为 32 字节

设置完成后，单击"Apply"按钮确认，可再加入若干行通信数据，通信区的大小与 CPU 型号有关，最大为 244 字节。图 3.12 中主站的接口区是虚的，不能操作，等到组态主站时，虚的选项框将被激活，这时可以对主站通信参数进行设置。在本例中分别设置一个 Input 区和一个 Output 区，其长度均设置为 2 字节。设置完成后，在"Configuration"标签页会看到如图 3.13 所示的两个通信接口区。

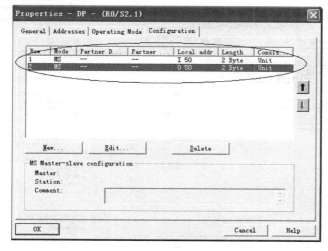

图 3.13　313C-2 DP 智能从站通信接口区参数配置结果

② 组态"主站"硬件。组态完从站后，以同样的方式建立 S7-300 主站并组态，本例中设置站地址为 2，并选择与从站相同的 PROFIBUS 网络，如图 3.14 所示。打开硬件目录，选择"PROFIBUS-DP"→"Configuration Station"文件夹，选择 CPU 31x，将其拖曳到 DP 主站系统的 PROFIBUS 总线上，从而将其连接到 DP 网络上，如图 3.15 所示。此时自动弹出"DP slave Properties"界面，在其中的"Connection"标签中选择已经组态过的从站，如果有多个从站，要一个一个连接，上面已经组态完的 S7 313C-2 DP 从站能在列表中看到，单击"Connect"按钮将其连接至网络，如图 3.16 所示。然后单击"Configuration"标签，设置主站的通信接口区。从站的输出区与主站的输入区相对应，从站的输入区同主站的输出区相对应，如图 3.17 所示，结果如图 3.18 所示。配置完以后，用 MPI 接口分别下载到各自的 CPU 中初始化接口数据。在本例中，主站的 QB50、QB51 的数据将自动对应从站的数据区 IB50、IB51，从站的 QB50、QB51 对应主站的 IB50、IB51。在多从站系统中，为了防止某一点掉电而影响其他 CPU 的运行，可以分别调用 OB82、OB86、OB122（S7-300）和 OB82、OB85、OB86、OB122（S7-400）进行处理。

图 3.14　315-2 DP 主站组态

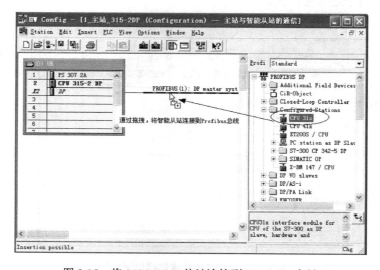

图 3.15　将 313C-2 DP 从站连接到 315-2 DP 主站

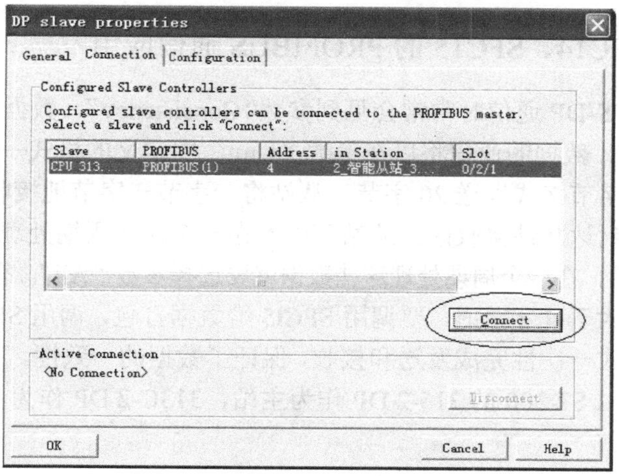

图 3.16 313C-2 DP 从站连接到 315-2 DP 主站的过程

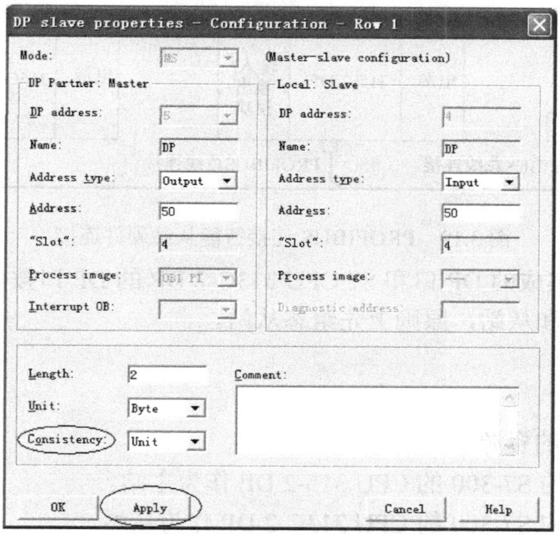

图 3.17 主、从站之间的输入/输出接口区设置

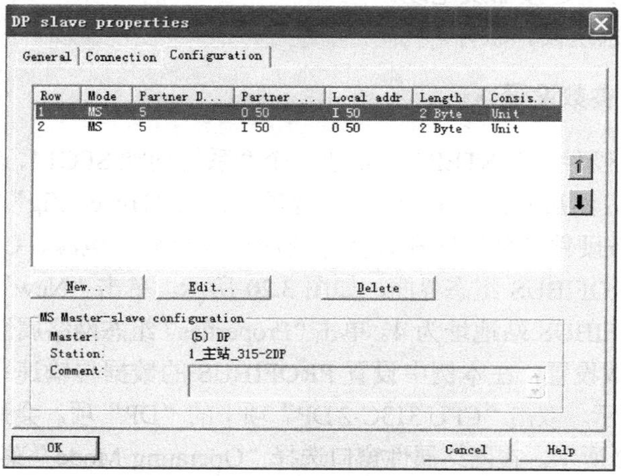

图 3.18 主、从站之间的输入/输出接口区配置结果

3.2.2　系统功能 SFC14、SFC15 的 PROFIBUS 通信应用

在组态 PROFIBUS-DP 通信时常常会见到参数"Consistency"（数据的一致性），如图 3.17 所示。如果选"Unit"，数据的通信将以在参数"Unit"中定义的格式——字或字节来发送和接收，例如，主站以字节格式发送 20 字节，从站将一字节一字节地接收和处理这 20 字节。若数据不在同一时刻到达从站接收区，从站可能不在一个循环周期处理接收区的数据，如果想要保持数据的一致性，在一个周期处理这些数据就要选择参数"All"，有的版本是参数"Total Length"。当通信数据大于 4 字节时，要调用 SFC15 给数据打包，调用 SFC14 给数据解包，这样数据以数据包的形式一次性完成发送和接收，保证了数据的一致性。下面举例介绍 SFC14、SFC15 的应用，例中以 S7-300 的 315-2 DP 作为主站，313C-2 DP 作为从站。

1．硬件连接

硬件连接结构如图 3.19 所示。

图 3.19　PROFIBUS 连接智能从站硬件连接

把 CPU 315-2 DP 集成的 DP 口和 S7 CPU 313C-2 DP 的 DP 口按如图 3.19 所示的方式连接，然后分别组态主站和从站，原则上先组态从站。

2．资源需求

以下内容是所需求的资源。
（1）带集成 DP 口的 S7-300 的 CPU 315-2 DP 作为主站。
（2）带集成 DP 口的 S7-300 的 CPU 313C-2 DP 作为从站。
（3）MPI 网卡 CP 5611。
（4）PROFIBUS 总线连接器及电缆。
（5）STEP7 V5.2 系统设计软件。

3．网络组态以及参数设置

（1）组态"从站"硬件。在 STEP7 中新建一个"系统功能 SFC14、SFC15 应用"的项目。先插入一个 S7-300 站，然后双击"Hardware"选项，进入"Hw config"窗口。单击"Catalog"图标打开硬件目录，按硬件安装次序和订货号依次插入机架、电源、CPU 等进行硬件组态。插入 CPU 时会弹出 PROFIBUS 组态界面，如图 3.20 所示。单击"New"按钮新建 PROFIBUS（1），本例中组态 PROFIBUS 站地址为 4。单击"Properties"组态网络属性按钮，选择"Network Settings"进行网络参数设置，在本例中设置 PROFIBUS 的数据传输速率为"1.5MB/s"，行规为"DP"，如图 3.21 所示。双击"CPU 313C-2 DP"项下的"DP"项，会弹出"PROFIBUS-DP"的属性菜单，如图 3.22 所示。在网络属性窗口选择"Operating Mode"菜单，激活"DP slave"

操作模式，如果其下的选择框"□"被激活，则编程器可以对从站编程，即这个接口既可以作为 DP 从站，同时还可以通过这个接口监控程序。诊断地址为 1022，为 PROFIBUS 诊断时，选择默认值即可。选择"Configuration"标签，单击"New"按钮组态通信的接口区，例如输入区 IB50～IB69 共 20 字节，"Consistency"属性选择"All"，如图 3.23 所示。在本例中组态从站通信接口区为输入 IB50～IB69，输出 QB50～QB69。单击"Apply"按钮确认后，可再加入若干行通信数据。全部通信区的大小与 CPU 型号有关。组态完成后下载到 CPU 中。

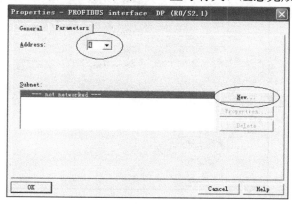

图 3.20　PROFIBUS 组态界面

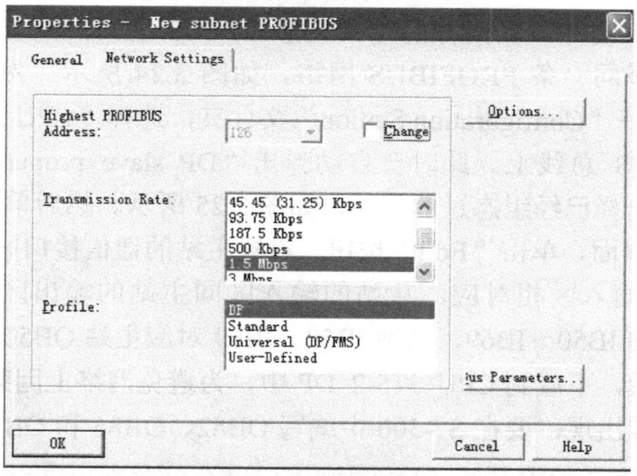

图 3.21　配置 313C-2 DP 智能从站网络参数

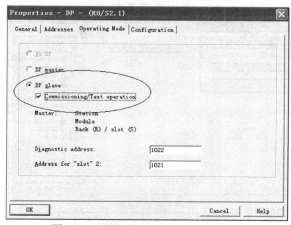

图 3.22　配置 313C-2 DP 为智能从站

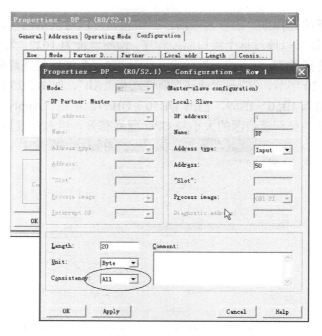

图 3.23 配置 313C-2 DP 为智能从站

(2) 组态"主站"硬件。以同样的方式组态 S7-300 主站，配置 PROFIBUS-DP 的站地址为 2，与从站选择同一条 PROFIBUS 网络，如图 3.24 所示。然后打开硬件目录，选择"PROFIBUS-DP"→"Configuration Station"文件夹，选择"CPU 31X"，将其连接到 DP 主站系统的 PROFIBUS 总线上。此时会自动弹出"DP slave properties"界面，在其中的"Connection"标签中选择已经组态过的从站，如图 3.25 所示。然后单击"Configuration"标签，出现如图 3.26 的界面，单击"Edit"按钮，设置主站的通信接口区，如图 3.27 所示。从站的输出区与主站的输入区相对应，从站的输入区同主站的输出区相对应，本例中主站 QB50～QB69 对应从站 IB50～IB69，从站 IB50～IB69 对应主站 QB50～QB69，如图 3.27 所示。组态通信接口区后，下载到 CPU 315-2 DP 中，为避免网络上因某个站点掉电使整个网络不能正常工作的故障出现，要在 S7-300 中编写 OB82、OB86 和 OB122 组织块。

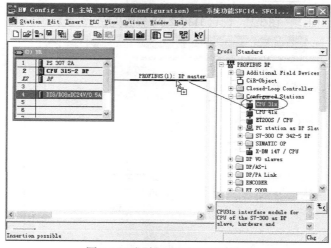

图 3.24 组态 315C-2 DP 主站

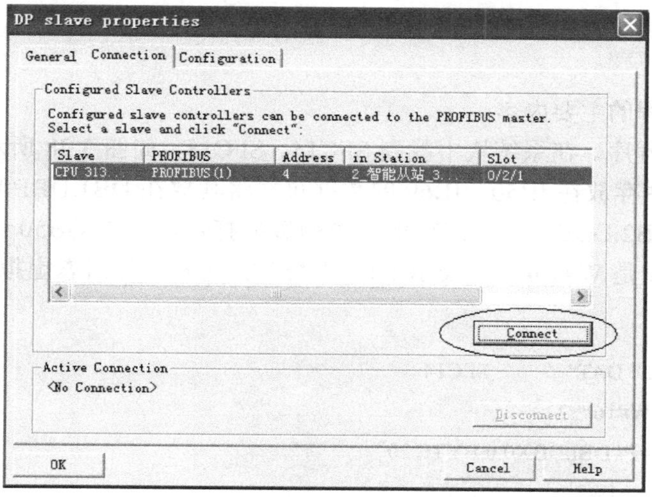

图 3.25　连接 313C-2 DP 智能从站

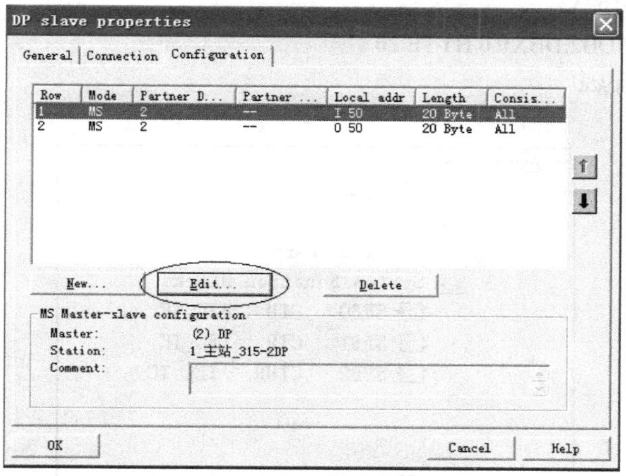

图 3.26　设置主站通信接口

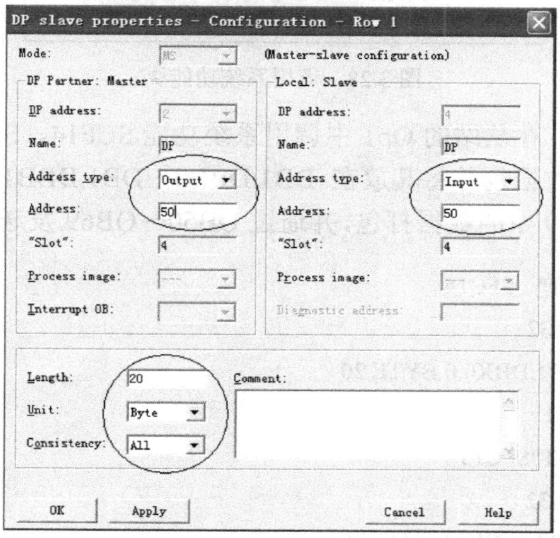

图 3.27　配置输入/输出接口区

4. 通信编程

以下是通信编程的主要内容。

（1）编写主站程序。在系统块中找到 SFC14、SFC15，如图 3.28 所示，并在 OB1 中调用。SFC14 解开主站存放在 IB50～IB69 的数据包并将其放在 DB1.DBB0～DB1.DBB19 中；SFC15 给存放在 DB2.DBB0～DB1.DBB19 中的数据打包，通过 QB50～QB69 发送出去。其中，LADDR 的值是 W#16#32，表示十进制 "50"，它和硬件组态虚拟地址一致。以下为具体程序。

```
CALL"DPRD_DAT"        SFC14
LADDR：=W#16#32
RECORD：=P#DB1.DBX0.0 BYTE 20
RET_VAL：=MW2
CALL"DPWR_DAT"  SFC15
LADDR：=W#16#32
RECORD：=P#DB2.DBX0.0 BYTE 20
RET_VAL：=MW4
```

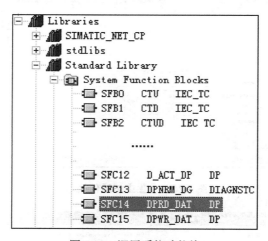

图 3.28　调用系统功能块

（2）编写从站程序。在从站的 Ob1 中调用系统功能 SCF14、SCF15。SFC14 解开主站存放在 IB50～IB69 的数据包并将其放在 DB1.DBB0～DB1.DBB19 中；SFC15 给存放在 DB2.DBB0～DB1.DBB19 中的数据打包，并通过 QB50～QB69 发送出去。以下为具体程序。

```
CALL"DPRD_DAT"   SFC14
LADDR：=W#16#32
RECORD：=P#DB1.DBX0.0 BYTE 20
RET_VAL：=MW2
CALL"DPWR_DAT"SFC15
LADDR：=W#16#32
RECORD：=P#DB2.DBX0.0 BYTE 20
```

RET_VAL：=MW4

程序"参数"说明及主、从站的数据区对应关系如表 3.2 和表 3.3 所示。

表 3.2　程序"参数"说明

参　　数	说　　明
LADDR	接口区起始地址
RET_VAL	状态字
RECORD	通信数据区，一般为 ANY 指针格式

表 3.3　主、从站数据区对应关系

主　站　数　据	传　输　方　向	从　站　数　据
输入：DB1.DB0～DB1.DB19	←	输出：DB2.DB0～DB2.DB19
输出：DB2.DB0～DB2.DB19	→	输入：DB1.DB0～DB1.DB19

【应用举例】

试用 SFC14 和 SFC15，将主站输入 IB01 字节数据发送到智能从站的 QB0 输出，试编程实现。

【预备工作】

在主站的 Blocks 中建立一个数据块 DB2，从站的 Blocks 中建立一个数据块 DB1，分别在其中建立 20 字节的变量，并初始化为"B#16#0"。

【主站程序】

首先，将主站 IB0 的数据传送到数据块 DB1 中，以下为具体程序。

```
L     IB     0
T     DB2.DBB     0
```

然后，调用 SFC15，进行数据打包发送，以下为具体程序。

```
CALL"DPWR_DAT"     SFC15
LADDR：=W#16#32
RECORD：=P#DB2.DBX0.0 BYTE 20
RET_VAL：=MW4
```

程序中，SFC15 给存放在 DB2.DBB0～DB1.DBB19 中的数据打包，通过 QB50～QB69 发送出去。

【从站程序】

首先，调用 SFC14，进行数据包接收并解包，以下为具体程序。

```
CALL"DPRD_DAT"  SFC14
LADDR：=W#16#32
RECORD：=P#DB1.DBX0.0 BYTE 20
RET_VAL：=MW4
```

其中，SFC14 从 IB50～IB69 中读取数据，解包并保存到数据块的 DB1.DBB0～DB1.DBB19 中。

然后，将主站 DB1.DBB0 的数据传送到 QB0 中，以下为具体程序。

```
L      DB1.DBB        0
T      QB             0
```

注：功能中的 LADDR 设置十六进制数 W#16#32，与硬件配置的虚拟地址（十进制）"50"一致。

3.2.3　通过 CP 342-5 实现 PROFIBUS 通信

CP 342-5 是 S7-300 系列 PROFIBUS 通信模块，对于没有集成 PROFIBUS 通信端口的 CPU（如 313C 等），可以通过 CP 342-5 的过渡实现 PROFIBUS 通信。

CP 342-5 可以作为主站或从站，但不能"同时"作为主站和从站，而且只能在 S7-300 的中央机架上使用。

由于 S7-300 系统的 I 区和 Q 区有限，通信时会有所限制。CP 342-5 与 CPU 上集成的 DP 接口不一样，它对应的通信接口区不是 I 区和 Q 区，而是虚拟的通信区，且需要调用 CP 通信功能 FC1、FC2。

1．CP 342-5 作为主站，通过 FC1 和 FC2 实现 PROFIBUS 通信

（1）资源需求。以下为所需求的资源。

① 带 CP 342-5 的 S7-300 的 CPU 313C 作为主站。

② 从站为带 I/O 模块的 ET 200M。

③ MPI 网卡 CP 5611。

④ PROFIBUS 总线连接器以及电缆。

⑤ STEP7 V5.2 系统设计软件。

（2）硬件连接。硬件连接结构如图 3.29 所示。

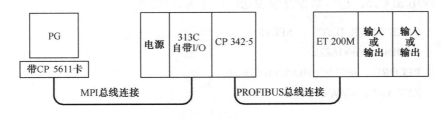

图 3.29　CP 342-5 作为主站的硬件连接

（3）网络组态及参数设置。以下为网络组态及参数设置的主要内容。

① 组态主站。

a．新建项目。在 STEP7 中新建一个项目，项目名为"CP 342-5 作为主站"，单击右键，在弹出菜单中选择"Insert New Object"→"SIMATIC 300 Station"，插入 S7-300 站——本项目中采用 313C，如图 3.30 所示。

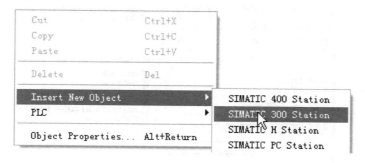

图 3.30　CP 342-5 作为主站的硬件组态配置

　　b. 组态硬件。双击"Hardware"选项，进入"HW Config"窗口。单击"Catalog"图标打开硬件目录，按硬件安装次序和订货号依次插入机架、电源、CPU 及 CP 342-5 等进行硬件组态，如图 3.31 所示。在插入 CP 342-5 同时，弹出如图 3.32 所示的对话框，进行基于 CP 342-5 的 PROFIBUS 硬件组态。单击"New"按钮，创建一个新的 PROFIBUS 网络，并设定 PROFIBUS 地址为"8"，结果如图 3.33 所示。双击 CP 342-5 图标，出现如图 3.34 所示的界面。单击"Properties"按钮，进行 CP 342-5 的 PROFIBUS 属性配置。本例中选择"1.5MB/s"的数据传输速率和"DP"行规，这一点与带集成 DP 口 CPU 组建 PROFIBUS 网络一致，如图 3.35 所示。再选择"Opreating Mode"标签，选择"DP master"模式，如图 3.36 所示。单击"OK"按钮确认，主站组态完成，如图 3.37 所示。

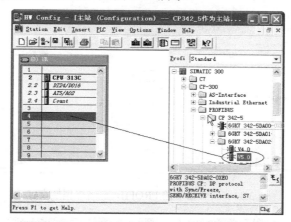

图 3.31　将 CP 342-5 添加到主站 CPU 中

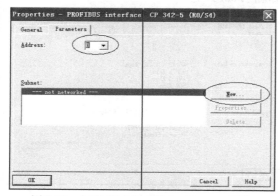

图 3.32　创建 CP 342-5 的 PROFIBUS 网络

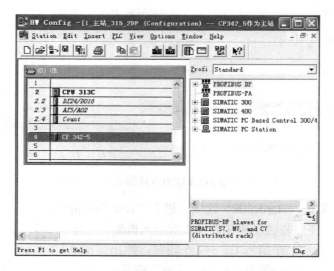

图 3.33　进行 CP 342-5 的 PROFIBUS 网络设定

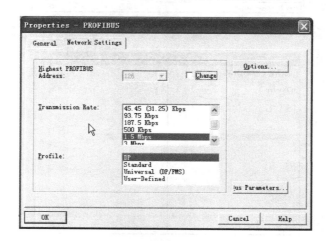

图 3.34　CP 342-5 的 PROFIBUS 网络属性设置

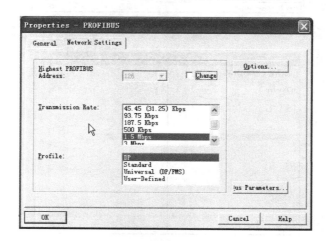

图 3.35　设置网络配置参数

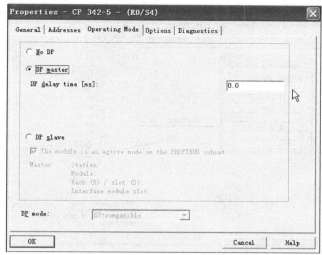

图 3.36　设定 CP 342-5 为 PROFIBUS 主站

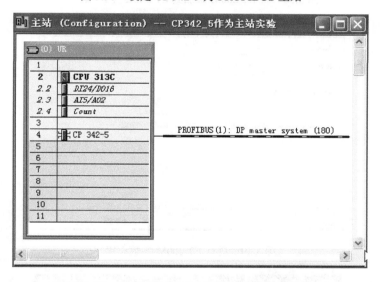

图 3.37　CP 342-5 的 PROFIBUS 网络组态结果

　　② 组态从站。在"HW Config"窗口中单击"Catalog"图标打开硬件目录，依次选择"PROFIBUS-DP"→"DP V0 Slaves"→"ET 200M"，如图 3.38 所示，将其添加到 PROFIBUS 网络上，同时出现如图 3.39 所示的界面，将 PROFIBUS 地址设定为 10，并进行网络属性"Priperties"设定。单击"ET 200M"图标，并为其配置 2 字节输入和 2 字节输出，路径为"PROFIBUS-DP"→"DP V0 slaves"→"ET 200M"→"ET 200M"（IM 153-1）。型号规格由实验条件决定，本项目中采用 6ES7 321-7BH00-0AB0 模块作为输入，6ES7 322-1HH00-0AB0 模块作为输出。如图 3.40 所示，输入/输出的地址均从 0 开始。组态完成后，编译存盘下载到 CPU 中。ET 200M 只是 S7-300 虚拟地址映射区，而不占用 S7-300 实际 I/O 区。虚拟地址的输入区、输出区在主站上要分别调用 FC1（DP SEND）、FC2（DP RECV）进行访问。如果修改 CP 342-5 的从站开始地址，如输入/输出地址从 2 开始，相应的 FC1 和 FC2 对应的地址区也要相应偏移 2 字节。如果没有调用 FC1 和 FC2，CP 342-5 的状态灯"BUSF"将闪烁，在 OB1 中调用 FC1 和 FC2 后通信将建立。配置多个从站虚拟地址区将顺延。

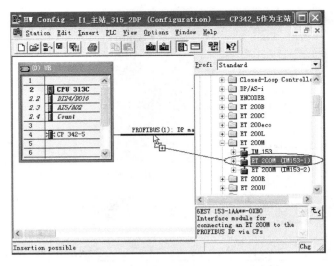

图 3.38 将 ET 200M 添加到 CP 342-5 主站系统中

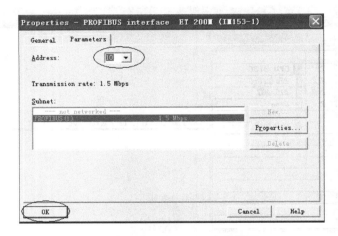

图 3.39 进行 ET 200M 参数设置

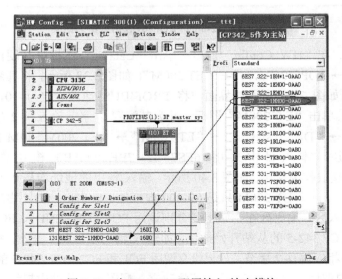

图 3.40 为 ET 200M 配置输入/输出模块

③ 编程。在 CPU 313C 的 OB1 中调用 FC1 和 FC2，如图 3.41 所示。以下为具体程序。

```
CALL   "DP_SEND"  FC1
CPLADDR：=W#16#100
SEND：=P#M 20.0 BYTE 2
DONE：=M1.1
ERROR：=M1.2
STATUS：=MW2
CALL"DP_RECV"          FC2
CPLADDR：=W#16#100
RECV：=P#M 22.0 BYTE 2
NDR：=M1.3
ERROR：=M1.4
STATUS：=MW4
DPSTATUS：=MB6
```

程序中各参数的说明如表 3.4 所示。MB22、MB23 对应"从站"输入的第 1 字节和第 2 字节，即 MB22 对应 IB0，MB23 对应 IB1。MB20、MB21 对应"从站"输出的第 1 字节和第 2 字节，即 MB20 对应 QB0，MB21 对应 QB1。

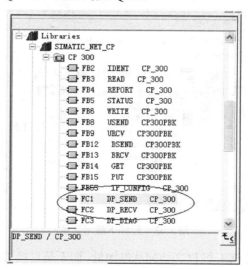

图 3.41　调用系统程序块 FC1、FC2

表 3.4　程序参数说明

参　数　名	参　数　说　明	参　数　名	参　数　说　明
CPLADDER	CP 342-5 的地址	NDR	接收完成一次产生一个脉冲
SEND	发送区，对应从站的输出区	ERROR	错误位
RECV	接收区，对应从站的输入区	STATUS	调用 FC1、FC2 时产生的状态字
DONE	发送完成一次产生一个脉冲	DPSTATUS	PROFIBUS-DP 的状态字

在本项目中，ET 200M 连接了两个模块：输入模块 6ES7 321-7BH00-0AB0 和输出模块 6ES7 322-1HH00-0AB0，实际硬件地址配置如图 3.40 所示。如果要实现"从站"I0.0 对 Q0.0 的控制，可编写下面的程序：

```
        M22.0                        M20.0
 ────────┤ ├──────────────────────────( )──────
        对应I0.0                      对应Q0.0
```

其中，M22.0 对应 I0.0，M20.0 对应 Q0.0，而 I0.0、Q0.0 并未出现在程序中，这就是虚拟地址的含义，实际使用时要用心体会。

连接多个从站时，虚拟地址将向后延续和扩大。调用 FC1、FC2 只考虑虚拟地址的长度，而不会考虑各个从站的站地址。

如果虚拟地址的起始地址不为 0，那么调用 FC 的长度将会增加，假设虚拟地址的输入区开始为 4，长度为 10 字节，那么对应的接收区偏移 4 字节，相应长度为 14 字节，接收区的第 5 字节对应从站输入的第 1 字节，如接收区为 P#M0 0 BYTE 14，即 MB0～MB13 为接收区，偏移 4 字节后，MB4～MB13 与从站虚拟输入区一一对应。编完程序下载到 CPU 中，通信区 PROFIBUS 的状态灯将不会闪烁。

在程序下载过程时，最好在 Blocks 中将所有的块一起选中，然后通过 DownLoad 进行下载，如图 3.42 所示，否则可能会出现意想不到的错误。

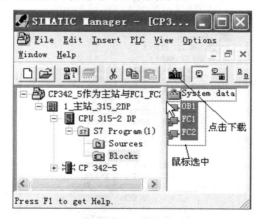

图 3.42　程序下载示意图

由于 CP 342-5 是通过 FC1 和 FC2 访问从站地址，而不是直接访问 I/O 区，所以在 ET 200M 上不能插入智能模块，如 FM 350-1 和 FM 352 等。

2. CP 342-5 作为从站，通过 FC1、FC2 实现 PROFIBUS 通信

CP 342-5 作为主站需要调用 FC1 和 FC2 建立通信接口区，作为从站同样需要调用 FC1 和 FC2 建立通信接口区。下面以 S7-300 CPU 315-2 DP 作为主站、CP 42-5 作为从站，举例说明 CP 342-5 作为从站的应用。主站发送 2 字节给从站，同样从站发送 2 字节给主站。

（1）资源需求。以下为所需求的资源。

① 带集成 DP 接口的 S7-300 CPU 315-2 DP 作为主站。

② 从站为 CPU 313C、CP 342-5 和 I/O 模块构成的组合。

③ MPI 网卡 CP 5611。

④ PROFIBUS 总线连接器及电缆。

⑤ STEP7 V5.2 系统设计软件。

（2）硬件连接。硬件连接结构如图 3.43 所示。

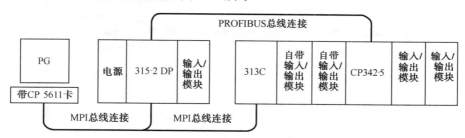

图 3.43　CP 342-5 作为从站的硬件连接

（3）网络组态及参数设置。以下为网络组态及参数设置的具体内容。

① 组态从站。

a. 新建项目。在 STEP7 中新建一个项目，项目名为"CP 342-5 作为从站"，单击右键，在弹出菜单中选择"Insert New Object"→"SIMATIC 300 Station"，插入 S7-300 站——本项目中采用 313C，如图 3.44 所示。

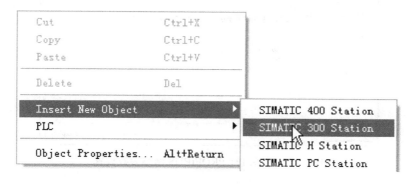

图 3.44　插入 S7-300 从站

b. 组态硬件。双击"Hardware"选项，进入"HW Config"窗口。单击"Catalog"图标打开硬件目录，按硬件安装次序和订货号依次插入机架、电源、CPU 及 CP 342-5 等进行硬件组态。插入 CP 342-5 同时，弹出如图 3.45 所示的对话框，设置 PROFIBUS 网络地址为"6"，然后单击"NEW"按钮，生成 PROFIBUS（1）网络，出现如图 3.46 所示的界面。单击"NetWork Settings"标签，出现如图 3.47 所示的界面，进行基于 CP 342-5 的 PROFIBUS 硬件组态的属性设置。本例中选择"1.5MB/s"的数据传输速率和"DP"行规，这一点与带集成 DP 口 CPU 组建 PROFIBUS 网络一致，单击"OK"按钮确认。为方便实验，完成 CP 342-5 的插入后，在 CP 342-5 后面的第 5、6 两槽依次插入两个 I/O 模块，结果如图 3.48 所示。具体型号和规格由实验条件决定。双击图 3.48 中的 CP 342-5 单元，在弹出的对话框中选择"Opreating Mode"标签，选择"DP slave"模式，如图 3.49 所示，同时了解一下 CP 342-5 的通信地址，为以后编程做准备，如图 3.50 所示。单击"OK"按钮确认，从站组态完成。

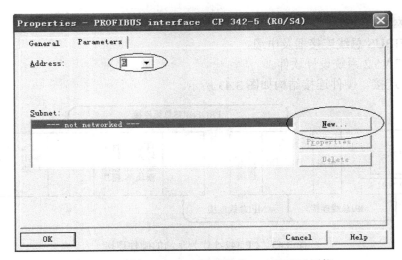

图 3.45　插入 CP 342-5 同时生成 PROFIBUS 网络

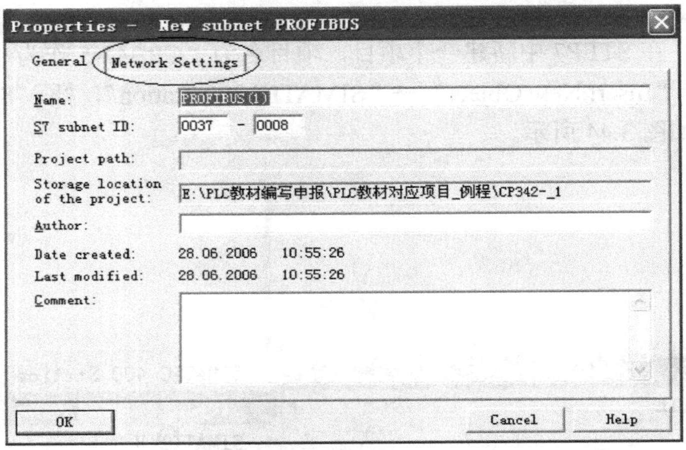

Properties - New subnet PROFIBUS

General | Network Settings |

Name: PROFIBUS(1)

S7 subnet ID: 0037 - 0008

Project path:

Storage location of the project: E:\PLC教材编写申报\PLC教材对应项目_例程\CP342-_1

Author:

Date created: 28.06.2006 10:55:26
Last modified: 28.06.2006 10:55:26

Comment:

OK　　　　Cancel　　Help

图 3.46　准备进行 PROFIBUS 网络参数设置

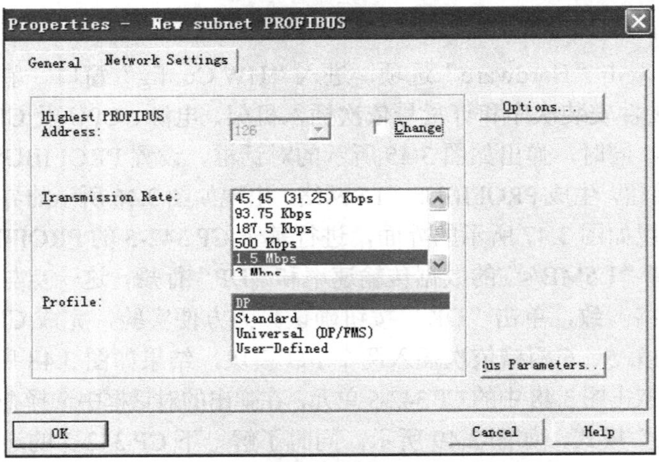

Properties - New subnet PROFIBUS

General | Network Settings |

Highest PROFIBUS Address: 126　☐ Change　　　Options...

Transmission Rate:
45.45 (31.25) Kbps
93.75 Kbps
187.5 Kbps
500 Kbps
1.5 Mbps
3 Mbps

Profile:
DP
Standard
Universal (DP/FMS)
User-Defined

ius Parameters...

OK　　　　Cancel　　Help

图 3.47　设置 PROFIBUS 网络参数

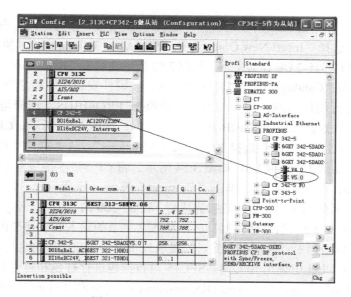

图 3.48　CP 342-5 从站配置结果

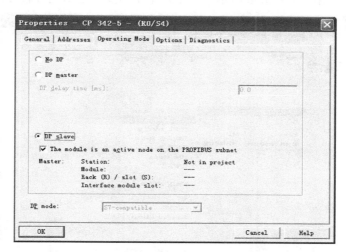

图 3.49　设置 CP 342-5 为 DP 从站

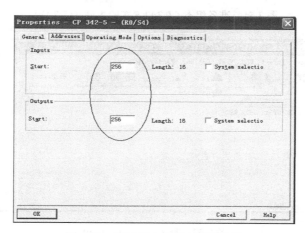

图 3.50　CP 342-5 为 DP 通信地址

② 组态主站。在如图 3.51 所示的窗口中选择"CP 342-5 作为从站"图标，单击右键，在弹出菜单中依次选择"Insert New Object"→"SIMATIC 300 Station"，插入 S7-300 站，本项目中选用 S7-300 的 315-2 DP 作为主站，如图 3.52 所示。双击"Hardware"图标，进入"HW Config"窗口。单击"Catalog"图标打开硬件目录，按硬件安装次序和订货号依次插入机架、电源和 CPU 等进行硬件组态。插入 CPU 时要组态 PROFIBUS，选择与从站相同的一条 PROFIBUS 网络，并选择主站 PROFIBUS 地址为"2"，如图 3.53 所示。CPU 组态后会出现一条 PROFIBUS 网络，在硬件中选择"Configured Stations"，从"S7-300 CP 342-5"中选择与订货号和版本号相同的 CP 342-5，如图 3.54 所示。将 CP 342-5 拖曳至 PROFIBUS 释放同时，出现如图 3.55 所示的界面，单击"Connect"按钮，连接 CP 342-5 从站到主站的 PROFIBUS 上，结果如图 3.56 所示。连接完成后，在 S7-300 的"HW Config"界面中的硬件列表中，单击从站 CP 342-5，组态通信接口区，插入 2 字节的输入和 2 字节的输出，如图 3.56 所示，双击插入的 I/O 模块可进行地址设定，如图 3.57 所示。如果选择的输入/输出类型是"Total Length"，要在主站 CPU 中调用 SFC14、SFC15 对数据包进行打包和解包处理，本例中选择的输入/输出为"Unit"类型，即 2 bytes DI/Consistency 1 byte 和 2 bytes DO/Consistency 1 byte 两种类型，按字节通信，如图 3.58 所示，在主站中不需要对通信进行编程。

图 3.51 准备组态 CP 342-5 实验主站 315-2 DP

图 3.52 插入主站 315-2 DP

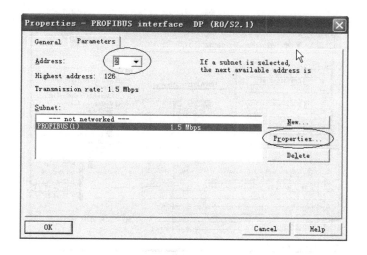

图 3.53　设置主站 PROFIBUS 参数

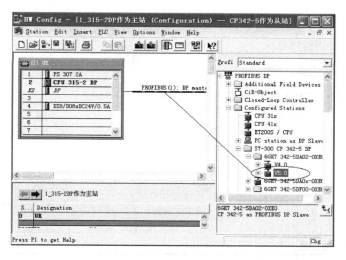

图 3.54　插入从站 CP 342-5

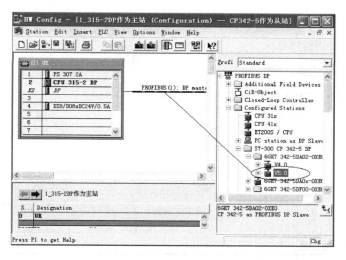

图 3.55　连接 CP 342-5 至主站

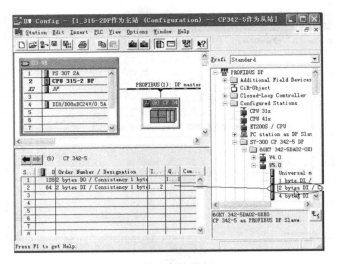

图 3.56　在 CP 342-5 中插入 I/O 模块

Properties - DP slave
Address / ID
I/O
Output
Direct Entry...
Output
Address:
Length:
Unit:
Consistent
Start:
2
Byte
Unit
End:
2
Process image:
OB1 PI
Data for Specific
(Maximum 14 bytes hexadecimal, separated by comma or blank space)
OK
Cancel
Help

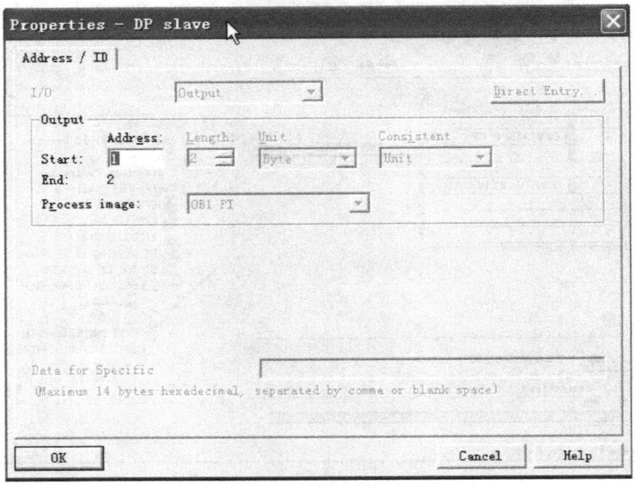

图 3.57　为 CP 342-5 中插入 I/O 模块配置参数

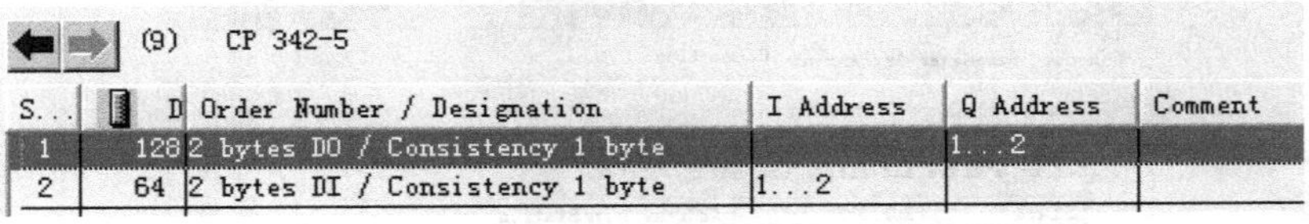

(9)
CP 342-5
S...
D
Order Number / Designation
I Address
Q Address
Comment
1
128
2 bytes DO / Consistency 1 byte
1...2
2
64
2 bytes DI / Consistency 1 byte
1...2

图 3.58　CP 342-5 中插入的 I/O 模块参数设置

组态完成后，编译存盘并下载到 CPU 中，此时可以修改 CP 5611 参数。从图中可以看到主站的通信区已经建立，主站发送到从站 DE 数据区为 QB1、QB2，主站接收从站的数据区为 IB1、IB2。从站需要调用 FC1、FC2 建立通信区，具体方法将在下面进行详细介绍。

（4）资源需求。以下为所需求的资源。

① 从站编程。在从站的 OB1 中调用 FC1 和 FC2，过程是 “Library” → “SIMATIC_NET_CP” → “CP 300”，如图 3.59 所示。具体程序如下：

```
CALL"DP_SEND"          FC1
     CPLADDR：=W#16#100
     SEND：=P#M 20.0 BYTE 2
     DONE：=M1.1
     ERROR：=M1.2
     STATUS：=MW2
CALL"DP_RECV"     FC2
     CPLADDR：=W#16#100
     RECV：=P#M 22.0 BYTE 2
     NDR：=M1.3
     ERROR：=M1.4
     STATUS：=MW4
     DPSTATUS：=MB6
```

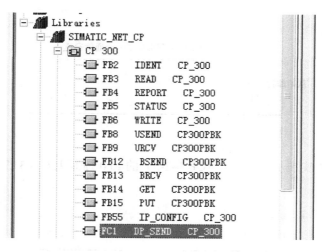

图 3.59　调用 FC1、FC2 进行编程

　　程序中各参数的说明如表 3.5 所示。其中 MB22、MB23 对应"从站"输入的第 1 字节和第 2 字节，即 MB22 对应 QB1，MB23 对应 QB2。MB20、MB21 对应"从站"输出的第 1 字节和第 2 字节，即 MB20 对应 IB1，MB21 对应 IB2，如表 3.6 所示。

表 3.5　程序参数说明

参　数　名	参　数　说　明	参　数　名	参　数　说　明
CPLADDER	CP 342-5 的地址	NDR	接收完成一次产生一个脉冲
SEND	发送区，对应从站的输出区	ERROR	错误位
RECV	接收区，对应从站的输入区	STATUS	调用 FC1、FC2 时产生的状态字
DONE	发送完成一次产生一个脉冲	DPSTATUS	PROFIBUS-DP 的状态字

表 3.6 主站和从站对应关系

主站 315-2 DP	信号传递方向	从站 CP 342-5
IB1	←	MB20
IB2	←	MB21
QB1	→	MB22
QB2	→	MB23

② 主站编程。具体程序见例 3.1。

下面通过两个简单的实例来阐述这种通信的具体使用方法。

【例 3.1】 编程实现主站（315-2 DP）的 I0.0 控制从站（313C+CP 342-5）的 Q0.0 点。程序如下：

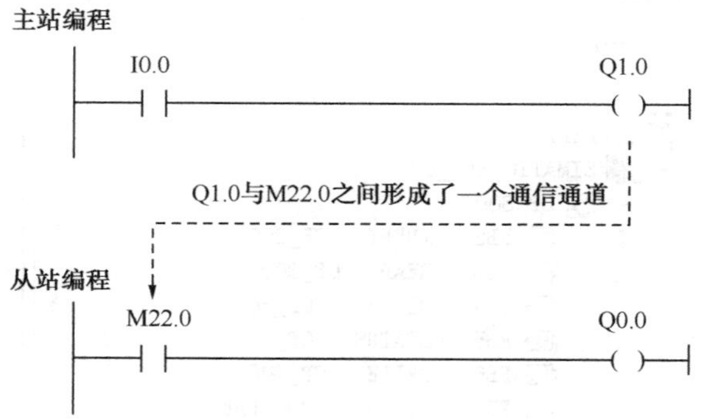

【例 3.2】 编程实现从站（313C+CP 342-5）的 I0.0 控制主站（315-2 DP）的 Q0.0 点。程序如下：

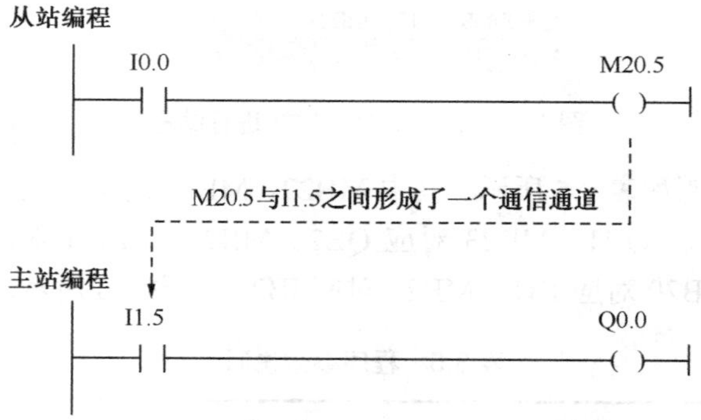

读者通过以上两个实例可以较好地理解、掌握这种虚拟地址的通信方法。主站、从站内部的 I/O 控制关系与单站的控制关系一致，比如在本项目的从站体系（313C+CP 342-5）中，各个 I/O 模块可以互相控制，编程非常简单，读者自己可以尝试。

需要注意的是，在程序下载过程时，最好在 Blocks 中将所有的块一起选中，然后通过 "DownLoad" 进行下载，如图 3.60 所示，否则可能会出现意想不到的错误。

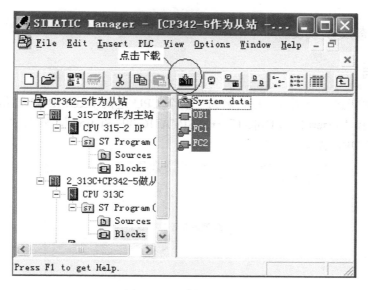

图 3.60　程序下载过程

3.3　多个 S7-300 之间 PROFIBUS 通信的实现

多个 S7-300 之间的 PROFIBUS 通信方法在实际工业控制中应用非常普遍，本节以一个 315-2 DP 为主站，两个 313C-2 DP 为从站，介绍多个 CPU 之间的通信方法。

3.3.1　资源需求

以下为所需求的资源。

（1）带集成 DP 口的 S7-300 CPU 315-2 DP 作为主站。

（2）带集成 DP 口的 S7-300 CPU 313C-2 DP 作为从站。

（3）MPI 网卡 CP 5611。

（4）PROFIBUS 总线连接器以及电缆。

（5）STEP7 V5.2 系统设计软件。

3.3.2　硬件连接

硬件连接结构如图 3.61 所示。

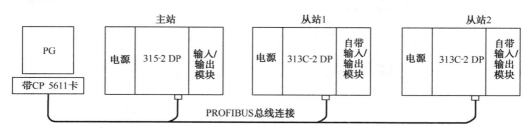

图 3.61　硬件连接图

3.3.3 网络组态及参数设置

1. 新建项目

在 STEP7 中新建一个项目，项目名为"多个 CPU 之间 PROFIBUS 通信"，单击右键，在弹出菜单中选择"Insert New Object"→"SIMATIC 300 Station"，插入 S7-300 站——本项目中采用 313C-2 DP，如图 3.62 所示。

图 3.62　创建多个 S7-300 CPU 通信项目

2. 硬件配置

以下为硬件配置的具体内容。

（1）配置 1#从站。双击"Hardware"选项，进入"HW Config"窗口。单击"Catalog"图标打开硬件目录，按硬件安装次序和订货号依次插入机架、电源、CPU 等进行硬件组态。在插入 313C-2 DP 的同时，会弹出如图 3.63 和图 3.64 所示的对话框，设定 PROFIBUS 地址为"4"，单击"New"按钮，新建一条"PROFIBUS 网络"，并设定基本参数，过程不再赘述，单击"OK"按钮，结果如图 3.65 所示。双击图 3.65 中的"DP"图标，弹出如图 3.66 所示的对话框。单击"Operating Mode"标签，选择"DP-slave"选项，如图 3.66 所示。然后单击"Configuration"标签，进行从站接口区的配置，结果如图 3.67 所示。本项目中采用"Unit"和"Byte"通信数据配置方法。

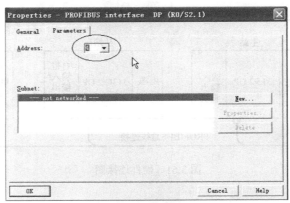

图 3.63　1#从站添加 PROFIBUS 网络

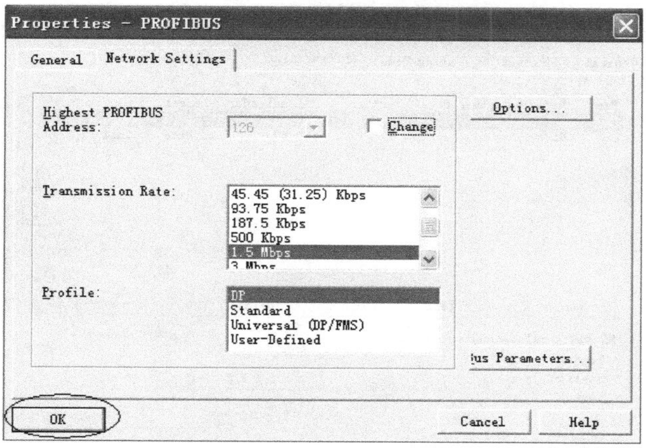

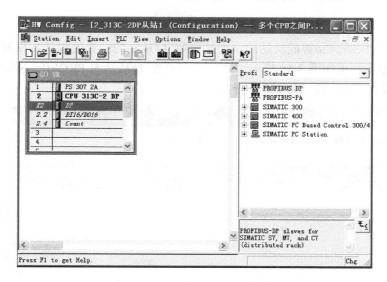

图 3.64　1#从站 PROFIBUS 属性参数设置

图 3.65　1#从站添加后的结果

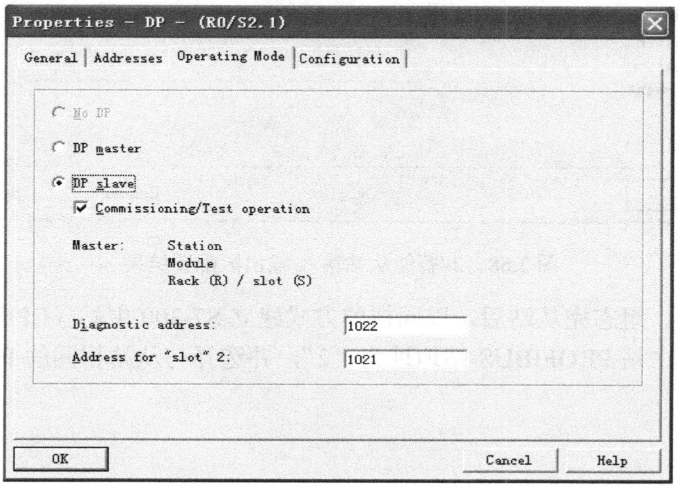

图 3.66　配置 S7-300 CPU 313C-2 DP 为智能从站

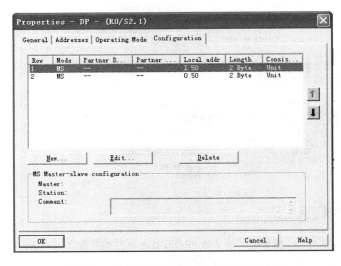

图 3.67　1#智能从站输入/输出区配置结果

（2）配置 2#从站。2#智能从站的配置过程和 1#从站的配置过程基本相同，不再赘述。从站接口区的配置结果如图 3.68 所示。本项目中设置 2#从站的 PROFIBUS 站地址为"6"，采用"Unit"和"Byte"通信数据配置模式。

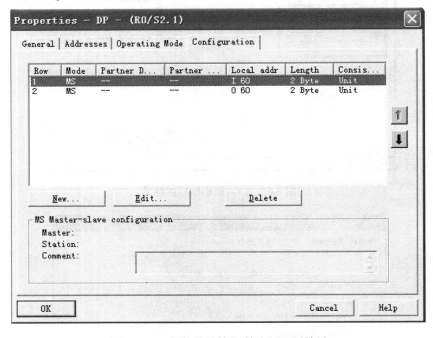

图 3.68　2#智能从站输入/输出区配置结果

（3）配置主站。组态完从站后，以同样的方式建立 S7-300 主站（CPU 为 315-2 DP）并组态，本例中设置主站 PROFIBUS 站地址为"2"，并选择与从站相同的 PRFIBUS 网络，如图 3.69 所示。

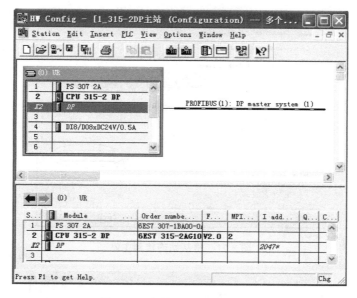

图 3.69　主站 PROFIBUS 配置

打开硬件目录，选择"PROFIBUS-DP"→"Configuration Station"文件夹，选择 CPU 31x，将其拖曳到 DP 主站系统的 PROFIBUS 总线上，从而将其连接到 DP 网络上，如图 3.70 所示。此时自动弹出"DP-slave Properties"对话框，如图 3.71 所示，在其中的"Connection"标签中选择已经组态过的从站，如果有多个从站，要一个一个连接，上面已经组态完的 S7-300 从站可在列表中看到，单击"Connect"按钮将地址为"4"的从站接至网络，然后单击"Configuration"选项，出现如图 3.72 所示的界面。单击任一行 I/O 配置，单击"Edit"按钮，进行输入/输出区域的配置，如图 3.73 所示，结果如图 3.74 所示。使用同样方法，把 6#站也连接到 PROFIBUS-DP 网络上，结果如图 3.75 和图 3.76 所示。

配置完以后，用 MPI 接口分别下载到各自的 CPU 中初始化接口数据。在本例中，主站与 1#、2#从站的通信区域对应关系如表 3.7 所示。

为避免网络上某一个站点掉电使整个网络不能工作的故障出现，需要在几个 CPU 中加入 OB82、OB86 和 OB122 等组织块，必要时还要对其进行编程。

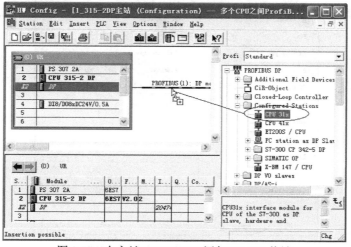

图 3.70　向主站 PROFIBUS 添加 S7-300 从站

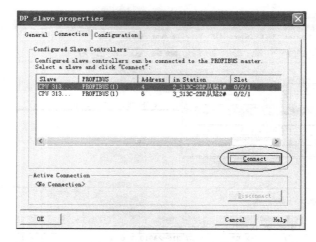

图 3.71　将从站连接到主站

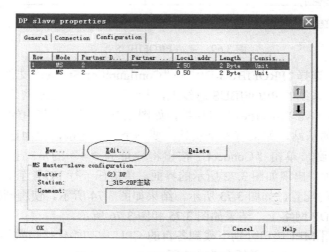

图 3.72　1#从站输入/输出区域选择

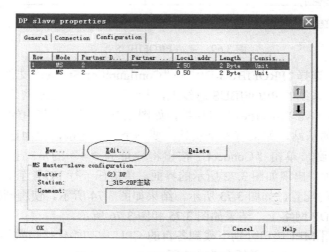

图 3.73　1#从站输入/输出区域配置

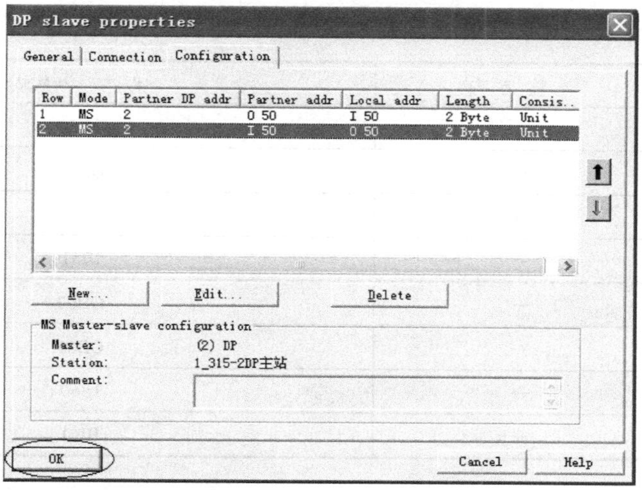

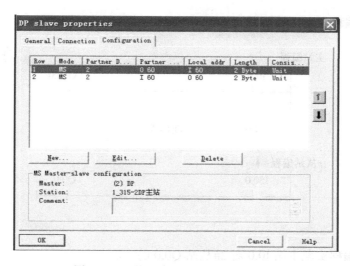

图 3.74　1#从站输入/输出区域配置结果

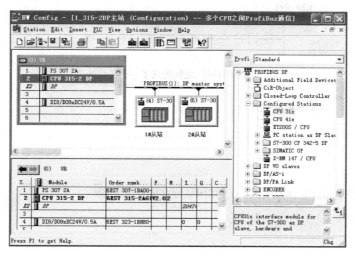

图 3.75　2#从站输入/输出区域配置结果

图 3.76　多 CPU 通信配置硬件连接结果

表 3.7　主站与 1#、2#从站通信区域对应关系

主　　站	传 输 方 向	1#从站、2#从站
IB50	←	QB50
IB51	←	QB51
QB50	→	IB50
QB51	→	IB51
IB60	←	QB60
IB61	←	QB61
QB60	→	IB60
QB61	→	IB61

3. 应用举例

【例 3.3】　编程实现主站 I0.0 对 1#从站 Q0.0 的控制。

主站编程
```
    I0.0                                Q50.0
──────┤├──────────────────────────────( )───
```
Q50.0与I50.0之间形成了一个通信通道

1#从站编程
```
    I50.0                               Q0.0
──────┤├──────────────────────────────( )───
```

【例 3.4】　编程实现主站 I0.0 对 2#从站 Q0.0 的控制。

主站编程
```
    I0.0                                Q60.0
──────┤├──────────────────────────────( )───
```
Q60.0与I60.0之间形成了一个通信通道

2#从站编程
```
    I60.0                               Q0.0
──────┤├──────────────────────────────( )───
```

【例 3.5】　编程实现 1#从站 I0.0 对 2#从站 Q0.0 的控制。

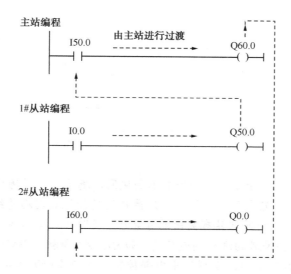

说明：

（1）在主站和从站中都要插入 OB82、OB86 和 OB122 组织块，必要时要进行编程。

（2）在进行从站与从站的通信时，要通过主站进行过渡，这是主、从站通信的特点。

（3）本项目在通信时数据形式采用"Unit"格式，所以一次传输的数据量不超过 4 字节，在大数据量的信息传输时，实时性会受到一定影响，此时也可以采用"ALL"格式，但需要调用功能 SFC14 和 SFC15 完成通信。

思 考 题

1．简述 PROFIBUS 组成部分及其技术特点。

2．如何实现 CPU 集成 DP 口与 ET 200M 之间远程的通信？

3．建立一个以 315-2 DP 为主站、313C-2 DP 为智能从站的通信系统，简述智能从站的组态和使用方法。

4．以 S7-300 的 315-2 DP 作为主站，313C-2 DP 作为从站介绍 SFC14、SFC15 的应用。

5．说出以 CP 342-5 作为主站，通过 FC1、FC2 实现 PROFIBUS 通信的资源需求和硬件连接方法。

6．当 CP 342-5 作为从站时，如何通过 FC1、FC2 实现 PROFIBUS 通信？

7．以一个 315-2 DP 为主站，两个 313C-2 DP 为从站，如何实现多个 CPU 之间的通信？

第4章

CAN 总线

CAN（Controller Area Network）即控制器局域网，属于工业现场总线的范畴，通常称为 CAN-bus，即 CAN 总线，它是目前国际上应用最广泛的开放式现场总线之一。与一般的通信总线相比，CAN 总线的数据通信具有突出的可靠性、实时性和灵活性，它在汽车领域上的应用最为广泛，世界上一些著名的汽车制造厂商，如 BENZ（奔驰）、BMW（宝马）、Volkswagen（大众）等都采用了 CAN 总线来实现汽车内部控制系统与各检测和执行机构间的数据通信。目前，CAN 总线的应用范围已不仅局限于汽车行业，它已经在自动控制、航空航天、航海、过程工业、机械工业、纺织机械、农用机械、机器人、数控机床、医疗器械及传感器等领域中得到了广泛的应用。

【知识目标】
（1）CAN 总线网络拓扑和物理层规范；
（2）CAN 总线控制器；
（3）CAN-bus 节点设计及应用。

【能力目标】
（1）能够根据项目要求提出基本的 CAN 总线系统方案；
（2）能够进行基本的 CAN 总线节点级设计与应用。

4.1 概述

CAN 最初出现在汽车工业中，它于 20 世纪 80 年代由德国 Bosch 公司最先提出。最初动机是为了解决现代汽车中庞大的电子控制装置之间的通信，减少不断增加的信号线。1993 年 CAN 成为国际标准 ISO 11898（高速应用）和 ISO 11519（低速应用）。由于其具有良好的性能及独特的设计，CAN 总线越来越受到人们的重视。随着应用领域的增多，CAN 的规范从 CAN 1.2 规范（标准格式）发展为兼容 CAN 1.2 规范的 CAN 2.0 规范（CAN 2.0A 为标准格式，CAN 2.0B 为扩展格式），目前应用的 CAN 器件大多符合 CAN 2.0 规范。

4.1.1 CAN 的工作原理及其特点

1. CAN 的工作原理

当 CAN 总线上的一个结点（站）发送数据时，它以报文形式广播给网络中所有结点。对每个结点来说，无论数据是否是发给自己的，都对其进行接收。每组报文开头的 11 位字符为标识符（CAN 2.0A），它定义了报文的优先级，这种报文格式称为面向内容的编址方案。

在同一系统中标识符是唯一的，不可能有两个结点发送具有相同标识符的报文。当一个结点要向其他结点发送数据时，该结点的 CPU 将要发送的数据和自己的标识符传送给本结点的 CAN 芯片，并处于准备状态；当它收到总线分配时，转为发送报文状态。CAN 芯片根据协议将数据组织成一定的报文格式发出，这时网上的其他结点处于接收状态。

每个处于接收状态的结点对接收到的报文进行检测，判断这些报文是否是发给自己的，以确定是否接收它。

由于 CAN 总线是一种面向内容的编址方案，因此很容易建立高水准的控制系统并灵活地进行配置。我们可以很容易地在 CAN 总线中加进一些新结点而无须在硬件或软件上进行修改。当所提供的新结点是纯数据接收设备时，数据传输协议不要求独立的部分有物理目的地址。它允许分布过程同步化，即总线上控制器需要测量数据时，可由网上获得，而无须每个控制器都有自己独立的传感器。

2．CAN 总线特点

CAN 总线是一种串行数据通信协议，通信介质可以是双绞线、同轴电缆或光导纤维。最大通信距离可达 10km，最大通信数据传输速率可达 1Mb/s。CAN 总线通信接口中集成了 CAN 协议的物理层和数据链路层功能，可完成对通信数据的成帧处理，包括位填充、数据块编码、循环冗余检验和优先级判别等工作。

CAN 总线具有如下特点。

（1）可以多主方式工作，网络上任意一个结点均可以在任意时刻主动地向网络上的其他结点发送信息，而不分主从，通信方式灵活。利用这一特点也可方便地构成多机备份系统。

（2）网络上的结点（信息）可分成不同的优先级，可以满足不同的实时要求。

（3）CAN 总线采用非破坏性位仲裁总线结构机制，当两个结点同时向网络上传送信息时，优先级低的结点主动停止数据发送，而优先级高的结点可不受影响地继续传输数据，这大大节省了总线冲突裁决时间，尤其重要的是在网络负载很重的情况下，也不会出现网络瘫痪的情况（以太网则可能）。

（4）可以以点对点、一点对多点（成组）及全局广播几种传送方式接收数据。

（5）直接通信距离最远可达 10km（数据传输速率在 5kb/s 以下）。

（6）通信数据传输速率最高可达 1Mb/s（此时传输距离最长为 40m）。

（7）结点数实际可达 110 个。

（8）采用短帧结构，每一帧的有效字节数为 8，这样传输时间短，受干扰的概率低，且具有极好的检错效果。可满足通常工业领域中控制命令、工作状态及测试数据的一般要求。

（9）每帧信息都有 CRC 校验及其他检错措施，降低了数据出错率。

（10）通信介质可采用双绞线、同轴电缆和光导纤维，一般采用廉价的双绞线即可，且无特殊要求。

（11）结点在错误严重的情况下，具有自动关闭总线的功能，切断它与总线的联系，以使总线上的其他操作不受影响。

CAN 总线协议已被国际标准化组织认证，技术比较成熟，控制的芯片已经商品化，性价比高，特别适用于分布式测控系统之间的数据通信。

CAN 控制器工作于多主方式，网络中的各结点都可根据总线访问优先权（取决于报文标识符）采用无损结构的逐位仲裁的方式竞争向总线发送数据，且 CAN 协议废除了结点地址编码，而代之以对通信数据进行编码，这可使不同的结点同时接收到相同的数据，这些特点使得 CAN 总线构成的网络各结点之间的数据通信实时性强，并且容易构成冗余结构，提高系统的可靠性和系统的灵活性。而利用 RS-485 只能构成主从式结构系统，通信方式也只能以主结点轮询的方式进行，系统的实时性、可靠性较差。

CAN 总线通过 CAN 控制器接口芯片两个输出端的电平状态，可以保证不会出现 RS-485 网络中因系统有错误而出现多结点同时向总线发送数据，以致总线呈现短路，从而损坏某些结点的现象。而且 CAN 结点在错误严重的情况下具有自动关闭输出功能，以使总线上其他结点的操作不受影响，从而保证不会出现网络中因个别结点出现问题，使得总线处于"死锁"的状态。

CAN 具有完善的通信协议，其协议可由 CAN 控制器芯片及其接口芯片来实现，从而大大降低系统开发难度，缩短开发周期，这些是只仅仅有电气协议的 RS-485 所无法比拟的。另外，与其他现场总线相比，CAN 总线是具有通信数据传输速率高、容易实现、低成本、性价比高等诸多特点的一种已形成国际标准的现场总线。这也是目前 CAN 总线应用于众多领域，具有强劲的市场竞争力的重要原因。

4.1.2　CAN 发展背景及其应用情况

1．CAN 的起源

1986 年 2 月，德国 Robert Bosch 公司介绍了一种新型的串行总线——CAN 控制器局域网。在此之前还没有一种现成的网络方案能够完全满足汽车工程师们增加新功能、减少电气连接线，使其能够用于产品，而非用于驱动技术的要求。1987 年中期，Intel 交付了首枚 CAN 控制器 82526，这是 CAN 方案首次通过硬件加以实现。不久之后，Philips 半导体推出了 82C200。由于这两枚最早的 CAN 控制器在性能上各有千秋，因此形成 Philips 主推的 BasicCAN 和 Intel 主推的 FullCAN 两大阵营。今天的 CAN 控制器中，在同一模块中的验收滤波和报文控制方面仍有相当的不同。

今天，在欧洲几乎每一辆新客车均装配有 CAN 局域网。同样，CAN 也用于其他类型的交通工具，甚至工业控制等领域也被大量使用。CAN 已经成为全球范围内最重要的总线之一。2000 年，全球市场销售超过 1 亿个 CAN 器件。

2．标准化与一致性

1990 年，Bosch CAN 规范（CAN 2.0 版）被提交给国际标准化组织，并于 1993 年 11 月出版了 CAN 的国际标准 ISO 11898，除定义了 CAN 协议外，它也规定了最高至 1Mbps 波特率时的物理层。同时，在国际标准 ISO 11519—2 中也规定了 CAN 数据传输中的容错方法。1995 年，国际标准 ISO 11898 进行了扩展，它以附录的形式说明了 29 位 CAN 标识符。当前，修订的 CAN 规范正在标准化中。ISO 11898—1 称为"CAN 数据链路层"，ISO 11898—2 称为"非容错 CAN 物理层"，ISO 11898—3 称为"容错 CAN 物理层"。国际标准 ISO 11992（卡车和拖车接口）和 ISO 11783（农业和森林机械）都在美国标准 J1939 的基础上定义了基于 CAN 应用的子协议。

3．CAN 的发展过程

尽管当初研究 CAN 的起点是用于客车系统，但 CAN 的第一个市场应用却来自于其他领域。特别是在北欧，CAN 早已得到非常普遍的应用。在荷兰，电梯厂商 Kone 在电梯上使用了 CAN 总线，Philips 医疗系统也使用 CAN 构成 X 光机的内部网络，成为 CAN 的用户。

1992 年 5 月，CiA "CAN in Automation" 用户集团正式成立。CiA 推荐使用仅遵循 ISO 11898 的 CAN 收发器。现在，在当时的 CAN 网络中使用非常普遍但并不兼容的 RS-485 收发器已基本消失。

从 1990 年中期起，Infineon 公司和 Motorola 公司等生产 CAN 模块集成器件的 15 家半导体厂商已向欧洲的汽车厂商提供了大量的 CAN 控制器。从 1990 年后期起，亚洲的半导体厂商也开始提供 CAN 控制器。

从 1992 年起，奔驰公司开始在高级轿车中使用 CAN 技术。首先是使用电子控制器通过 CAN 对发动机进行管理；然后使用控制器接收人们的操作信号。这就使用了两个物理上独立的 CAN 总线系统，它们通过网关连接。其他的汽车厂商在他们的汽车上也使用两套 CAN 总线系统。现在，继 Volvo、Saab、Volkswagen 和 BMW 之后，Renault 和 Fiat 也开始在其汽车上使用 CAN 总线。不仅如此，由于 CAN 总线的突出优势，其应用已经发展到了几乎涵盖所有的网络控制领域。

4.1.3　一个典型的工程实例

目前，汽车电子信息产品已经平均占到汽车总成本的 1/3，并且这个比例正在不断被提高，有专家认为，未来 10 年内，这个比率将达到 40%。中高级轿车、客车甚至大型卡车上普遍采用了 CAN 总线，这不仅提高了性能，节省大量电缆，而且给人们带来了更好的享受，提高了驾驭者的舒适程度。

一汽一大众汽车有限公司生产的宝来（Bora）轿车，在动力传动系统和舒适系统中装用了两套 CAN 数据传输系统，其中 CAN 数据传输舒适系统如图 4.1 所示。

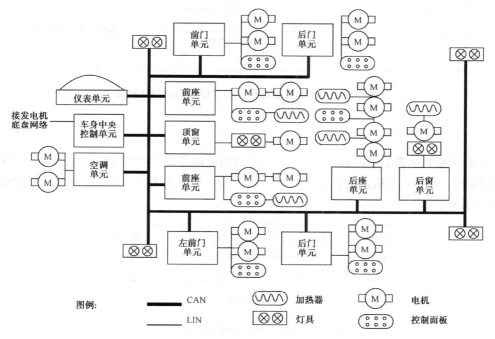

图 4.1　CAN 数据传输舒适系统

图 4.1 中较粗的线代表 CAN 总线，它连接了传动装置控制中央单元、灯控单元、门控单元、座椅控制单元、空调单元以及仪表盘控制单元等设备。较细的线代表 LIN 总线，由 LIN 总线构成的 LIN 网络作为 CAN 网络的辅助网络，它连接了车窗控制单元、雨刷控制单元和天窗控制单元等低速设备。

CAN 数据传输舒适系统网络与动力传动系统网络通过网桥相互通信。

LIN 网络（Local Interconnect Network），由汽车厂商为汽车开发，作为 CAN 网络的辅助网络，目标应用在低端系统，不需要 CAN 的性能、带宽以及复杂性。LIN 的工作方式是一主多从，单线双向低速传送数据（最高 20kb/s），与 CAN 相比具有更低的成本，且基于 UART 接口，无须硬件协议控制器，使系统成本更低。

4.2　CAN 的物理层

ISO 11898 是一个使用 CAN 总线协议的汽车内高速通信国际标准，这个标准的基本作用是定义了通信链路的数据链路层和物理层，如图 4.2 所示的物理层被细分成 3 个子层，它们分别是物理信令（即位编码定时和同步）、物理媒体连接（即驱动器和接收器特性）和媒体相关接口（即总线连接器）。

收发器实现物理媒体连接子层。物理信令子层和数据链路层之间的连接通过集成的协议控制器实现，如 PCX82C200 和 SJA1000 等。而媒体相关接口负责连接传输媒体，譬如将总线结点连接到总线的连接器，如 PCA82C250 和 TJA1050 等收发器。

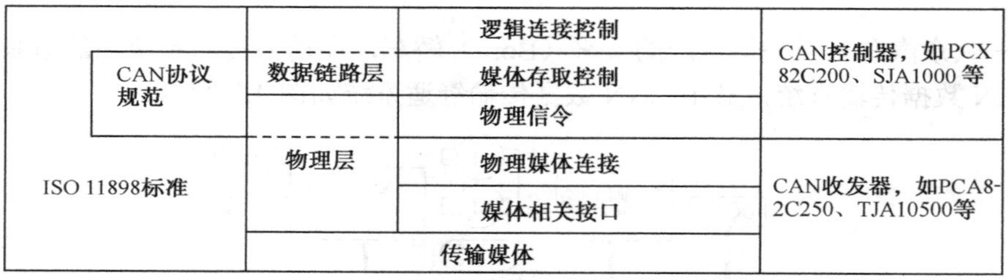

ISO 11898标准	CAN协议规范	数据链路层	逻辑连接控制	CAN控制器，如PCX 82C200、SJA1000 等
			媒体存取控制	
			物理信令	
		物理层	物理媒体连接	CAN收发器，如PCA8-2C250、TJA10500等
			媒体相关接口	
		传输媒体		

图 4.2　ISO 11898 标准数据链路层和物理层结构图

4.2.1　CAN 的网络拓扑

CAN 以多主方式工作，网络上任意一个结点均可以在任意时刻主动地向网络上的其他结点发送信息，而不分主从，通信方式灵活。其网络拓扑形式大多是总线状结构，拓扑示意图如图 4.3 所示。

图 4.3　CAN 总线状网络的拓扑示意图

4.2.2 CAN 的物理媒体连接

CAN 总线物理层的物理媒体连接比较灵活，可以采用共地的单线式（汽车常用）、双线式、同轴电缆、双绞线、光缆等，理论上结点数目没有限制，实际可达 110 个。

电子信号在总线上会被信号线终端反射回来，避免信号的反射对结点正确读取总线电压非常重要。在总线的两个终端加上终端电阻以终结总线，可以避免信号反射。

CAN 总线具有两种逻辑状态，即隐性和显性。隐性状态下，V_{CANH} 和 V_{CANL} 被固定为平均电压电平，两者电压差为 0。显性状态下，V_{CANH} 和 V_{CANL} 分别为 3.5V 和 1.5V，两者差分电压大于 2V。如图 4.4 所示。

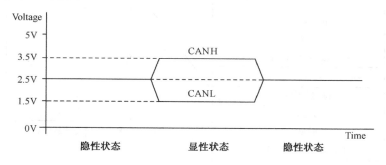

图 4.4　根据 ISO 11898 的额定总线电平

4.3　CAN 协议规范

1. CAN 规范中对应 ISO/OSI 参考模型的网络层

CAN 为串行通信协议，能有效地支持具有很高安全等级的分布实时控制。CAN 的应用范围很广，从高速网络到低价位的多路接线都可以使用 CAN。在汽车电子行业里，可以使用 CAN 连接发动机控制单元、传感器和防刹车系统等设备，其数据传输速度可达 1Mb/s。同时，可以将 CAN 安装在卡车本体的电子控制系统里，如车灯组和电气车窗等，用以代替接线配线装置。

技术规范的目的是为了在任何两个 CAN 仪器之间建立兼容性。但是，兼容性有不同的方面，比如电气特性和数据转换的解释。为了达到设计透明度以及实现灵活性，根据 ISO/OSI 参考模型，CAN 2.0 规范细分为数据链路层和物理层等不同的层次，如图 4.5 所示。

在以前版本的 CAN 规范中，数据链路层的 LLC 子层和 MAC 子层的服务及功能分别被解释为"对象层"和"传输层"。

以下几项为逻辑链路控制子层（LLC）的作用范围。

（1）为远程数据请求和数据传输提供服务。

（2）确定由实际要使用的 LLC 子层接收哪一个报文。

（3）为恢复管理和过载通知提供手段。

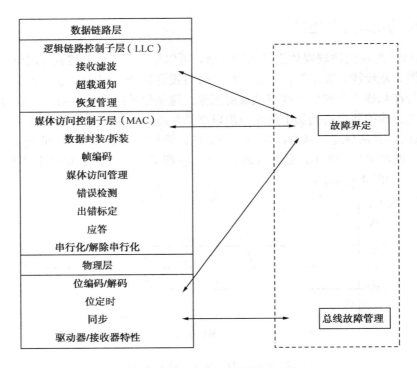

图 4.5　CAN 协议分层结构和功能

在这里，定义对象处理较为自由。MAC 子层的作用主要是传送规则，即控制帧结构、执行仲裁、错误检测、出错标定和故障界定。总线上什么时候开始发送新报文及什么时候开始接收报文，均在 MAC 子层里确定。位定时的一些普通功能也可以看做是 MAC 子层的一部分。理所当然，MAC 子层的修改须受到限制。

物理层的作用是在不同结点之间根据所有的电气属性进行位的实际传输。同一网络的物理层对于所有的结点都相同。尽管如此，在选择物理层方面仍很自由。

这个版本技术规范的目的是定义数据链路层中 MAC 子层和一小部分 LLC 子层，以及定义 CAN 协议在周围各层当中所发挥的作用。

2. 基本概念

CAN 具有以下属性。
（1）报文的优先权。
（2）保证延迟时间。
（3）设置灵活。
（4）时间同步的多点接收。
（5）系统内数据的连贯性。
（6）多主机。
（7）错误检测和错误标定。
（8）只要总线处于空闲，就自动将破坏的报文重新传输。
（9）将结点的暂时性错误和永久性错误区分开来，并自动关闭发生故障的结点。
依据 ISO/OSI 参考模型的层结构具有以下功能。

（1）物理层定义信号是如何实际地传输，它涉及位时间、位编码和同步的解释。本技术规范没有定义物理层的驱动器/接收器特性，以便允许根据它们的应用，对发送媒体和信号电平进行优化。

（2）MAC 子层是 CAN 协议的核心。它把接收到的报文提供给 LLC 子层，并接收来自 LLC 子层的报文。MAC 子层负责报文分帧、仲裁、应答、错误检测和标定。MAC 子层也被称做故障界定的管理实体监管。此故障界定为自检机制，以便把永久故障和短时扰动区别开来。

（3）LLC 子层涉及报文滤波、过载通知及恢复管理。

4.3.1 基本术语

1. 报文

总线上的报文以不同的固定报文格式发送，但长度受限。当总线空闲时任何链接的单元都可以开始发送新的报文。

2. 信息路由

在 CAN 系统里，CAN 的结点不使用任何关于系统配置的报文（如结点地址）。这样不用依赖应用层以及任何结点软件和硬件的改变，就可以在 CAN 网络中直接添加结点，提高了系统灵活性。报文的内容由识别符命名，识别符不指出报文的目的地，但解释数据的含义。因此，可以通过报文滤波确定网络上所有的结点是否应对该数据做出反应。由于引入了报文滤波的概念，任何结点都可以接收报文，并同时对此报文做出反应。为确保报文在 CAN 网络里同时被所有的结点接收（或同时不被接收），要通过多播和错误处理的原理实现系统的数据连贯性。

3. 位速率

不同的系统，CAN 的速率不同。在一个给定的系统里，位速率是唯一的，并且是固定的。

4. 优先权

在总线访问期间，识别符定义一个静态的报文优先权。

5. 远程数据请求

通过发送远程帧，需要数据的结点可以请求另一结点发送相应的数据帧。数据帧和相应的远程帧是由相同的识别符命名的。

6. 仲裁

只要总线空闲，任何单元都可以开始发送报文。具有较高优先权报文的单元可以获得总线访问权。如果两个或两个以上的单元同时开始传送报文，那么就会有总线访问冲突，通过使用识别符的逐位仲裁可以解决这个冲突。仲裁的机制确保了报文和时间均不损失。当具有相同识别符的数据帧和远程帧同时初始化时，数据帧优先于远程帧。仲裁期间，每一个发送器都对发送位的电平与被监控的总线电平进行比较，如果电平相同，则这个单元可以继续发送；如果发送的是一"隐性"电平而监视的是一"显性"电平（见总线值），则单元就失去了仲裁，必须退出发送状态。

7．错误检测

为了获得最安全的数据发送，CAN 的每一个结点均采取了强有力的措施以便错误检测、错误标定及错误自检。

（1）要进行错误检测，必须采取以下措施。

① 监视（发送器对发送位的电平与被监控的总线电平进行比较）。

② 循环冗余检查。

③ 位填充。

④ 报文格式检查。

（2）错误检测的执行。错误检测的机制要具有以下的属性。

① 检测到所有的全局错误。

② 检测到发送器所有的局部错误。

③ 可以检测到报文里多达 5 个任意分布的错误。

④ 检测到报文里长度低于 15（位）的突发性错误。

⑤ 检测到报文里任一奇数个的错误。

（3）错误标定和恢复时间。任何检测到错误的结点会标识出损坏的报文。此报文会失效并将自动地开始重新传送。如果不再出现错误的话，从检测到错误到下一报文的传送开始为止，恢复时间最多为 31 个位的时间。

8．故障界定

CAN 结点能够把永久故障和短暂扰动区别开来，同时故障的结点会被关闭。

9．总线值

总线有"显性"和"隐性"两个互补的逻辑值。"显性"位和"隐性"位同时传送时，总线的结果值为"显性"。比如，在总线的"写与"执行时，逻辑 0 代表"显性"等级，逻辑 1 代表"隐性"等级。

10．应答

所有的接收器检查报文的连贯性。对于连贯的报文，接收器应答，对于不连贯的报文，接收器做出标志。

4.3.2　CAN 的报文及其结构

在总线上的任意结点均可以作为发送器或接收器，我们将发出报文的结点称为发送器，该结点在总线空闲或丢失仲裁前始终为发送器。如果一个结点不是发送器，且总线不是处于空闲状态，则该结点称为接收器。报文由一个发送器发出，再由一个或多个接收器接收。

报文传输由以下 4 个不同类型的帧表示和控制。

（1）数据帧。数据帧携带数据从发送器至接收器，总线上传输的大多是这个帧。

（2）远程帧。由总线单元发出，请求发送具有同一识别符的数据帧。数据帧（或远程帧）

通过帧间空间与其他各帧分开。

（3）错误帧。任何单元一旦检测到总线错误就发出错误帧。

（4）过载帧。过载帧用以在先行的和后续的数据帧（或远程帧）之间提供一附加的延时。

1．数据帧

数据帧由 7 个不同的位场组成：帧起始（Start of Frame）、仲裁场（Arbitration Frame）、控制场（Control Frame）、数据场（DataFrame）、CRC 场（CRC Frame）、应答场（ACK Frame）和帧结尾（End of Frame）。数据场的长度可以为 0；CAN 2.0A 数据帧的组成如图 4.6 所示。

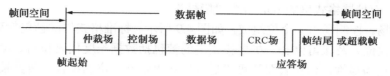

图 4.6　数据帧的组成

（1）帧起始。帧起始（SOF）标志数据帧和远程帧的起始，仅由一个"显性"位组成。只在总线空闲时才允许站开始发送。所有站必须同步于首先开始发送报文的站的帧起始前沿。

（2）仲裁场。仲裁场包括识别符和远程发送请求位（RTR）。如图 4.7 所示为仲裁场 j 结构示意图。

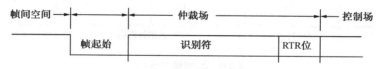

图 4.7　仲裁场 j 结构示意图

① 识别符。标准格式识别符的长度为 11 位，相当于扩展格式的基本 ID（Base ID）。这些位按 ID-28 到 ID-18 的顺序发送，最低位是 ID-18，且 7 个最高位（ID-28～ID-22）必须不能全是"隐性"。扩展格式识别符和标准格式识别符不同，如图 4.8 所示为标准格式数据帧与扩展格式数据帧的仲裁场比较。扩展格式由 29 位组成，其格式包含 11 位基本 ID 和 18 位扩展 ID 两个部分。基本 ID 包括 11 位，它按 ID-28 到 ID-18 的顺序发送，它相当于标准识别符的格式。基本 ID 定义扩展帧的基本优先权。扩展 ID 包括 18 位，它按 ID-17 到 ID-0 顺序发送。标准帧里，识别符之后是 RTR 位。

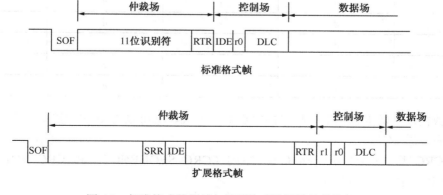

图 4.8　标准格式数据帧与扩展格式数据帧的仲裁场

② RTR 位。RTR 的全称为"远程发送请求位（Remote Transmission Request Bit）"。RTR 位在数据帧里必须为"显性"，而在远程帧里必须为"隐性"。扩展格式里，基本 ID 首先发送，其次是 IDE 位和 SRR 位。扩展 ID 的发送位于 SRR 位之后。

③ SRR 位。SRR 的全称是"替代远程请求位（Substitute Remote Request Bit）"。SRR 是一隐性位，它在扩展格式的标准帧 RTR 位位置，因此代替标准帧的 RTR 位。标准帧与扩展帧的冲突通过标准帧优先于扩展帧这一途径得以解决，扩展帧的基本 ID 如同标准帧的识别符。

④ IDE 位。IDE 的全称是"识别符扩展位（Identifier Extension Bit）"，标准格式里的 IDE 位为"显性"，而扩展格式里的 IDE 位为"隐性"。

（3）控制场。控制场由 6 个位组成，如图 4.9 所示。标准格式里的帧包括数据长度代码、IDE 位（为显性位）及保留位 r0。扩展格式里的帧包括数据长度代码和 r1、r0 两个保留位。保留位必须发送为显性，但接收器认可"显性"和"隐性"位的组合。数据长度代码代表数据场里的字节数量，为 4 个位，它在控制场里发送。数据长度代码中数据字节数的编码缩写为：d—"显性"；r—"隐性"。数据帧允许的数据字节数为：{0，1，…，7，8}，其他的数值不允许使用。如表 4.1 所示。

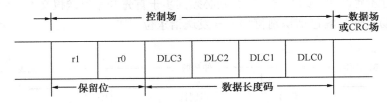

图 4.9　控制场示意图

表 4.1　数据长度代码表

数据字节数	数据长度代码			
	DLC3	DLC2	DLC 1	DLC0
0	d	d	d	d
1	d	d	d	r
2	d	d	r	d
3	d	d	r	r
4	d	r	d	d
5	d	r	d	r
6	d	r	r	d
7	d	r	r	r
8	r	d	d	d

（4）数据场。数据场由数据帧里的发送数据组成。它可以为 0~8 字节，每字节包含 8 个位，首先发送 MSB。

（5）CRC 场。CRC 场包括 CRC 序列（CRC SEQUENCE）和 CRC 界定符（CRC DELIMITER），如图 4.10 所示。

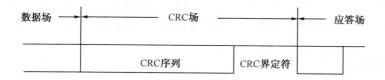

图 4.10 CRC 场示意图

① CRC 序列。CRC 序列是由循环冗余码求得的帧检查序列组成，最适用于位数低于 127 位（BCH 码）的帧。为进行 CRC 计算，被除的多项式系数由无填充位流给定，组成这些位流的成分是帧起始、仲裁场、控制场和数据场（假如有），而 15 个最低位的系数是 0。将此多项式被下面的多项式发生器除（其系数以 2 为模）：

$$X^{15}+X^{14}+X^{10}+X^8+X^7+X^4+X^3+1$$

这个多项式除法的余数就是发送到总线上的 CRC 序列。

② CRC 界定符。CRC 序列之后是 CRC 界定符，它包含一个单独的"隐性"位。

（6）应答场。应答场长度为 2 个位，包含应答间隙（ACK SLOT）和应答界定符（ACK DELIMITER），如图 4.11 所示。在应答场里，发送站发送两个"隐性"位。当接收器正确地接收到有效的报文时，接收器就会在应答间隙期间（发送 ACK 信号）向发送器发送一"显性"位以示应答。

图 4.11 应答场示意图

① 应答间隙。所有接收到匹配 CRC 序列的站会在应答间隙期间用一"显性"位写入发送器的"隐性"位来做出回答。

② 应答界定符。应答界定符是应答场的第二个位，并且是一个必须为"隐性"的位。因此，应答间隙被两个"隐性"位所包围，即 CRC 界定符和应答界定符。

（7）帧结尾。每一个数据帧和远程帧均由一标志序列定界，这个标志序列由 7 个"隐性"位组成。

2．远程帧

通过发送远程帧，作为某数据接收器的站可以初始化通过其资源结点传送的不同数据。

远程帧也有标准格式和扩展格式，而且都由帧起始、仲裁场、控制场、CRC 场、应答场和帧结尾等 6 个不同的位场组成，如图 4.12 所示。

图 4.12 远程帧的组成

与数据帧相反，远程帧的 RTR 位是"隐性"。它没有数据场，数据长度代码的数值不受制约（可以标注为容许范围 0～8 的任何数值），此数值是相应于数据帧的数据长度代码。

RTR 位的极性表示了所发送的帧是一数据帧（RTR"显性"）还是一远程帧（RTR"隐性"）。

3．错误帧

错误帧由两个不同的场组成，如图 4.13 所示。第一个场是不同站提供的错误标志（ERROR FLAG）的叠加；第二个场是错误界定符。

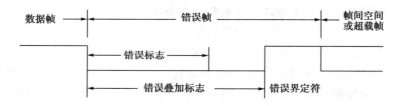

图 4.13　错误帧的组成

为了能正确地终止错误帧，"错误被动"的结点要求总线至少有长度为 3 个位时间的总线空闲（如果"错误被动"的接收器有局部错误）。因此，总线的载荷不应为 100%。

错误标志有主动错误标志和被动错误标志两种形式。

（1）主动错误标志由 6 个连续的"显性"位组成。

（2）被动错误标志由 6 个连续的"隐性"位组成，除非被其他结点的"显性"位重写。

检测到错误条件的"错误激活"的站通过发送主动错误标志指示错误。错误标志的形式破坏了从帧起始到 CRC 界定符的位填充的规则，或者破坏了 ACK 场或帧结尾场的固定形式。所有其他的站由此检测到错误条件并与此同时开始发送错误标志。因此，"显性"位（此"显性"位可以在总线上监视）序列导致一个结果，这个结果把个别站发送的不同的错误标志叠加在一起。这个序列的总长度最小为 6 个位，最大为 12 个位。

检测到错误条件的"错误被动"的站试图通过发送被动错误标志指示错误。"错误被动"的站等待 6 个相同极性的连续位（这 6 个位处于被动错误标志的开始）。当这 6 个相同的位被检测到时，被动错误标志发送完成。

错误界定符包括 8 个"隐性"位。

错误标志传送以后，每一站就发送"隐性"位并一直监视总线直到检测出一个"隐性"位为止，然后就开始发送其余 7 个"隐性"位。

4．过载帧

过载帧包括过载标志和过载界定符两个位场，如图 4.14 所示。

有如下三种过载的情况，这三种情况都会引发过载标志的传送。

（1）接收器的内部情况（此接收器对于下一数据帧或远程帧需要有一延时）。

（2）在间歇的第一和第二字节检测到一个"显性"位。

（3）如果 CAN 结点在错误界定符或过载界定符的第 8 位（最后一位）采样到一个显性位，结点会发送一个过载帧（不是错误帧），此时错误计数器不会增加。

根据过载情况 1 而引发的过载帧只允许起始于所期望的间歇的第一个位时间，而根据情况 2 和情况 3 引发的过载帧应起始于所检测到"显性"位之后的位。

通常为了延时下一个数据帧或远程帧，两种过载帧均可产生。

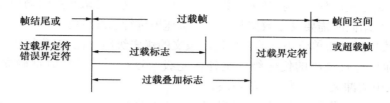

图 4.14 过载帧的组成

过载标志由 6 个"显性"位组成。过载标志的所有形式和主动错误标志的形式一样。

过载标志的形式破坏了间歇场的固定形式。因此，所有其他的站都检测到过载条件并与此同时发出过载标志。如果有的结点在间歇的第 3 个位期间检测到"显性"位，则这个位将解释为帧的起始。

过载界定符（Overload Delimeter）包括 8 个"隐性"位，它的形式和错误界定符的形式一样。过载标志被传送后，站就一直监视总线直到检测到一个从"显性"位到"隐性"位的跳变。此时，总线上的每一个站完成了过载标志的发送，并开始同时发送其余 7 个"隐性"位。

5. 帧间空间

帧间空间用于隔离数据帧（或远程帧）与先行帧（数据帧、远程帧、错误帧和过载帧）。过载帧与错误帧之前没有帧间空间，多个过载帧之间也不用帧间空间隔离。

帧间空间包括间歇场和总线空闲的位场。如果"错误被动"的站已作为前一报文的发送器时，则其帧空间除了间歇和总线空闲外，还包括称做挂起传送的位场。

对于已作为前一报文发送器的"错误被动"的站，其帧间空间如图 4.15 所示。

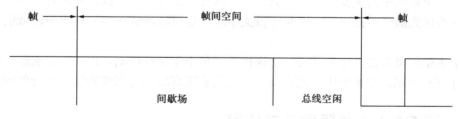

图 4.15 帧间空间组成

（1）间歇。间歇包括 3 个"隐性"位。间歇期间，所有的站均不允许传送数据帧或远程帧，唯一要做的是标识一个过载条件。

（2）总线空闲。总线空闲的时间是任意的。只要总线被认定为空闲，任何等待发送报文的站就会访问总线。在发送其他报文期间，有报文被挂起，对于这样的报文，其传送起始于间歇之后的第一个位。总线上检测到的"显性"位可被解释为帧的起始。

（3）挂起传送。"错误被动"的站发送报文后，站就在下一报文开始传送之前或总线空闲之前发出 8 个"隐性"位跟随在间歇的后面。如果与此同时另一站开始发送报文（由另一站引起），则此站就作为这个报文的接收器。

4.3.3　CAN 的位仲裁技术

要对数据进行实时处理，就必须将数据快速传送，这就要求数据的物理传输通路有较高的速度。在几个站同时需要发送数据时，要求快速地进行总线分配。

CAN 总线以报文为单位进行数据传送，报文的优先级结合在 11 位标识符中，具有最低二进制数的标识符有最高的优先级。这种优先级一旦在系统设计时被确立后就不能被更改。总线读取中的冲突可通过位仲裁解决。

如图 4.16 所示，当几个站同时发送报文时，站 1 的报文标识符为 0111110000；站 2 的报文标识符为 01001100000；站 3 的报文标识符为 01001110000。所有标识符都有相同的两位 01，直到第 3 位进行比较时，站 1 的报文被丢掉，因为它的第 3 位为高，而其他两个站的报文第 3 位为低。站 2 和站 3 报文的 4、5、6 位相同，直到第 7 位时，站 3 的报文才被丢失。注意，总线中的信号持续跟踪最后获得总线读取权的站的报文。在此例中，站 2 的报文被跟踪。这种非破坏性位仲裁方法的优点是：在网络最终确定哪一个站的报文被传送之前，报文的起始部分已经在网络上传送了。所有未获得总线读取权的站都成为具有最高优先权报文的接收站，并且不会在总线再次空闲前发送报文。

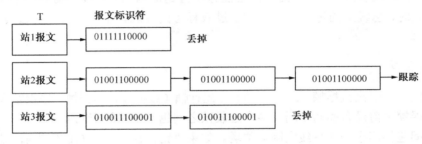

图 4.16　位仲裁示意图

CAN 具有较高的效率是因为总线仅仅被那些请求总线悬而未决的站利用，这些请求是根据报文在整个系统中的重要性按顺序处理的。这种方法在网络负载较重时有很多优点，因为总线读取的优先级已被按顺序放在每个报文中了，这可以保证在实时系统中较低的个体隐伏时间。

对于主站的可靠性，由于 CAN 协议执行非集中化总线控制，所有主要通信，包括总线读取（许可）控制，在系统中分几次完成。这是实现有较高可靠性的通信系统的唯一方法。

4.4　典型 CAN 总线器件及其应用

4.4.1　SJA1000 CAN 控制器

SJA1000 是一个独立的 CAN 控制器，它在汽车和普通的工业应用上有着优良的性能。由于它和 PCA82C200 在硬件和软件上都兼容，因此它将会替代 PCA82C200，SJA1000 有一系列先进的性能，适合于多种应用，特别是在系统优化诊断和维护方面非常重要。

SJA1000 在软件和引脚上都与它的前一款 PCA82C200 独立控制器兼容。在此基础上它增加了很多新的功能，为了实现软件兼容，SJA1000 独立的 CAN 控制器有两个不同的操作模式。

（1）BasicCAN 模式。BasicCAN 模式和 PCA82C200 兼容。BasicCAN 模式是上电后默认的操作模式，因此用 PCA82C200 开发的已有硬件和软件，可以直接在 SJA1000 上使用而不用作任何修改。

（2）PeliCAN 模式。PeliCAN 模式是新的操作模式。它能够处理所有 CAN 2.0B 规范的帧类型。而且它还提供一些增强功能，使 SJA1000 能应用于更宽的领域。

工作模式通过时钟分频寄存器中的 CAN 模式位来选择，复位时默认模式是 BasicCAN 模式。

1. SJA1000 控制器的结构

SJA1000 控制器可以分为 CAN 核心模块、接口管理逻辑、发送缓冲器、验收滤波器和接收 FIFO 等五个功能模块，SJA1000 控制器结构如图 4.17 所示，它由主控制器进行管理控制，将欲收发的信息（报文）转换为 CAN 规范的 CAN 帧，再通过 CAN 收发器，在 CAN-bus 上交换信息。

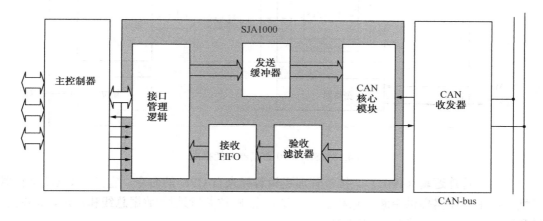

图 4.17　SJA1000 控制器结构

（1）CAN 核心模块。根据 CAN 规范控制 CAN 帧的发送和接收。当收到一个报文时，CAN 核心模块将串行位流转换成所使用的并行数据，当发送一个报文时则相反。

（2）接口管理逻辑。接口管理逻辑用于连接外部主控制器。外部可以是微型控制器或任何其他器件，SJA1000 通过复用的地址/数据总线，与主控制器联系。

（3）发送缓冲器。发送缓冲器用于存储一个完整的扩展的或标准的报文。当主控制器初始发送时，接口管理逻辑会使 CAN 核心模块从发送缓冲器读 CAN 报文。

（4）验收滤波器。通过这个可编程的滤波器能确定主控制器要接收哪些报文。

（5）接收 FIFO。接收 FIFO 用于存储所有收到的报文，储存报文的多少由工作模式决定，它最多能存储 32 个报文。因为数据超载可能性被大大降低，这使用户能更灵活地指定中断服务和中断优先级。

2. SJA1000 控制器功能框图

如图 4.18 所示为 CAN 控制模块 SJA1000 功能框图，它由以下部分组成。

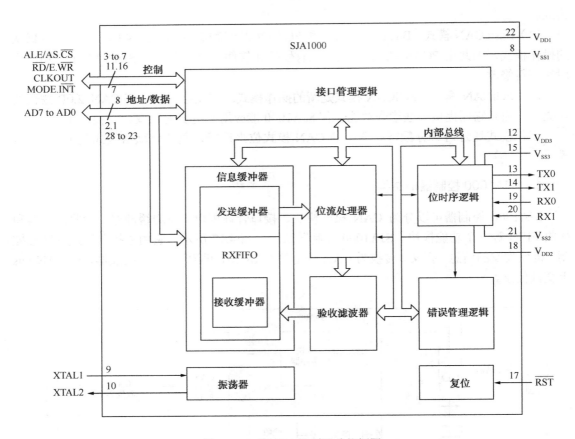

图 4.18 SJA1000 控制器功能框图

（1）接口管理逻辑（IML）。接口管理逻辑解释来自 CPU 的命令，它控制 CAN 寄存器的寻址，向主控制器提供中断信息和状态信息。由 8 位并行地址/数据总线和片选、读/写、时钟和使能等控制信号线与主控制 CPU 相连接。

（2）发送缓冲器（TXB）。发送缓冲器是 CPU 和 BSP（位流处理器）之间的接口，它能够存储发送到 CAN 网络上的完整信息，缓冲器长 13 字节，由 CPU 写入并由 BSP 读出。

（3）接收缓冲器（RXB，RXFIFO）。接收缓冲器是验收滤波器和 CPU 之间的接口，它用来储存从 CAN 总线上接收的信息，接收缓冲器（RXB，13 字节）作为接收 FIFO（RXFIFO，长 64 字节）的一个窗口，可被 CPU 访问，CPU 在此 FIFO 的支持下可以在处理信息的时候接收其他信息。

（4）验收滤波器（ACF）。验收滤波器把数据和接收的识别码的内容相比较，以决定是否接收信息。在纯粹的接收测试中，所有的信息都保存在 RXFIFO 中。

（5）位流处理器（BSP）。位流处理器是一个在发送缓冲器、RXFIFO 和 CAN 总线之间，控制数据流的程序装置，它还在 CAN 总线上执行错误检测、仲裁填充和错误处理等操作。

（6）位时序逻辑（BTL）。位时序逻辑用于监视串口的 CAN 总线和处理与总线有关的位时序。它在信息开头的总线传输时同步 CAN 总线位流（硬同步），接收信息时再次同步下一次传送（软同步）。BTL 还提供了可编程的间段来补偿传播延迟时间、相位转换、定义采样点和一位时间内的采样次数。

（7）错误管理逻辑（EML）。EML 负责传送层模块的错误管制，它接收 BSP 的出错报告，并通知 BSP 和 IML 进行错误统计。

3．SJA1000 控制器引脚

SJA1000 控制器有 DIP28（塑质双列直插封装）和 SO28（塑质小型外线封装）两种形式，DIP28 引脚如图 4.19 所示。SJA1000 引脚排列与引脚功能如表 4.2 所示。

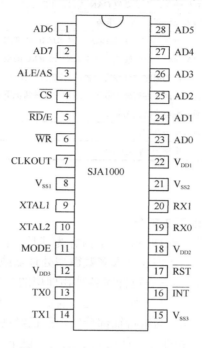

图 4.19　SJA1000 DIP28 引脚图

表 4.2　SJA1000 引脚排列与引脚功能表

符　号	引　脚	说　明
AD7～AD0	2，1，28～23	多路地址/数据总线
ALE/AS	3	ALE 输入信号（Intel 模式）；AS 输入信号（Motorola 模式）
$\overline{CS}$	4	片选输入，低电平允许访问 SJA1000
$\overline{RD}$ /E	5	微控制器（CPU）的 $\overline{RD}$ 信号（Intel 模式）或 E 使能信号（Motorola 模式）
$\overline{WR}$	6	微控制器（CPU）的 $\overline{WR}$ 信号（Intel 模式）或 $\overline{RD}$ / $\overline{WR}$ 信号（Motorola 模式）
CLKOUT	7	SJA1000 产生的提供给微控制器（CPU）的时钟输出信号，时钟信号来源于内部振荡器，时钟控制寄存器的时钟关闭位可禁止该引脚
V_{SS1}	8	接地
XTAL1	9	输入到振荡器放大电路，外部振荡信号由此输入
XTAL2	10	振荡放大电路输出，使用外部振荡信号时开路
MODE	11	模式选择输入，1 为 Intel 模式，0 为 Motorola 模式
V_{DD3}	12	输出驱动的 5V 电压源
TX0	13	输出驱动器 0 输出端
TX1	14	输出驱动器 1 输出端

符　号	引　脚	说　明
V_{SS3}	15	输出驱动器接地
$\overline{INT}$	16	中断输出，用于中断微控制器（CPU），$\overline{INT}$ 在内部中断寄存器各位都被置位时，低电平有效。$\overline{INT}$ 是开漏输出且与系统中的其他 $\overline{INT}$ 是线或的关系，此引脚上的低电平可以把 IC 从睡眠模式中激活
$\overline{RST}$	17	复位输入，用于复位 CAN 接口，$\overline{RS}$ 可接成自动上电复位方式（C＝1F；R＝50kΩ）
V_{DD2}	18	输入比较器的 5V 电压源
RX0，RX1	19，20	从物理的 CAN 总线输入到 SJA1000 的输入比较器输入端，控制电平将会唤醒 SJA1000 的睡眠模式。如果 RX1 比 RX0 的电平高，就读为显性电平，反之读为隐性电平，如果时钟分频寄存器的 CBP 位被置位，就旁路 CAN 输入比较器，以减少内部延时（此时连有外部收发电路），这种情况下只有 RX0 激活；隐性电平被认为是高，而显性电平被认为是低
V_{SS2}	21	输入比较器的接地端
V_{DD1}	22	逻辑电路的 5V 电压源

4．SJA1000 的特征

SJA1000 的特征可以分成以下 3 部分。

（1）与 PCA82C200 完全兼容的功能。以下内容为其具体特征。

① 灵活的微处理器接口——允许连接大多数微型处理器或微型控制器。

② 可编程的 CAN 输出驱动器——可针对各种物理层的介质。

③ CAN 位频率高达 1Mb/s——SJA1000 覆盖了位频率的所有范围，包括高速应用。

（2）改良的 PCA82C200 功能，这组特征部分的功能已经在 PCA82C200 里实现，但是在 SJA1000 里这些功能在速度大小和性能方面得到了改良。以下为其特征。

① CAN 2.0B（Passive）——SJA1000 的 CAN 2.0B passive 特征允许 CAN 控制器接收有 29 位标识符的报文。

② 64 字节接收 FIFO——接收 FIFO，可以存储高达 21 个报文，这延长了最大中断服务时间，避免了数据超载。

③ 24MHz 时钟频率——微处理器的访问更快和 CAN 的位定时选择更多。

④ 接收比较器旁路——减少内部延迟，由于改进的位定时编程，使 CAN 总线长度更长。

（3）PeliCAN 模式的增强功能，在 PeliCAN 模式里 SJA1000 支持一些错误分析功能，支持系统诊断、系统维护和系统优化。而且这个模式也加入了对一般 CPU 的支持和系统自身测试的功能。以下内容为其具体特征。

① CAN 2.0B active——CAN 2.0B active 支持带有 29 位标识符的网络扩展应用。

② 发送缓冲器——有 11 位或 29 位标识符的报文的单报文发送缓冲器。

③ 增强的验收滤波器——两个验收滤波器模式，支持 11 位和 29 位标识符的滤波。

④ 可读的错误计数器、可编程的出错警告界限、错误代码捕捉寄存器和出错中断——支持错误分析，在原形阶段和在正常操作期间可用于诊断、系统维护和系统优化。

⑤ 仲裁丢失捕捉中断——支持系统优化，包括报文延迟时间的分析。

⑥ 单次发送——使软件命令最小化和允许快速重载发送缓冲器。

⑦ 监听模式——SJA1000 能够作为一个认可的 CAN 监控器操作，可以分析 CAN 总线

通信或进行自动位速率检测。

⑧ 自测试模式——支持全部 CAN 结点的功能自测试或在一个系统内的自接收。

5．BasicCAN 模式

SJA1000 是一种 I/O 设备，是基于内存编址的微控制器，与其他控制器（CPU）之间的操作是通过像 RAM 一样的片内寄存器读/写来实现，如图 4.20 所示。

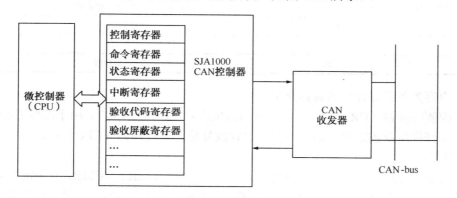

图 4.20　CAN 总线结点示意图

SJA1000 的地址区包括控制段和信息缓冲区。信息缓冲区又分为发送缓冲器和接收缓冲器。

控制段在初始化时载入，可以被编程来配置通信参数，例如，位时序。

微控制器通过这个段来控制 CAN 总线上的通信，在初始化时，CLKOUT 信号可以被微控制器编程指定一个值，应发送的信息会被写入发送缓冲器；成功接收信息后，微控制器从接收缓冲器中读取接收的信息，然后释放空间以做下一步应用。

微控制器和 SJA1000 之间状态、控制和命令信号的交换都在控制段中完成。如表 4.3 所示是 BasicCAN 各寄存器的地址表。

在以下两种不同的模式中访问寄存器情况会有所不同。

（1）复位模式。当硬件复位或控制器掉线时，总线状态位时会自动进入复位模式。

（2）工作模式。它通过置位控制寄存器的复位请求位激活。

表 4.3　BasicCAN 地址表

段	CAN 地址	寄存器名称（符号）
控制	0	控制寄存器
	1	命令寄存器
	2	状态寄存器
	3	中断寄存器
	4	验收代码寄存器
	5	验收屏蔽寄存器
	6	总线定时寄存器 0
	7	总线定时寄存器 1
	8	输出控制寄存器
	9	测试寄存器

段	CAN 地址	寄存器名称（符号）
发送缓冲器	10	识别码（ID10-3）
	11	识别码（ID2-0）+RTR 和 DLC
	12～19	数据字节 1～8
接收缓冲器	20	识别码（ID10-3）
	21	识别码（ID2-0）+RTR 和 DLC
	22～29	数据字节 1～8
	30	（FFH）
	31	时钟分频器

以下内容为各种寄存器的具体介绍。

（1）控制寄存器（CR）。控制寄存器的各位内容（CR.0～CR.7）用于改变 CAN 控制器的行为，这些位可以被微控制器（CPU）设置或复位，微控制器（CPU）可以对控制寄存器进行读/写操作。

（2）命令寄存器（CMR）。命令寄存器的各命令位（CMR.0～CMR.7）决定 SJA1000 传输层上的动作，命令寄存器对微控制器（CPU）来说是只写存储器。如果去读这个地址，返回值是 11111111。两条命令之间至少有一个内部时钟周期，内部时钟的频率是外部振荡频率的 1/2。

（3）状态寄存器（SR）。状态寄存器的各位内容（SR.0～SR.7）反映了 SJA1000 的状态；状态寄存器对微控制器（CPU）来说是只读存储器。

（4）中断寄存器（IR）。中断寄存器各位内容（IR.0～IR.7）能够识别中断源，当寄存器的一位或多位被置位时，$\overline{\text{INT}}$（低电平有效）引脚被激活，寄存器被微控制器（CPU）读过之后，所有导致 $\overline{\text{INT}}$ 引脚上的电平漂移的位被复位。中断寄存器对微控制器（CPU）来说是只读存储器。

（5）发送缓冲器。发送缓冲器是用来存储微控制器（CPU）向 SJA1000 发送的信息。可以分为描述符区和数据区，发送缓冲器的读/写只能由微控制器（CPU）在工作模式下完成，在复位模式下读出的值总是 FFH。

① 描述符区。

a. 识别码。识别码有 11 位（ID0～ID10），ID10 是最高位，在仲裁过程中是最先被发送到总线上的识别码。识别码就像信息的名字，它在接收器的验收滤波器中被用到，也在仲裁过程中决定总线访问的优先级。识别码的值越低，其优先级越高，这是因为在仲裁时有许多支配控制位开头的字节。

b. 远程发送请求（RTR）。如果此位置 1，总线将以远程帧发送数据，这意味着此段中没有数据字节，尽管如此也需要同识别码相同的数据帧来识别正确的数据长度；如果 RTR 位没有被置位，位数据将以数据长度码规定的长度来传送。

c. 数据长度码（DLC）。信息数据区的字节数根据数据长度码编制。在远程帧传送中，因为 RTR 被置位，数据长度码不被考虑。这就迫使发送/接收数据字节数为 0。总之，数据长度码必须正确设置，以避免两个 CAN 控制器用同样的识别机制启动远程帧传送而发生总线错误。数据字节数是 0～8，它用如下方法计算：

$$数据字节数 = 8 \times DLC.3 + 4 \times DLC.2 + 2 \times DLC.1 + DLC.0$$

为了保持兼容性，数据长度码不超过 8。如果选择的值超过 8，则按照 DLC 规定的 8 字节发送。

② 数据区。传送的数据字节数由数据长度码决定。发送的第一位是地址 12 单元的数据字节 1 的最高位。

（6）接收缓冲器。用来存储从总线上接收到的信息。接收缓冲器与发送缓冲器类似，接收缓冲器是 RXFIFO 中可访问的部分，位于 CAN 地址的 20～29 之间。它的识别码远程发送请求位和数据长度码同发送缓冲器的相同，只不过是地址不同。RXFIFO 共有 64 字节的信息空间，如图 4.21 所示是 RXFIFO 中信息存储示例，在任何情况下，FIFO 中可以存储的信息数取决于各条信息的长度，如果 RXFIFO 中没有足够的空间来存储新的信息，CAN 控制器会产生数据溢出。数据溢出发生时，已部分写入 RXFIFO 的当前信息将被删除。这种情况将通过状态位或数据溢出中断反应到微控制器（CPU）。

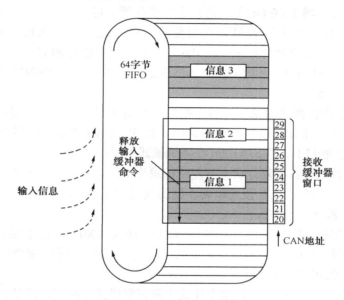

图 4.21　RXFIFO 中信息存储示例

（7）验收滤波器。在验收滤波器的帮助下，CAN 控制器能够允许 RXFIFO 只接收同识别码和验收滤波器中预设值相一致的信息。验收滤波器通过验收代码寄存器和验收屏蔽寄存器来定义。

① 验收代码寄存器（ACR）。复位请求位被置高（当前）时，这个寄存器可以被访问（读/写）。如果一条信息通过了验收滤波器的测试且接收缓冲器有空间，那么描述符和数据将分别被顺次写入 RXFIFO，当信息被正确地接收完毕，就会出现以下 3 种状态。

● 接收状态位置高（满）；

● 接收中断使能位置高（使能），接收中断置高（产生中断）；

● 验收代码位（AC.7～AC.0）和信息识别码的高 8 位（ID.10～ID.3）相等，且与验收屏蔽位（AM.7～AM.0）的相应位相或为 1，即对于方程：[(ID.10～ID.3)=(AC.7～AC.0)]∨(AM.7～AM.0)=11111111，如果满足该方程的描述，则被接收。

② 验收屏蔽寄存器（AMR）。如果复位请求位置高（当前），这个寄存器可以被访问（读/写）。验收屏蔽寄存器定义验收代码寄存器的相应位对验收滤波器是"相关的"或"无

影响的"（即可为任意值）。

（8）总线定时寄存器 0（BTR0）。总线定时寄存器 0 定义了波特率预设值（BRP）和同步跳转宽度（SJW）的值。复位模式有效时这个寄存器可以被访问（读/写）。在 BasicCAN 模式中总是 FFH。

① 波特率预设值。CAN 系统时钟 t_{SCL} 的周期可编程，它决定了相应的位时序。CAN 系统时钟由如下公式计算：

$$t_{SCL}=2\times t_{CLK}\times(32\times BRP.5+16\times BRP.4+8\times BRP.3+4\times BRP.2+2\times BRP.1+BRP.0+1)$$

式中，$t_{CLK}=1/f_{XTAL}$，大小与 X_{TAL} 的频率周期相等。

② 同步跳转宽度。为了补偿在不同总线控制器的时钟振荡器之间的相位偏移，任何总线控制器必须在当前传送的相关信号边沿重新同步。同步跳转宽度定义了每一位周期可以被重新同步。缩短或延长的时钟周期的最大数目 $t_{SJW}=t_{SCL}\times(2\times SJW.1+SJW.0+1)$。

（9）总线定时寄存器 1（BTR1）。总线定时寄存器 1 定义了每个位周期的长度、采样点的位置和在每个采样点的采样数目。在复位模式中，这个寄存器可以被读/写访问。在 PeliCAN 模式中，这个寄存器为只读；在 BasicCAN 模式中总是 FFH。

（10）时间段 1（TSEG1）和时间段 2（TSEG2）。TSEG1 和 TSEG2 决定了每一位的时钟数目和采样点的位置。

（11）输出控制寄存器（OCR）。输出控制寄存器实现了由软件控制不同输出驱动配置的建立。在复位模式中此寄存器可被读/写访问。在 PeliCAN 模式中这个寄存器为只读；在 BasicCAN 模式中总是 FFH。当 SJA1000 在睡眠模式中时，TX0 和 TX1 引脚根据输出控制寄存器的内容输出隐性电平；在复位状态下复位请求为 1 或外部复位引脚 $\overline{RST}$ 被拉低时，输出 TX0 和 TX1 悬空。发送的输出阶段可以有不同的模式。SJA1000 有如下四种输出模式，它们都由 OCR 的 BIT0 和 BIT1 设置。

① 正常输出模式。正常模式中位序列（TXD）通过 TX0 和 TX1 送出，输出驱动引脚 TX0 和 TX1 的电平取决于被 OCTPx、OCTNx（悬空、上拉、下拉、推挽）编程的驱动器的特性和被 OCPOLx 编程的输出端极性。

② 时钟输出模式。TX0 引脚在这个模式中和正常模式中相同。但是，TX1 上的数据流被发送时钟（TXCLK）代替了。发送时钟（不翻转）的上升沿标志着一位的开始。时钟脉冲宽度是 $1\times t_{SCL}$。

③ 双相输出模式。相对于正常输出模式，这里的位代表时间的变化和触发。如果总线控制器被发送器从总线上通电退耦，则位流不允许含有直流元件。可以使第一位在 TX0 上发送，第二位在 TX1 上发送，第三位在 TX0 上发送，如此反复。

④ 测试输出模式。在测试输出模式中，RX 上的电平在下一个系统时钟的上升沿映射到 TXn 上，系统时钟（$f_{osc}/2$）与输出控制寄存器中定义的极性一致。

（12）时钟分频寄存器（CDR）。时钟分频寄存器为微控制器控制 CLKOUT 的频率以及屏蔽 CLKOUT 引脚，而且它还控制着 TX1 上的专用接收中断脉冲、接收比较通道和 BasicCAN 模式与 PeliCAN 模式的选择。硬件复位后寄存器的默认状态是 Motorola 模式（00000101，12 分频）和 Intel 模式（00000000，2 分频）。软件复位（复位请求/复位模式）时，此寄存器不受影响。此时保留位（CDR.4）总是 0，应用软件总是向此位写 0 以与将来可能使用此位的特性兼容。

① CD.2～CD.0。CD.2～CD.0 在复位模式和工作模式中一样，它们可以被无限制访问。

这些位用来定义外部 CLKOUT 引脚上的频率。

② 时钟关闭。置 1 时，可禁止 SJA1000 的外部时钟 CLKOUT。只有在复位模式中才可以写访问，如果置位此位 CLKOUT 引脚在睡眠模式中是低而其他情况下是高。

③ RXINTEN。此位允许 TX1 输出用来做专用接收中断输出。当一条已接收的信息成功的通过验收滤波器，一位时间长度的接收中断脉冲就会在 TX1 引脚输出。

④ CBP。置位 CDR.6 可以中止 CAN 输入比较器，但只能在复位模式中设置。主要用于 SJA1000 外接发送接收电路时，此时内部延时被减少，将会导致总线长度最大可能值的增加。如果 CBP 被置位，只有 RX0 被激活。没有被使用的 RX1 输入应被连接到一个确定的电平（如 V_{SS}）。

⑤ CAN 模式。CDR.7 定义了 CAN 模式。如果 CDR.7 是 0，CAN 控制器工作于 BasicCAN 模式，否则 CAN 控制器工作于 PeliCAN 模式。CAN 模式只有在复位模式中可写。

4.4.2 PCA82C250 CAN 收发器

PCA82C250 是 CAN 协议控制器和物理总线的接口。此器件对总线提供差动发送功能，对 CAN 控制器提供差动接收功能，又称为总线驱动器，它具有以下主要特性。

（1）完全符合 ISO 11898 标准。

（2）高数据传输速率（最高达 1Mb/s）。

（3）具有抗汽车环境中的瞬间干扰、保护总线能力。

（4）斜率控制，降低射频干扰（RFI）。

（5）差分接收器，抗宽范围的共模干扰，抗电磁干扰（EMI）。

（6）热保护。

（7）防止电池和地之间的发生短路。

（8）低电流待机模式。

（9）未上电的结点对总线无影响。

（10）可连接 110 个结点。

1. 硬件结构

PCA82C250 器件为 DIP8 塑料双列直插封装，引脚结构如图 4.22 所示，引脚功能描述如表 4.4 所示，功能框如图 4.23 所示，片内引脚配置如图 4.24 所示。

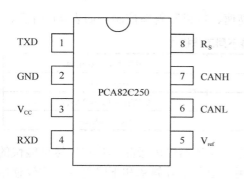

图 4.22 PCA82C250 引脚图

表 4.4 PCA82C250 引脚功能描述

符　号	引　脚	功 能 描 述
TXD	1	发送数据输入
GND	2	地
V_{cc}	3	电源电压
RXD	4	接收数据输出
V_{ref}	5	参考电压输出
CANL	6	低电平 CAN 电压输入/输出
CANH	7	高电平 CAN 电压输入/输出
R_S	8	斜率电阻输入

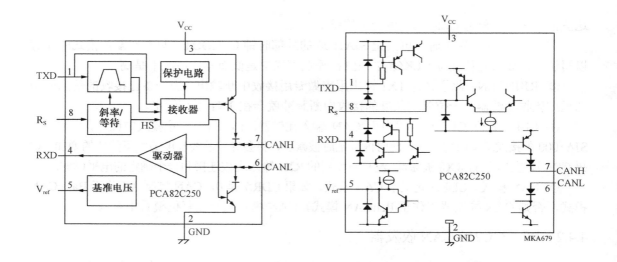

图 4.23　PCA82C250 功能框图　　　　图 4.24　PCA82C250 内引脚配置图

PCA82C250 基本性能数据如表 4.5 所示，PCA82C50 有一个限流电路可防止发送输出级对电池电压的正端和负端短路。虽然在这种故障条件出现时，功耗将增加，但这种特性可以阻止发送器输出级的破坏。在结点温度超过 160℃时，两个发送器输出端的极限电流将减少。由于发送器是功耗的主要部分，因此芯片温度会迅速降低。IC 的其他所有部分将继续工作。当总线短路时，热保护十分重要。CANH 和 CANL 两条线也防止在汽车环境下可能发生的电气瞬变现象。

表 4.5　PCA82C250 基本性能数据

标　记	参　数	条　件	最　小	最　大	单　位
V_{CC}	提供电压 4.5		4.5	5.5	V
I_{CC}	提供电流	待机模式	—	170	μA
$1/t_{bit}$	最大发送速率	非归零码（NRZ）	1	—	Mbaud
V_{can}	CANH、CANL 输入/输出电压		-8	+18	V
V_{diff}	差动总线电压		1.5	3.0	V
tpd	传送延迟时间	高速模式	—	50	ns
Tamb	工作环境温度		-40	+125	℃

引脚 8（R_S）允许选择三种不同的工作模式：高速、待机和斜率控制。如表 4.6 所示。

表 4.6　引脚 R_S 选择的三种不同工作模式

在 R_S 引脚上强制条件	模　式	引脚上电压和电流
$V_{RS} > 0.75 V_{CC}$	待机模式	$I_{RS} < |10μA|$
$-10μA < I_{RS} < -200μA$	斜率控制模式	$0.3V_{CC} < V_{RS} < 0.6V_{CC}$
$V_{RS} < 0.3 V_{CC}$	高速模式	$I_{RS} < -500μA$

（1）高速模式。在高速工作模式下，引脚 8 接地，发送器输出级晶体管将以尽可能快的速度打开、关闭。在这种模式下，不采取任何措施用于限制上升斜率和下降斜率。建议使用屏蔽电缆以避免射频干扰 RFI 问题。

（2）斜率控制模式。对于较低速度或较短总线长度，可使用非屏蔽双绞线或平行线作为总线。为降低射频干扰 RFI，应限制上升斜率和下降斜率。上升斜率和下降斜率可通过由引脚 8 接地的连接电阻进行控制。斜率正比于引脚 8 的电流输出。

（3）待机模式。引脚 8 如果接至高电平，则电路进入低电流待机模式。在这种模式下，发送器被关闭，而接收器转至低电流。若在总线上检测到显性位（差动总线电压大于 0.9V），RXD 将变为低电平。微控制器应将收发器转回至正常工作状态（通过引脚 8），以对此信号作出响应。由于处在待机方式下，接收器是慢速的，因此，第一个报文将被丢失。CAN 收发器的真值如表 4.7 所示。

表 4.7　CAN 收发器真值表

电　源	TXD	CANH	CANL	总　线　状　态	RXD
4.5V～5.5V	0	高	低	显性	0
4.5V～5.5V	1（或悬空）	悬空	悬空	隐性	1
低于 2V（未上电）	X	悬空	悬空	隐性	X
$2V < V_{CC} < 4.5V$	大于 $0.75\,V_{CC}$	悬空	悬空	隐性	X
$2V < V_{CC} < 4.5V$	X	若 $V_{RS} > 0.75\,V_{CC}$ 则悬空	若 $V_{RS} > 0.75\,V_{CC}$ 则悬空	隐性	X

PCA82C50 的主要电气特性：工作电压 V_{CC} 为 4.5～5.5V；环境温度 Tamb 为-40～+125℃；RL=60Ω；L8≥-10μA。除非另外说明，所有电压均以接地点（引脚 2）为参考，正向输入电流。所有参数在所设计的环境温度范围内均可确保正确，但 100% 被测试仅在+25℃下进行。

2．PCA82C250 的基本应用

PCA82C250 收发器的典型应用如图 4.25 所示。CAN 控制器通过串行数据输出线（TX）和串行数据输入线（RX）连接到 PCA82C250 收发器。收发器通过有差动发送和接收功能的两个总线终端 CANH 和 CANL 连接到总线电缆，输入 R_S 用于模式控制，参考电压输出 V_{ref} 的输出电压是额定 V_{CC} 的 0.5 倍，其中，收发器的额定电源电压是 5V。

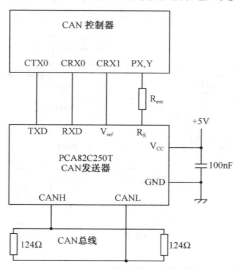

图 4.25　CAN 收发器的应用

CAN 协议控制器输出一个串行的发送数据流到收发器的 TXD 引脚，内部的上拉功能将 TXD 输入设置成逻辑高电平，即总线输出驱动器默认是被动的。在隐性状态中，CANH 和 CANL 输入通过典型内部阻抗为 17kΩ 的接收器输入网络，偏置到 2.5V 的额定电压。另外，如果 TXD 是逻辑低电平，总线的输出级将被激活，在总线电缆上产生一个显性的信号电平（见图 4.24）。输出驱动器由一个源输出级和一个下拉输出级组成，CANH 连接到源输出级，CANL 连接到下拉输出级。在显性状态中 CANH 的额定电压是 3.5V，CANL 是 1.5V。

如果没有一个总线结点传输一个显性位，总线处于隐性状态，即网络中所有 TXD 输入是逻辑高电平。另外，如果一个或更多的总线结点传输一个显性位，即至少一个 TXD 输入是逻辑低电平，则总线从隐性状态进入显性状态（线与功能）。

接收器的比较器将差动的总线信号转换成逻辑信号电平，并在 RXD 输出，接收到的串行数据流传送到总线协议控制器译码。接收器的比较器总是活动的，即当总线结点传输一个报文时，它也同时监控总线，这就要求有诸如安全性和支持非破坏性逐位竞争等 CAN 策略，一些控制器提供一个模拟的接收接口。

（RX0，RX1）RX0 一般需要连接到 RXD 输出，RX1 需要偏置到一个相应的电压电平，这个过程可以通过 V_{ref} 输出或一个电阻电压分配器来实现。

如图 4.26 所示的收发器直接连接到协议控制器及其应用电路。如果需要电流隔离，光耦可以按图上一样放置。在收发器和协议控制器之间使用光耦时，要注意选择正确的默认状态，尤其是在隔开的协议控制器电路一边没有上电时，更应注意正确选择。这种情况下，连接到 TXD 的光耦应该是"暗"的，即 LED 关断，当光耦是断开/暗时，收发器的 TXD 输入是逻辑高电平，可以达到自动防故障的目的。使用光耦还要考虑到将 R_S 模式控制输入连接到高电平有效的复位信号，例如，当本地收发器电源电压在斜率上升和下降过程中没有准备好的情况下，则禁止收发器工作。

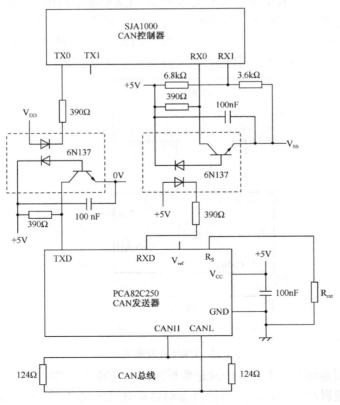

图 4.26　电气隔离的应用

4.4.3 CAN-bus 结点设计举例

1. 网络拓扑

CAN-bus 采用总线网络拓扑结构，在一个网络上至少需要有两个 CAN-bus 结点存在。在总线的两个终端，各需要安装 1 个 120Ω的终端电阻；如果结点数目大于两个，中间结点就不要求安装 120Ω终端电阻。网络拓扑如图 4.27 所示。

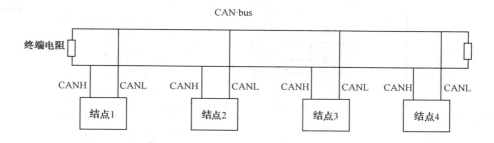

图 4.27 CAN 总线网络拓扑示意图

虽然每一个结点根据应用系统的任务有各自控制功能，但完成 CAN-bus 信息交换的功能相同。CAN-bus 结点一般由微处理器、CAN 控制器和 CAN 收发器三部分组成。CAN-bus 结点示意图如图 4.28 所示。

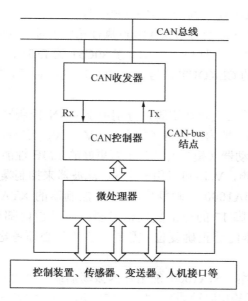

图 4.28 CAN-bus 结点示意图

2. 硬件设计

如图 4.29 所示为 CAN 总线系统结点硬件电路原理图。从图中可以看出，电路主要由微处理器 89C51、独立 CAN 通信控制器 SJA1000 和 CAN 总线收发器 82C250 三部分组成。微处理器 89C51 负责 SJA1000 的初始化，通过控制 SJA1000 实现数据的接收和发送等通信任务。

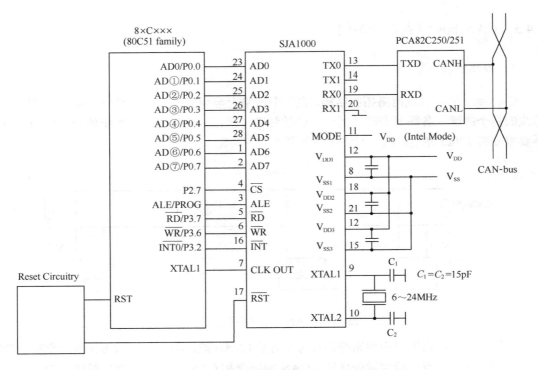

图 4.29　CAN 总线系统结点硬件电路原理图

　　SJA1000 的 AD0～AD7 连接到 80C51 的 P0 口，$\overline{CS}$ 连接到 80C51 的 P2.7，P2.7 为 0 选中 SJA1000。CPU 通过这些地址可对 SJA1000 执行相应的读/写操作，SJA1000 的 $\overline{RD}$、$\overline{WR}$ 和 ALE 分别与 80C51 的对应引脚相连，$\overline{INT}$ 接 80C51 的 INT0，80C51 也可通过中断方式访问 SJA1000。SJA1000 的 CLKOUT 信号作为 80C51 的时钟源，复位信号由外部复位电路产生。

　　（1）电源。SJA1000 有三对电源引脚，分别用于 CAN 控制器内部不同的数字和模拟模块。它们是 V_{DD1}/V_{SS1} 引脚，即内部逻辑（数字），V_{DD2}/V_{SS2} 引脚，即输入比较器（模拟），V_{DD3}/V_{SS3} 引脚，即输出驱动器（模拟）。为了有更好的 EME 性能，电源应该分隔开来，例如，为了抑制比较器的噪声，V_{DD2} 可以用一个 RC 滤波器来抑制噪声。

　　（2）复位。为了使 SJA1000 正确复位，CAN 控制器的 XTAL1 管脚必须连接一个稳定的振荡器时钟，同时引脚 17 的外部复位信号要同步并被内部延长到 15 个 t_{XTAL}。这保证了 SJA1000 所有寄存器能够正确复位。需要注意的是必须考虑上电后的振荡器的起振时间。

　　（3）振荡器和时钟方案。SJA1000 能用片内振荡器或片外时钟源工作。另外 CLKOUT 管脚可被使能，向主控制器输出时钟频率。如图 4.30 所示的时钟方案显示了 SJA1000 应用的四个不同的定时原理。如果不需要 CLKOUT 信号，可以通过置位时钟分频寄存器（ClockOff=1）关断。示例中采用的是 CPU 时钟，它由 SJA1000 提供方案。CLKOUT 信号的频率可以通过时钟分频寄存器改变，公式为：$f_{CLKOUT}=f_{XTAL}/$时钟分频因子（1、2、4、6、8、10、12、14）。上电或硬件复位后时，时钟分频因子的默认值由所选的接口模式（引脚 11）决定。如果使用 16MHz 的晶振，Intel 模式下 CLKOUT 的频率是 8MHz，Motorola 模式中复位后的时钟分频因子是 12，这种情况 CLKOUT 会产生 1.33MHz 的频率。

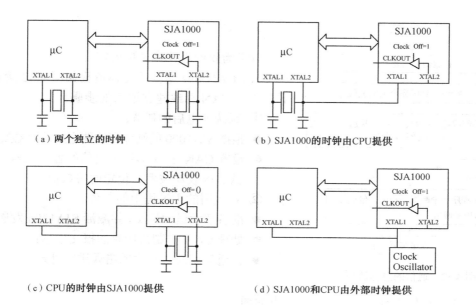

（a）两个独立的时钟　　　　　　　　　　　（b）SJA1000的时钟由CPU提供

（c）CPU的时钟由SJA1000提供　　　　　　（d）SJA1000和CPU由外部时钟提供

图 4.30　振荡器和时钟方案

（4）睡眠和唤醒。置位命令寄存器进入睡眠位（BasicCAN 模式）或模式寄存器（PeliCAN 模式）的睡眠模式位后，如果没有总线活动和中断等待，SJA1000 就会进入睡眠模式，振荡器在 15 个 CAN 位时间内保持运行状态。此时，微型控制器用 CLKOUT 频率来计时，进入自己的低功耗模式，如果出现三个唤醒条件之一，振荡器会再次启动并产生一个唤醒中断，振荡器稳定后，CLKOUT 频率被激活。

（5）CPU 接口。SJA1000 支持直接连接到 80C51 和 68×× 两个微型控制器系列。通过 SJA1000 的 MODE 引脚可选择两种接口模式：Intel 模式（MODE=高）和 Motorola 模式（MODE=低）。地址/数据总线和读/写控制信号在 Intel 模式和 Motorola 模式的连接如图 4.31 所示。Philips 基于 80C51 系列的 8 位微控制器和 XA 结构的 16 位微型控制器都使用 Intel 模式。为了和其他控制器的地址/数据总线和控制信号匹配，必须要附加逻辑电路，但必须确保在上电期间不产生写脉冲；另一个方法是在这个时候使片选输入为高电平，CAN 控制器无效。

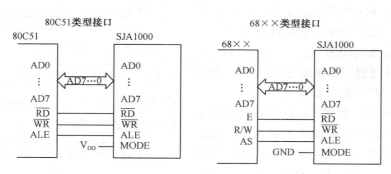

图 4.31　SJA1000 在 Intel 模式和 Motorola 模式的连接

图 4.32　通信的总体流程

3．软件设计

以下为软件设计的具体内容。

（1）CAN-bus 通信的总体流程如图 4.32 所示。以下是通过 CAN 总线建立通信的步骤。

① 系统上电后的任务。

● 根据 SJA1000 的硬件和软件连接设置主控制器；

● 设置 CAN 控制器用于通信的各控制器，如模式、验收滤波器、位定时等数值。

② 在应用的主过程中的任务。

● 准备要发送的报文，并激活 SJA1000 发送它们；

● 处理 CAN 控制器接收的报文信息；

● 在通信期间对发生的错误进行处理。

（2）通信软件设计。CAN 总线结点的通信软件设计主要包括 CAN 结点初始化程序、报文发送程序和报文接收程序三大部分。熟悉这三部分程序的设计，就能编写出利用 CAN 总线进行通信的一般应用程序。如果通信任务比较复杂，还需要详细了解有关 CAN 总线错误处理、总线脱离处理、接收滤波处理、波特率参数设置和自动检测以及 CAN 总线通信距离和结点数的计算等方面的内容。下面就初始化程序和报文发送程序的设计进行简要介绍。

① 初始化子程序。SJA1000 的初始化只有在复位模式下才可以进行。初始化主要包括工作方式的设置、接收滤波方式的设置、接收屏蔽寄存器 AMR 和接收代码寄存器 ACR 的设置、波特率参数设置和中断允许寄存器 IER 的设置等。在完成 SJA1000 的初始化设置以后，JA1000 就可以回到工作状态进行正常的通信任务。初始化子程序框图如图 4.33 所示。

② 发送子程序。发送子程序负责结点报文的发送。发送子程序框图如图 4.34 所示，发送时用户只需将待发送的数据按特定格式组合成一帧报文，送入 SJA1000 发送缓存区中，然后启动 SJA1000 发送即可。在向 SJA1000 发送缓存区送报文之前，必须先做一些判断。

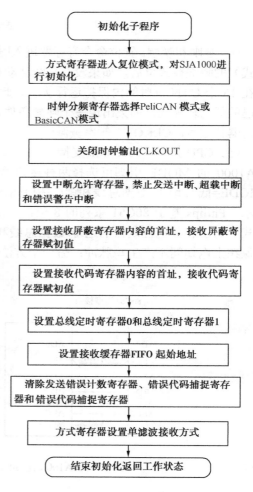

图 4.33　初始化子程序框图

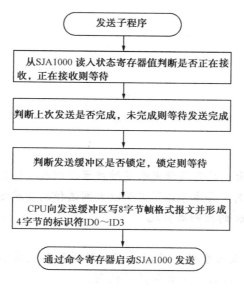

图 4.34　发送子程序框图

思 考 题

1. 简述 CAN 的工作原理、特点发展背景及其应用情况。
2. CAN 规范采用了 ISO/OSI 参考模型中的哪几层？
3. CAN 的报文及其结构是如何规定的？
4. 当几个站同时发送报文时，为什么 CAN 具有较高的效率？
5. SJA1000 控制器都有哪些引脚，分别具有什么功能？
6. SJA1000 控制器与 PCA82C250 收发器如何进行连接？
7. 简述 CAN-bus 结点的结构组成以及如何对一个 CAN-bus 结点进行硬件设计。

第5章

工业以太网

本章主要介绍工业以太网的发展状况和关键技术，以及典型的工业以太网和实时通信解决方案。以西门子产品为例，具体介绍了工业以太网通信的实施过程。最后给出了一个基于以太网和嵌入式 Web Server 的控制器实现。

【知识目标】

（1）工业以太网特点及典型的工业以太网实时通信解决方案；

（2）基于西门子 PLC 的工业以太网产品使用；

（3）基于以太网和嵌入式 Web Server 节点开发方案。

【能力目标】

（1）能够根据项目要求提出基本的工业以太网系统方案；

（2）能够根据项目特点、要求搭建以太网通信网络系统，并编程实现数据通信；

（3）能够设计、应用基本的以太网和嵌入式 Internet 节点。

5.1 概述

以太网技术的思想渊源最早可以追溯到 1968 年。以太网的核心思想是使用共享的公共传输信道，这个思想源于夏威夷大学。在局域网家族中，以太网是指遵循 IEEE 802.3 标准，可以在光缆和双绞线上传输的网络。以太网也是当前主要应用的一种局域网（LAN，Local Area Network）类型。目前的以太网按照数据传输速率大致分为以下四种。

（1）10Base-T 以太网——传输介质是双绞线，数据传输速率为 10Mb/s。

（2）快速以太网——数据传输速率为 100Mb/s，采用光缆或双绞线作为传输介质，兼容 10Base-T 以太网。

（3）Gigabit 以太网——扩展的以太网协议，数据传输速率为 1Gb/s，采用光缆或双绞线作为传输介质，基于当前的以太网标准，兼容 10Mb/s 以太网和 100Mb/s 以太网的交换机和路由器设备。

（4）10 Gigabit 以太网——2002 年 6 月发布，是一种速度更快的以太网技术。支持智能以太网服务，是未来广域网（WAN，Wide Area Network）和城域网（MAN，Metropolitan Area Network）的宽带解决方案。

5.1.1 工业以太网发展背景及其应用情况

随着社会的进步和技术的发展，用于商业系统的概念、方法和技术越来越多地应用于工业领域。近年来工业自动化领域也越来越多地受到信息技术的影响，信息技术的原理和标准日益渗透到工业自动化产品和系统中。工业以太网在工业自动化领域中快速发展并且日益变得重要，就是这种趋势的结果和体现。

所谓工业以太网，一般来讲是指技术上与商用以太网（即 IEEE 802.3 标准）兼容，但在产品设计时，在材质的选用、产品的强度、适用性以及实时性、可互操作性、可靠性、抗干扰性和本质安全等方面能满足工业现场需要的一种以太网。以太网进入工业自动化领域的直接原因是，现场总线多种标准并存，异种网络通信困难。在这样的背景下，以太网逐步应用于工业控制领域，并且快速发展。工业以太网的发展得益于以太网多方面的技术进步。首先是通信数据传输速率的提高，以太网从 10Mb/s、100Mb/s 到现在的 1000Mb/s、10Gb/s，数据传输速率的提高意味着网络负荷减轻和传输延时减少，网络碰撞几率下降；其次是由于采用星状网络拓扑结构和交换技术，使以太网交换机的各端口之间数据帧的输入和输出不再受 CSMA/CD 机制的制约，避免了冲突；再加上全双工通信方式使端口间两对双绞线（或两根光纤）上分别同时接收和发送数据，而不发生冲突。这样，全双工交换式以太网能避免因碰撞而引起的通信响应不确定性，保障通信的实时性。同时，由于工业自动化系统向分布式、智能化的实时控制方向发展，使通信已成为关键，用户对统一的通信协议和网络的要求日益迫切。所以，技术和应用的发展、需求使以太网进入工业自动化领域成为必然。

以太网进入工业自动化领域已经成为不争的事实。面对巨大的压力和发展空间，各个现场总线厂家都在保护已有技术和投资的条件下纷纷整合已有产品，相继推出新一代整合了以太网技术的现场总线技术和产品，这些产品系统不断投入市场，大大促进了工业以太网技术的应用和推广。如 ControlNet 和 DeviceNet 联合推出的 Ethernet/IP、Foundation Fieldbus 推出的 HSE 和 Schneider 开发的 Modbus TCP/IP 等，都已经成为有代表性的工业以太网技术，借助于这些厂家的现场总线产品市场，这些工业以太网产品得以快速提高了市场占有率。

采用网关接口是整合以太网和现场总线的权宜之计。这种方法最大限度地保护了原有的现场总线设备，有效巩固了工业以太网在信息层、控制层的主导地位，扩大了工业以太网的影响和应用范围。几乎所有现场总线厂家都推出了以太网接入方案和系统，可以方便地提供自己的现场总线产品系统接入以太网服务。同时，市场上也出现了一些专业的网关产品，如瑞典 HMS 公司的"Anybus"系列产品，为流行的 13 种现场总线网络提供通信接口，包括以太网接口，从而为工业以太网在更多场合应用提供尽可能的方便。

许多国际组织都在为建立工业以太网标准应用通信协议的技术规定而努力，工业以太网已经走上国际化、标准化轨道。工业控制领域 2003 年的 IEC 61158 国际现场总线标准中已经包括了 Ethernet/IP 以太网、FF 高速以太网 HSE 和 PROFInet 以太网；目前正在制定的实时以太网应用行规 IEC 61784—2 标准包括 6 种以太网标准：中国标准 EPA、德国 Beckhoof 公司 EtherCAT、日本横河公司 V-net、日本东芝公司 Tcnet、欧洲 IAONA 开放网络联合会 Ethernet PowerLink 和法国 Schneider 公司 Modbus/TCP。再加上建筑自动化领域的国际标准 ISO Standard 16484—5 BACnet/IP，已经和即将成为国际标准的工业以太网有 11 种之多。值得一提的是，其中的 EPA 是中国拥有自主知识产权的工业以太网标准，目前连续得到我国 863 计划重点资助，这也必将为国内工业以太网发展提供良好的空间和条件。

5.1.2 工业以太网的主要技术

以太网应用于工业自动化，其主要技术集中在以下几个方面，这几个方面技术在不断发展之中，是今后工业以太网技术攻关的一些主要领域。首先是应用层和用户层技术，对应于

ISO/OSI 七层通信模型，以太网技术规范只映射为其中的物理层和数据链路层，而对较高的层次（如会话层、表示层和应用层等）没有作技术规定，其中应用层和用户层技术是工业以太网的最主要的技术；其次，是网络层、传输层及其相关技术，网络层和传输层协议目前以 TCP/IP 协议为主，但许多厂家结合了中间件技术，从而大大改善了以太网性能；最后是以太网的稳定性与可靠性技术。以太网应用于工业控制领域的另一个主要问题是，它所用的接插件、集线器、交换机和线缆等均是为商用领域设计的，而未针对较恶劣的工业现场环境来设计，如高温、低温、防尘、抗干扰等，如何使以太网产品适应恶劣的工业现场环境，也是工业以太网的主要技术。当然，工业以太网应用也得益于其他一些重要技术，如全双工交换技术、拓扑技术以及以太网速度的不断提高等。

1．工业以太网的应用层技术

工业自动化网络控制系统不仅是一个完成数据传输的通信系统，而且还是一个借助网络完成控制功能的自控系统。它除了完成数据传输之外，往往还需要依靠所传输的数据和指令，执行某些控制计算与操作功能，由多个网络结点协调完成自动控制任务。因此，工业以太网要在应用层、用户层等高层做一些具体规定，一方面满足工业自动化的行业需求，同时需要在应用层、用户层等高层协议满足开放系统的要求，满足互操作条件。

如前所述，各个现场总线厂家相继推出了新一代整合以太网技术的现场总线技术和产品，实际上，这种整合有多方面的意义，一方面使工业以太网市场占有率快速提高，另一方面，这种整合的初衷是利用以太网传输工业数据，而实际上同时也把现场总线的应用层技术整合到了工业以太网技术之中。如 HSE，将现场总线报文作为用户数据嵌入 TCP/UDP 数据帧，然后再在以太网上传输，这样的结果是，HSE 直接继承了现场总线用户层规范和协议。比较有代表性的还有 Modbus TCP/IP，它直接将 Modbus 协议作为以太网用户层协议，报文的读/写、诊断等功能码可以直接沿用。

采用成熟的应用层和用户层技术，还可以增强工业以太网的确定性和实时性。如 Modbus 协议，采用主—从通信方式，在工业以太网中引入主—从通信管理，可以对网络结点的数据通信进行有效控制，从根本上避免数据冲突。以太网之所以灵活，很重要的一个原因，就是它没有定义任何上层协议。通过上层协议，可以实现主—从通信方式，这一点并不受链路层协议的制约。CSMA/CD 的实质是竞争，但竞争只是在多个站试图同时发送数据时才会发生。如果在应用层中实现一个主站轮询、从站响应的机制，那就不会有竞争发生，"对等的"以太网自然就成了一个主—从网络。

以太网已经形成了一些标准的 TCP/IP 技术，如 FTP（文件传送协议）、Telnet（远程登录协议）、SMTP（简单邮件传送协议）、HTTP（WWW 协议）、SNMP（简单网络管理协议）等应用层协议。工业以太网也在沿用着这些技术，主要应用于实时性要求不高的情况。工业以太网也应用这些技术解决了一些工业自动化的需求，比如，应用 SNTP（简单网络时间协议）进行系统时钟同步管理等。

2．网络层、传输层及其相关技术

在 TCP/IP 协议集中，有 TCP 和 UDP 两个不相同的传输协议。TCP/IP 和 UDP/IP 都广泛应用于工业以太网数据传输与管理。近年来，越来越明显的趋势是：TCP/IP 用于工业以太网的非实时数据通信，而实时数据通信则采用 UDP/IP 协议。

TCP 为两台主机提供高可靠性的数据通信。它所做的工作包括把应用程序交给它的数据分成合适的小块进而交给下面的网络层、确认接收到的分组和设置发送最后确认分组的超时时钟等。由于传输层提供了高可靠性的端到端通信，因此应用层可以忽略所有这些细节。TCP/IP 主要应用于系统组态、配置等数据量大、实时性要求不高的情况。

UDP 则为应用层提供了一种非常简单的服务。UDP 协议在工业控制中有明显的优势：系统开销小、速度快；对绝大多数基于消息包传递的应用程序来说，基于帧的通信（UDP）比基于流的通信（TCP）更为直接和有效；对应用部分实现系统冗余、任务分担提供了极大的易实现性及可操作性；对等的通信实体、应用部分可方便地根据需要构造成客户—服务器模型及分布处理模型，大大加强应用可操作性及可维护性的能力；可实现网状网络拓扑结构，可大大增强系统的容错性。目前 UDP 协议也存在无连接和通信不可靠等不足。工业控制中一般通过应用层协议设计可以弥补 UDP 协议这方面不足，如增加握手协议和确认报文等。

工业以太网数据传输和管理的一个典型技术是：在应用层和传输层之间增加中间件，对数据通信进行管理和控制。典型的如 IDA 技术，IDA 实时服务主要通过一个名为 Real-Time Publish/Subscribe（简称 RTPS）的协议来提供。而 RTPS 协议和 API 是通过一个在所有 IDA 设备中通用的中间件（Middleware）来实现的。RTPS 协议完全构建在工业标准的 UDP/IP 协议上，提供实时的 Publish/Subscribe 和 Client/Server 服务，而不使用 TCP。中间件提供的通信对象模型（IDA Objects）同时也是程序设计模型，任何一个想提供实时服务的应用程序都必须在它的基础上使用 RTPS 协议。

3. 稳定性与可靠性

Ethernet 进入工业控制领域的另一个主要问题是，它所用的接插件、集线器、交换机和线缆等均是为商用领域设计，而未针对较恶劣的工业现场环境来设计（如冗余直流电源输入、高温、低温、防尘等），故商用网络产品不能应用在有较高可靠性要求的恶劣工业现场环境中。

随着网络技术的发展，上述问题正在迅速得到解决。为了解决在不间断的工业应用领域，在极端条件下网络也能稳定工作的问题，美国 Synergetic 微系统公司和德国 Hirschmann、Jetter AG 等公司专门开发和生产了导轨式集线器、交换机产品，安装在标准 DIN 导轨上，并有冗余电源供电，接插件采用牢固的 DB-9 结构。我国台湾四零四科技（Moxa Technologies）在 2002 年就推出工业以太网产品 MOXA EtherDevice Server（工业以太网设备服务器），特别设计用于连接工业应用中具有以太网接口的工业设备（如 PLC、HMI、DCS 系统等）。

IEEE 802.3af 标准中，也对 Ethernet 的总线供电规范进行了定义。此外，在实际应用中，主干网可采用光纤传输，现场设备的连接则可采用屏蔽双绞线，对于重要的网段还可采用冗余网络技术，以此提高网络的抗干扰能力和可靠性。

5.1.3　几种典型的工业以太网简介

以下介绍几种典型的工业以太网。

1. HSE（高速以太网）

HSE（High Speed Ethernet Fieldbus）由现场总线基金会组织（FF）制定，是对 FF-H1 的高速网段的解决方案，它与 H1 现场总线整合构成信息集成开放的体系结构。

FF HSE 的 1～4 层由现有的以太网、TCP/IP 和 IEEE 标准所定义，HSE 和 H1 使用同样的用户层，现场总线信息规范（FMS）在 H1 中定义了服务接口，现场设备访问代理（FDA）为 HSE 提供接口。用户层规定功能模块、设备描述（DD）、功能文件（CF）以及系统管理（SM）。HSE 网络遵循标准的以太网规范，并根据过程控制的需要适当增加了一些功能，但这些增加的功能可以在标准的 Ethernet 结构框架内无缝地进行操作，因而 FF HSE 总线可以使用当前流行的商用（COTS）以太网设备。

100Mb/s 以太网拓扑是采用交换机形成星状连接，这种交换机具有防火墙功能，以阻断特殊类型的信息出入网络。HSE 使用标准的 IEEE 802.3 信号传输，标准的 Ethernet 接线和通信媒体。设备和交换机之间的距离，使用双绞线为 100m，光缆可达 2km。HSE 使用连接装置（LD）连接 H1 子系统，LD 执行网桥功能，它允许就地连在 H1 网络上的各个现场设备，以完成点对点对等通信。HSE 支持冗余通信，网络上的任何设备都能作冗余配置。

该总线使用框架式以太网（Shelf Ethernet）技术，数据传输速率从 100Mb/s 到 1Gb/s 或更高。HSE 完全支持 FF-H1 现场总线的各项功能，诸如功能块和装置描述语言等，并允许基于以太网的装置通过连接装置与 H1 装置相连接。连接到一个连接装置上的 H1 装置无须主系统的干预就可以进行对等层通信。连接到一个连接装置上的 H1 装置同样无须主系统的干预，也可以与另一个连接装置上的 H1 装置直接进行通信。

HSE 主要用于过程控制级别的一种现场总线标准，目前主要用于两种情况：第一类是计算量过大而不适合在现场仪表中进行的高层次模型或调度运算；第二类是多条 H1 总线或其他网络的网关桥路器。

2. PROFInet

PROFInet 由西门子公司和 PROFIBUS 用户协会开发，是一种基于组件的分布式以太网通信系统。

PROFInet 支持开放的和面向对象的通信，这种通信建立在普遍使用的 TCP/IP 基础之上。PROFInet 没有定义其专用工业应用协议。使用已有的 IT 标准，它的对象模式基于微软公司组件对象（COM）技术。对于网络上所有分布式对象之间的交互操作，均使用微软公司的 DCOM 协议和标准 TCP 和 UDP 协议。

PROFInet 用于 PROFIBUS 的纵向集成，它能将现有的 PROFIBUS 网络通过代理服务器（Proxy）连接到以太网上，从而将工厂自动化和企业信息管理自动化有机地融合为一体。系统可以通过代理服务器实现与其他现场总线系统的集成。

PROFInet 通过优化的通信机制满足实时通信的要求。PROFInet 基于以太网的通信有 3 种，分别对应不同的工业实时通信要求。PROFInet 1.0 基于组件的系统主要用于控制器与控制器通信；PROFInet-SRT 软实时系统用于控制器与 I/O 设备通信；PROFInet-IRT 硬实时系统用于运动控制。

3. Modbus/TCP

Modbus/TCP 是由 Schneider 公司于 1999 年公布的一种以太网技术。Modbus/TCP 基本上没有对 Modbus 协议本身进行修改，只是为了满足控制网络实时性的需要，改变了数据的传输方法和通信数据传输速率。

Modbus/TCP 以一种非常简单的方式将 Modbus 帧嵌入到 TCP 帧中，在应用层采用与常规的 Modbus/RTU 协议相同的登记方式。Modbus/TCP 采用一种面向连接的通信方式，即每一个呼叫都要求一个应答。这种呼叫/应答的机制与 Modbus 的主/从机制相互配合，使 Modbus/TCP 交换式以太网具有很高的确定性。Modbus/TCP 允许利用网络浏览器查看控制网络中设备的运行情况。Schneider 公司已经为 Modbus 注册了 502 端口，这样就可以将实时数据嵌入到网页中。通过在设备中嵌入 Web Server，即可将 Web 浏览器作为设备的操作终端。

Modbus/TCP 所包括的设备有：连接到 Modbus/TCP 网络上的客户机和服务器、用于 Modbus/TCP 网络和串行线子网互联的网桥、路由器或网关等互联设备。

4. EtherNet/IP

EtherNet/IP 由 ODVA 开发，于 2000 年 3 月推出，它得到了 IAONA、IEA、CI、ODVA 等组织的支持。EtherNet/IP 利用现有的以太网通信芯片和物理介质，所有标准的以太网通信模块，如 PC 接口卡、电缆、连接器、集线器和开关都能与 EtherNet/IP 一起使用。应用层使用已用于 ControlNet 和 DeviceNet 的控制和信息协议（CIP）。

CIP 提供了一系列标准的服务，提供"隐式"和"显示"方式对网络设备中的数据进行访问和控制。CIP 数据包必须在通过以太网发送前经过封装，并根据请求服务类型而赋予一个报文头。这个报文头指示了发送数据到响应服务的重要性。通过以太网传输的 CIP 数据包具有特殊的以太网报文头，包括一个 IP 头、一个 TCP 头和封装头。封装头包括了控制命令、格式和状态信息、同步信息等。这允许 CIP 数据包通过 TCP 或 UDP 传输并能够由接收方解包。相对于 DeviceNet 或 ControlNet，这种封装的缺点是协议的效率比较低。以太网的报文头可能比数据本身还要长，从而造成网络负担过重。因此，EtherNet/IP 更适用于发送大块的数据（如程序），而不是 DeviceNet 和 ControlNet 更擅长的模拟或数字的 I/O 数据。

应用于控制场合的 EtherNet/IP 网络拓扑一般采用有源星状拓扑（10/100Mb/s），成组的设备采用点对点方式连接到以太网交换机。交换机是整个网络系统的核心。EtherNet/IP 现场设备具有内置的 Web Server 功能，不仅能够提供 WWW 服务，还能提供诸如电子邮件等网络服务，其模块、网络和系统的数据信息可以通过网络浏览器获得。EtherNet/IP 的现有产品已能通过 HTTP 提供诸如读/写数据、读诊断、发送电子邮件、编辑组态数据等能力。

5. Powerlink

标准化组织（EPSG，ETHERNET Powerlink Standardization Group）成员包括 ABB（Robotics）、B&R、Hirschmann、Kuka、Lenze 等 20 几家工业自动化生产、研发机构。2001 年 B&R 公司率先提出 Powerlink 技术。Powerlink 的目标是确定性、实时性工业以太网。

Powerlink 主要有两个方面的技术特点：一方面是能够与 IT 技术无缝链接，可以继续应用 IP 协议族（HTTP、Telnet、FTP 等）；另一方面，开发了网络协议栈取代传统的 TCP/IP 协议栈，从根本上实现了网络数据的有效控制和管理。Powerlink 在通信管理上引入了管理结点

（Managing node）和控制结点（Control node）的概念。整个网络有唯一的管理结点，在管理结点统一调度下，管理结点和控制结点之间、以及控制结点之间的通信周期地进行。每个通信周期可以有对应的时间域用于传输实时数据和标准以太网数据流。

Powerlink 工作模式分为开放模式、保护模式和基本以太网模式，3 种模式之间可以方便地切换。开放模式允许 Powerlink 网络中直接连接标准以太网设备，即不需要分离的网络；保护模式需要网络分离，即标准以太网设备需要经过网关访问 Powerlink 结点；对于基本以太网模式，Powerlink 结点就成为标准以太网设备。

6. EPA

EPA（Ethernet for Plan Automation）用于工业测量与控制系统的以太网技术，是在国家"863"计划支持下，由浙江大学、浙江中控技术股份有限公司等共同开发的。EPA 是我国第一个被国际认可和接收的工业自动化领域的标准。

EPA 完全兼容 IEEE 802.3、IEEE 802.1P&Q、IEEE 802.1D、IEEE 802.11、IEEE 802.15 和 UDP（TCP）/IP 等协议，采用 UDP 协议传输 EPA 协议报文，以减少协议处理时间，提高报文传输的实时性。商用通信线缆（如五类双绞线、同轴缆线、光纤等）均可应用于 EPA 系统中，但必须满足工业现场应用环境的可靠性要求，如使用屏蔽双绞线代替非屏蔽双绞线。EPA 网络支持其他以太网/无线局域网/蓝牙上的其他协议（如 FTP、HTTP、SOAP，以及 MODBUS、PROFInet、Ethernet/IP 协议）报文的并行传输。这样，IT 领域的一切适用技术、资源和优势均可以在 EPA 系统中得以继承。

EPA 系统中，根据通信关系，将控制现场划分为若干个控制区域，每个区域通过一个 EPA 网桥互相分隔，将本区域内设备间的通信流量限制在本区域内；不同控制区域间的通信由 EPA 网桥进行转发；在一个控制区域内，每个 EPA 设备按事先组态的分时发送原则向网络上发送数据，由此避免了碰撞，保证了 EPA 设备间通信的确定性和实时性。

以太网应用于工业自动化，最重要的是确定性和实时性技术。为了满足高实时性能应用的需要，各大公司和标准组织纷纷提出各种提升工业以太网实时性的技术解决方案。这些方案建立在 IEEE 802.3 标准的基础上，通过对其和相关标准的实时扩展提高实时性，并且做到与标准以太网的无缝链接，即实时以太网。

5.2　典型的工业以太网实时通信技术

以太网采用的 CSMA/CD 的介质访问控制方式，其本质上是非实时的。平等竞争的介质访问控制方式不能满足工业自动化领域对通信的实时性要求。因此以太网一直被认为不适合在底层工业网络中使用。近年来工业以太网技术快速发展，以太网速度一再提高，加上引入全双工交换技术、虚拟网技术以及改进网络拓扑结构等，以太网实时性大大改善，已经可以满足很多工业数据通信需求。另一方面降低冲突域和提高以太网速度实际上还没有根本解决以太网确定性问题，在有些场合，如多结点同步运动控制等，这是非常重要的。

实时通信技术是工业以太网的核心技术。针对不同实时性要求，提供完善的解决方案，它是各个公司、组织重要的技术攻关内容。以下介绍几种典型的工业以太网实时通信方案。

5.2.1 PROFInet 的实时通信解决方案

1. PROFInet 通信技术基本思路

PROFInet 已经有 3 个版本。在这些版本中，PROFInet 提出了对 IEEE 802.1D 和 IEEE 1588 进行实时扩展的技术方案。PROFInet 解决方案的基本思想是，对不同实时要求的信息采用不同的实时通道技术，如图 5.1 所示。

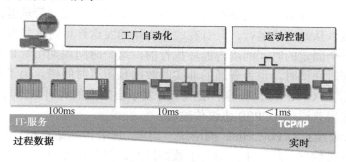

图 5.1　不同实时要求的信息采用不同的实时通道

PROFInet 全面覆盖了工厂自动化到运动控制的应用需求，与 TCP/IP 全兼容，没有任何限制。对于工业自动化系统来说，目前根据不同的应用场合，将实时性要求划分为 3 个范围，它们是：信息集成和较低要求的过程自动化应用场合，实时响应时间要求是 100ms 或更长；绝大多数的工厂自动化应用场合，实时响应时间的要求最少为 5～10ms；对于高性能的同步运动控制应用，特别是在 100 个结点下的伺服运动控制应用场合，实时响应时间要求低于 1ms，同步传送和抖动小于 1μs。

2. PROFInet 通信协议模型

PROFInet 通信协议模型如图 5.2 所示。从图中可以看出，PROFInet 提供三个类型的通信通道：标准通信通道和两类实时通信通道。标准通道是使用 TCP/IP 协议的非实时通信通道，应用层使用通用的 IT 应用层协议，主要用于设备参数化组态和读取诊断数据；实时通道 RT 是软实时 SRT（Software RT）方案，主要用于过程数据的高性能循环传输事件和事件控制的信号与报警；实时通道 IRT 采用了 IRT（Isochronous Real Time）等时同步实时的 ASIC 芯片解决方案，以进一步缩短通信栈软件的处理时间，特别适用于高性能传输过程数据的等时同步传输以及快速的时钟同步运动控制，在 1ms 时间周期内，实现对 100 多个轴的控制，而抖动不足 1μs。

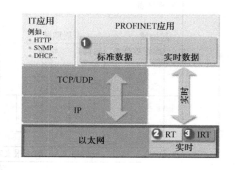

图 5.2　PROFINET 通信协议模型

一个关键技术是，PROFInet 在第二层上为快速以太网定义了 IRT 时间槽控制传送过程。时间槽能够指定对时间要求苛刻的数据传输。通信循环被分离为实时通道和标准通道。循环传输的实时信息帧在实时通道中分配，而 TCP/IP 信息帧在标准通道中传输。就如同在高速公路上，预留左车道用于实时通信传递，并且禁止其他的公路使用者（TCP/IP 通信）切换到这个车道。这样一来即使右车道发生通信堵塞，也不会影响到左车道的实时通信传递。

5.2.2　Powerlink 的实时通信解决方案

1．Powerlink 基于时间片的分时调度方式

Powerlink 通信方案是，在 MAC 层之上实现了一个基于主—从式轮询机制的调度策略，使用时间槽来分配发送许可。该机制在网络上定义一个站点来担当管理者，配置其他站点的时间槽，其他结点以从站方式运行，只有在收到主站的发送许可时才能发送数据。站点之间的数据交换是在一个固定的时间间隔内循环执行的，这个时间周期由管理者进行配置。管理者在为各站点分配时间槽时，也为普通的非实时数据预留了时间槽。为了提高实时数据的传输效率，该方案在与 TCP/IP 协议对等的层次上开发了自定义的实时数据封装协议，而对于非实时性数据，仍采用普通的 TCP/IP 协议传输。

如前所述，管理结点对 Powerlink 网络统一调度。所有控制结点在管理结点上登记组态，得到允许后才能发送数据，从根本上避免了数据冲突。管理结点负责为各个结点之间数据通信分配时间信道，对于实时数据，信道时间较窄，可以精确管理；对于标准以太网数据包，首先拆成小包（长度可以设置，典型值为 256 字节），然后纳入相应信道进行管理，因而数据也是确定性的。这种通信管理方式称为窄道通信网络管理（SCNM，Slot Communication Network Management）。窄道通信周期包括起始域（Start Period）、周期域（Cyclic Period）、异步域（Asynchron Period）和空闲域（Idle Period）4 个时间域，如图 5.3 所示。

在周期起始数据流（SoC，Start of Cyclic）之后，管理结点在周期域依次向每个结点发送轮询（PRq，Poll Request），控制结点收到轮询后发送响应报文（PRs，Poll Response），每个周期域有结束数据流（EoC，End of Cyclic）。轮询和响应报文都可以包含应用数据，但是轮询只是从管理结点发送到目标控制结点，响应报文则以广播形式进行发布，在这种情况下系统可以适应发布者/订阅者（Publisher/Subscriber）通信方式。

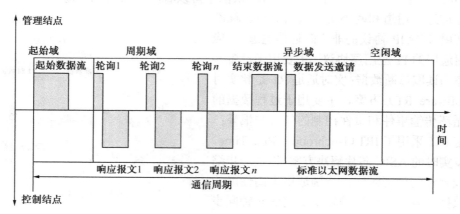

图 5.3　窄道通信周期

Powerlink 通过特定的结点识别数据流来识别在线结点。在线结点的数据交换请求在调度队列中进行登记。当确认队列中没有实时数据需要交换时，系统进入异步时间域。异步通信主要传输以太网数据流。管理结点查询异步数据请求队列，发送异步数据发送邀请（Invite）。异步数据

可以直接发送到目标结点。通过窄道通信发送的数据报文会在接收结点还原成原始数据包。

管理结点以广播形式发布通信周期起始数据流，控制结点以接收该数据流时间作为时间基准。在窄道通信中，起始数据流的发送由系统时间控制，而其他数据通信靠事件触发。

2. Powerlink 网络体系结构

典型的 Powerlink 网络体系结构如图 5.4 所示，仪表设备（可以是各种 PLC、远程 I/O、执行机构以及 PC 设备等）中嵌入 Powerlink 通信电路单元即可以成为 Powerlink 设备。Powerlink 单元的具体实现不需要特殊的芯片。开放模式网段中可以用交换机和集线器构成多种拓扑结构。保护模式网段中只能用集线器构成树状和线形网络，集线器要求为单速 Hub，级联最大允许数量为 10。

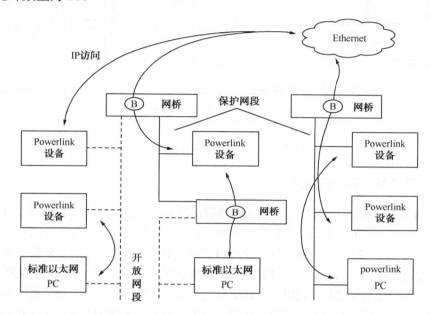

图 5.4　典型的 Powerlink 网络体系结构

5.2.3　EPA 的实时通信解决方案

1. EPA 的通信模型

EPA 采用了以太网和无线通信网络等成熟的信息网络技术和产品，参照 ISO/OSI 七层通信结构模型，取其物理层、数据链路层、网络层、传输层和应用层，并在应用层之上增加用户层，共构成六层结构的通信模型。如图 5.5 所示。

EPA 应用层规范为 EPA 设备之间实时和非实时的数据传输提供通信通道和服务接口。它由 EPA 实时通信规范和非实时通信协议两部分组成。其中 EPA 实时通信规范是专门为 EPA 实时控制应用进程之间的数据传输提供通信通道和服务接口。而非实时通信协议则主要包括 HTTP、FTP、TFTP 等互联网络中广泛使用的技术。

为了提高网络的实时性能，EPA 对 ISO/IEC 88021 协议规定的数据链路层进行了扩展，在其上增加了一个 EPA 通信调度管理实体（Communication Scheduling Management Entity，简称 EPA-CSME）。EPA-CSME 不改变 IEC 880213 数据链路层提供的服务，也不改变与物理层的接口，只是完成对数据报文的调度管理。

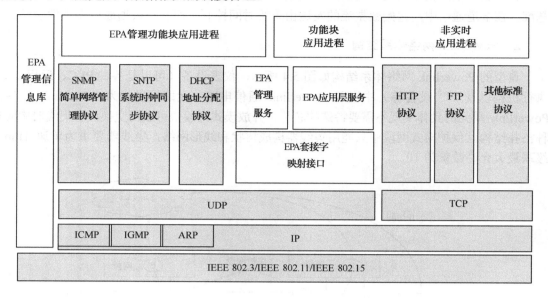

图 5.5　EPA 引用的信息网络技术

2．EPA 网络拓扑和周期调度

EPA 网络拓扑结构如图 5.6 所示，它由两级网络组成，即过程监控级 L2 网和现场设备级 L1 网。现场设备级 L1 网用于工业生产现场的各种现场设备（如变送器、执行机构和分析仪器等）之间以及现场设备与 L2 网的连接，过程监控级 L2 网主要用于控制室仪表、装置以及人机接口之间的连接。无论是 L1 网还是 L2 网，均可分为一个或几个微网段。在一个 EPA 微网段内，所有 EPA 设备的通信均按周期进行，完成一个通信周期所需的时间 T 称为一个通信宏周期。通信宏周期 T 分为两个阶段，第一阶段为周期报文传输阶段 T_p，第二个阶段为非周期报文传输阶段 T_n。

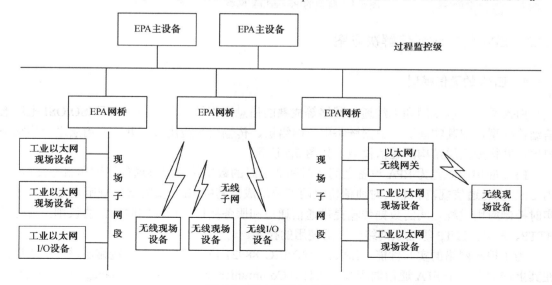

图 5.6　EPA 网络拓扑结构

5.3 基于 S7-300 PLC 的工业以太网通信

5.3.1 西门子工业以太网硬件基本情况

1. 基本类型

以下为西门子工业以太网硬件的基本类型。

（1）10Mb/s 工业以太网。应用基带传输技术，基于 IEEE 802.3，利用 CSMA/CD 介质访问方法的单元级、控制级传输网络。数据传输速率为 10Mb/s，传输介质为同轴电缆、屏蔽双绞线或光纤。

（2）100Mb/s 快速以太网。基于以太网技术，数据传输速率为 100Mb/s，传输介质为屏蔽双绞线或光纤。

2. 网络硬件

以下为西门子工业以太网网络硬件的具体介绍。

（1）传输介质。网络的物理传输介质主要根据网络连接距离、数据安全以及数据传输速率来选择。通常在西门子网络中使用的传输介质是屏蔽双绞线（TP，Twisted pair）、工业屏蔽双绞线（ITP，Industrial Twisted pair）以及光纤。具体包括以下几项内容。

① 2 芯电缆，无双绞，无屏蔽（如 AS-interface bus）。

② 2 芯双绞线，无屏蔽。

③ 2 芯屏蔽双绞线（如 PROFIBUS）。

④ 同轴电缆（如 Industrial Ethernet）。

⑤ 光纤（如 PROFIBUS/Industrial Ethernet）。

⑥ 无线通信（如红外线和无线电通信等）。

（2）网络部件。

① 工业以太网链路模块 OLM 和 ELM。依照 IEEE 802.3 标准，利用电缆和光纤技术，SIMATIC NET 连接模块使得工业以太网的连接变得更为方便和灵活。

- OLM（光链路模块）有 3 个 ITP 接口和两个 BFOC 接口。ITP 接口可以连接 3 个终端设备或网段，BFOC 接口可以连接两个光路设备（如 OLM 等），速度为 10MB/s；
- ELM（电气链路模块）有 3 个 ITP 接口和 1 个 AUI 接口。通过 AUI 接口，可以将网络设备连接至 LAN 上，数据传输速度为 10MB/s。

② 工业以太网交换机 OSM 和 ESM。

- OSM 的产品包括 OSM TP62、OSM TP22、OSM ITP62、OSM ITP62-LD 和 OSM BC08。从型号就可以确定 OSM 的连接端口类型及数量，如 OSM ITP62-LD，其中 ITP 表示 OSM 上有 ITP 电缆接口，"6"代表电气接口数量，"2"代表光纤接口数量，"LD"代表长距离，如图 5.7 所示。
- ESM 的产品包括 ESM TP40、ESM TP80 和 ESM ITP80，命名规则和 OSM 相同。如图 5.8 所示为 ESM TP80。

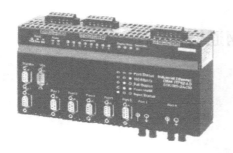

图 5.7　OSM ITP62-LD   图 5.8　ESM TP80

（3）通信处理器。常用的工业以太网通信处理器（CP，Communication Processor），包括用在 S7 PLC 站上的 CP243-1 系列、CP343-1 系列和 CP443-1 系列等处理器。

- CP243-1 是为 S7-200 系列 PLC 设计的工业以太网通信处理器，如图 5.9 所示。通过 CP243-1 模块，用户可以很方便地将 S7-200 系列 PLC 通过工业以太网进行连接，并且支持使用 STEP7-Micro/WIN 32 软件，通过以太网对 S7-200 进行远程组态、编程和诊断。同时，S7-200 也可以同 S7-300、S7-400 系列 PLC 进行以太网的连接。
- S7-300 系列 PLC 的以太网通信处理器是 CP343-1 系列，如图 5.10 所示。按照所支持协议的不同，可以分为 CP343-1、CP343-1 ISO、CP343-1 TCP、CP343-1 IT 和 CP343-1 PN。
- S7-400 PLC 的以太网通信处理器是 CP443-1 系列，如图 5.11 所示。按照所支持协议的不同，可以分为 CP443-1、CP443-1 ISO、CP443-1 TCP 和 CP443-1 IT。

图 5.9　CP243-1   图 5.10　CP343-1   图 5.11　CP443-1

5.3.2　西门子支持的网络协议和服务

网络通信需要遵循一定的协议，西门子公司不同的网络可以运行的服务如表 5.1 所示。

表 5.1　西门子公司的网络服务

子　　网（Subnets）	Industrial Ethernet	PROFIBUS	MPI
服　　务（Services）	PG/OP 通信		
	S7 通信		
	S5 兼容通信		S7 基本（S7 Basic）通信
	标准通信	DP	GD

1．标准通信（Standard Communication）

标准通信运行于 OSI 参考模型第 7 层的协议，它包括如表 5.2 所示的协议。

表 5.2　标准通信协议

子　　网（Subnets）	Industrial Ethernet	PROFIBUS
服　　务（Services）	标准通信	
协　　议	MMS—MAP 3.0	FMS

MAP（Manufacturing Automation Protocol，制造业自动化协议）提供 MMS 服务，主要用于传输结构化的数据。MMS 是一个符合 ISO/IES 9506—4 的工业以太网通信标准，MAP 3.0 的版本提供了开放统一的通信标准，可以连接各个厂商的产品，现在很少应用。

2．S5 兼容通信（S5-compatible Communication）

SEND/RECEIVE 是 SIMATIC S5 通信的接口，在 S7 系统中，将该协议进一步发展为 S5 兼容通信"S5-compatible Communication"。该服务包括如表 5.3 所示的协议。

表 5.3　S5 兼容通信

子　　网（Subnets）	Industrial Ethernet	PROFIBUS
服　　务（Services）	S5 兼容通信	
协　　议	ISO transport ISO-on-TCP UDP TCP/IP	FDL

（1）ISO 传输协议。ISO 传输协议支持基于 ISO 的发送和接收，这使得设备（例如 SIMATIC S5 或 PC）在工业以太网上的通信非常容易，该服务支持大数据量的数据传输（最大 8KB）。ISO 数据接收有通信方确认，通过功能块可以看到确认信息。

（2）TCP 传输协议。TCP，即 TCP/IP 中传输控制协议，提供了数据流通信，但并不将数据封装成消息块，因而用户并不接收到每一个任务的确认信号。TCP 支持面向 TCP/IP 的 Socket。TCP 支持基于 CP/IP 的发送和接收，使得设备（如 PC 或非西门子设备）在工业以太网上的通信非常容易。该协议支持大数据量的数据传输（最大 8KB），数据可以通过工业以太网或 TCP/IP 网络（拨号网络或互联网）传输。通过 TCP，SIMATIC S7 可以通过建立 TCP 连接来发送/接收数据。

（3）ISO-on-TCP 传输协议。ISO-on-TCP 提供了 S5 兼容通信协议，通过组态连接来传输数据和变量长度。ISO-on-TCP 符合 TCP/IP，但相对于标准的 TCP/IP，还附加了 RFC 1006 协议，RFC 1006 是一个标准协议，该协议描述了如何将 ISO 映射到 TCP 上去。

（4）UDP 传输协议。UDP（User Datagram Protocol，用户数据报协议）提供了 S5 兼容通信协议，适用于简单的、交叉网络的数据传输，没有数据确认报文，不检测数据传输的正确性。属于 OSI 参考模型第 4 层的协议。UDP 支持基于 UDP 的发送和接收，使得设备（例如 PC 或非西门子公司设备）在工业以太网上的通信非常容易。该协议支持较大数据量的数据传输（最大 2KB），数据可以通过工业以太网或 TCP/IP 网络（拨号网络或互联网）传输。通过 UDP，SIMATIC S7 通过建立 UDP 连接，提供发送/接收数据功能，与 TCP 不同，UDP 实际上并没有在通信双方建立一个固定的连接。

除了上述协议，FETCH/WRITE 还提供了一个接口，使得 SIMATIC S5 或其他非西门子公司控制器可以直接访问 SIMATIC S7 CPU。

3. S7 通信（S7 Communication）

S7 通信集成在每一个 SIMATIC S7/M7 和 C7 的系统中，属于 OSI 参考模型第 7 层应用层的协议，它独立于各个网络，可以应用于多种网络（MPI、PROFIBUS 和工业以太网）。S7 通信通过不断地重复接收数据来保证网络报文的正确。在 SIMATIC S7 中，通过组态建立 S7 连接来实现 S7 通信，在 PC 上，S7 通信需要通过 SAPI-S7 接口函数或 OPC（过程控制用对象链接与嵌入）来实现。

在 STEP7 中，S7 通信需要调用功能块 SFB（S7-400）或 FB（S7-300），最大的通信数据量可达 64KB。对于 S7-400，可以使用系统功能块 SFB 来实现 S7 通信，对于 S7-300，可以调用相应的 FB 功能块进行 S7 通信，如表 5.4 所示。

表 5.4   S7 通信功能块

功　能　块		功　能　描　述
SFB8/9 FB8/9	USEND URCV	无确认的高速数据传输，不考虑通信接收方的通信处理时间，因而有可能会覆盖接收方的数据
SFB12/13 FB12/13	BSEND BRCV	保证数据安全性的数据传输，当接收方确认收到数据后，传输才完成
SFB14/15 FB14/15	GET PUT	读/写对方的通信数据而无须对方编程

4. PG/OP 通信

PG/OP 通信分别是 PG 和 OP 与 PLC 通信来进行组态、编程、监控以及人机交互等操作的服务。如图 5.12 所示为基于 S7-300/400 PLC 的以太网通信示意图。

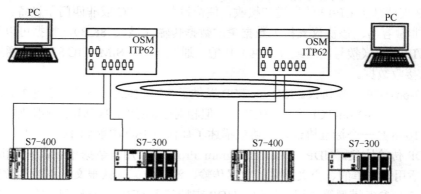

图 5.12   S7-300/400 PLC 的以太网通信

5.3.3 S7-300 PLC 进行工业以太网通信所需的硬件与软件

1. 硬件

以下为 S7-300 PLC 进行工业以太网通信所需的硬件。

（1）CPU。

（2）CP 343-1 IT/CP 343-1。

（3）PC（带网卡）。

2. 软件

使用的软件为 STEP 7 V5.2。

说明：为了便于选择硬件，请保持软件的更新。可以到西门子（中国）自动化与驱动集团的官方网站上去下载所需的补丁和升级包。

3. PG/PC Interface 的设定

在"SIMATIC Manger"界面中，选择"Options"→"Set PG/PC Interface"，进入"Set PG/PC Interface"界面，选定"TCP/IP（Auto）"→"Realtek RTL8193/810"为通信协议，如图 5.13 所示。

图 5.13 "Set PG/PC Interface"界面

5.3.4 S7-300 PLC 利用 S5 兼容的通信协议进行工业以太网通信

1. TCP

以下为 TCP 的主要内容。

（1）新建项目。在 STEP7 中创建一个新项目，取名为"TCP of IE"。单击右键，在弹出的菜单中选择"Insert New Object"→"SIMATIC 300 Station"，插入一个 300 站，取名为

"313C-2 DP"。用同样的方法在项目"TCP of IE"下插入一个 300 站，取名为"315-2 DP"。如图 5.14 所示。

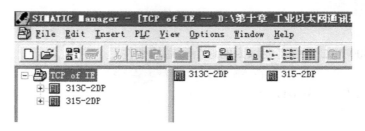

图 5.14　建立项目

（2）硬件组态。首先对"313C-2 DP"站进行硬件组态，双击"Hardware"进入"HW Config"界面。在机架上加入 CPU 313C-2 DP、SM 323 和 CP 343-1 IT，如图 5.15 所示。同时把 CPU 的 MPI 地址设为"4"，CP 模块的 MPI 地址设为"5"。CP 343-1 IT 可以在"SIMATIC 300"→"CP300"→"Industrial Ethernet"下找到，如图 5.16 所示。当把 CP 343-1 IT 插入机架时，会弹出一个"CP 343-1 IT 的属性对话框"界面，新建以太网"Ethernet（1）"，因为要使用 TCP，故只需设置 CP 模块的 IP 地址，如图 5.17 所示。本例中 CP 343-1 IT 的 IP 地址为：10.10.3.28，子网掩码为：255.255.255.192。用同样的方法，建立"315-2DP"站的硬件组态。CPU 的 MPI 地址设为"2"，CP 模块的 MPI 地址设为"3"。CP 模块的 IP 地址为：10.10.3.58，子网掩码为：255.255.255.192。硬件组态好后保存编译，并分别下载到两台 PLC 中。

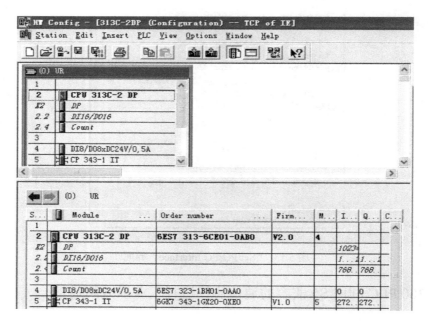

图 5.15　"313C-2 DP"站的硬件组态

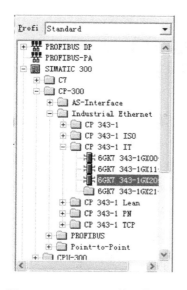

图 5.16　CP 343-1 IT 的硬件位置

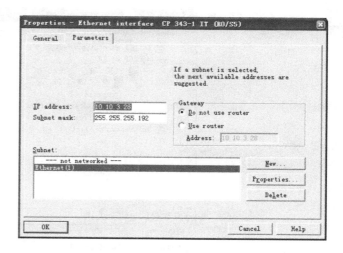

图 5.17　"CP 343-1 IT 的属性"对话框

（3）网络参数配置。与做一般的项目不同，在做工业以太网通信的项目时，除了要组态硬件之外，还要进行网络参数的配置，以便于在编写程序时，可以方便地调用功能块。在"SIMATIC Manger"界面中单击"Configure Network"键，打开"NetPro"设置网络参数。此时可以看到两台 PLC 已经挂入了工业以太网中，选中其中一个 CPU，单击鼠标右键，选择"Insert New Connection"选项建立新的连接，如图 5.18 所示。在连接类型中，选择"TCP connection"连接，如图 5.19 所示。然后单击"OK"按钮，设置连接属性，如图 5.20 所示。其中"General"属性中 ID 为 1，是通信的连接号；LADDR 为 W#16#0110，是 CP 模块的地址，这两个参数在后面的编程时会用到。通信双方其中一个站（本例中为 CPU 315-2 DP）必须激活"Active connection establishment"选项，以便在通信连接初始化中起到主动连接的作用。"Address"属性中可以看到通信双方的 IP 地址，占用的端口号可以自定义，也可以使用默认值，如 2000，如图 5.21 所示。参数设置好后编译保存，再下载到 PLC 中即完成了网络参数配置。

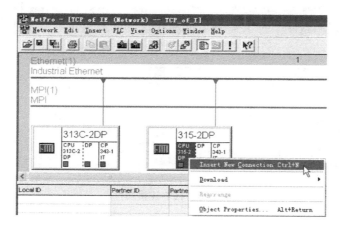

图 5.18　建立新的连接

图 5.19 选择"TCP connection"连接

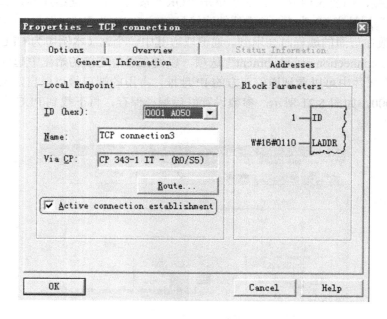

图 5.20 TCP 连接属性

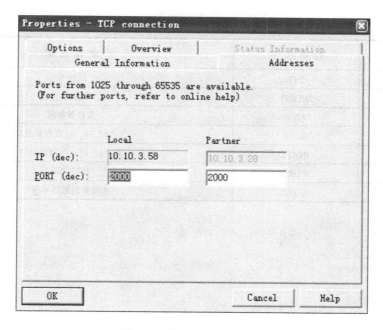

图 5.21　设定 TCP/IP 端口

（4）编写程序。在进行工业以太网通信编程时需要调用功能 FC5 "AG_SEND" 和 FC6 "AG_RECV"，该功能块在指令库 "Libraries" → "SIMATIC_NET_CP" → "CP 300" 中可以找到，如图 5.22 所示。其中发送方（本例中为 CPU 315-2 DP）调用发送功能 FC5，程序如图 5.23 所示。当 M0.0 为 "1" 时，触发发送任务，将 "SEND" 数据区中的 20 字节发送出去，发送数据 "LEN" 的长度不大于数据区的长度。如表 5.5 所示为功能块 FC5 的各个引脚参数说明。同样，接收方（本例为 CPU 313C-2 DP）在接收数据时需要调用接收功能 FC6，程序如图 5.24 所示。功能块 FC6 的各个引脚参数说明如表 5.6 所示。程序编写好后保存下载，这样就可以把发送方 CPU 315-2 DP 内的 20 字节的数据发送给接收方 CPU 313C-2 DP。正常情况下，功能块 FC5 "AG_SEND" 和 FC6 "AG_RECV" 的最大数据通信量为 240 字节，如果用户数据大于 240 字节，则需要通过硬件组态在 CP 模块的硬件属性中设置数据长度大于 240 字节（最大 8KB），如图 5.25 所示。如果数据长度小于 240 字节，不要激活此选项以减少网络负载。

表 5.5　功能块 FC5 的参数说明

参　数　名	数　据　类　型	参　数　说　明
ACT	BOOL	触发认为，该参数为 "1" 时发送
ID	INT	连接号
LADDR	WORD	CP 模块的地址
SEND	ANY	发送数据区
LEN	INT	被发送数据的长度
DONE	BOOL	为 "1" 时，发送完成
ERROR	BOOL	为 "1" 时，有故障发生
STATUS	WORD	故障代码

表 5.6　功能块 FC6 的参数说明

参　数　名	数据类型	参　数　说　明
ID	INT	连接号
LADDR	WORD	CP 模块的地址
RECV	ANY	接收数据区
NDR	BOOL	为 "1" 时，接收到新数据
ERROR	BOOL	为 "1" 时，有故障发生
STATUS	WORD	故障代码
LEN	WORD	接收到的数据长度

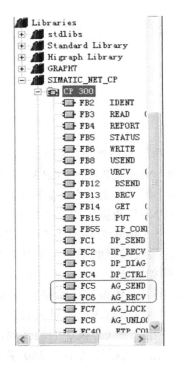

图 5.22　指令库

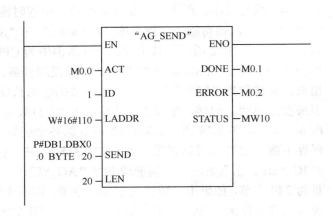

图 5.23　发送方程序

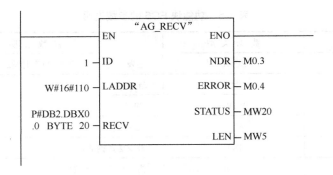

图 5.24　接收方程序

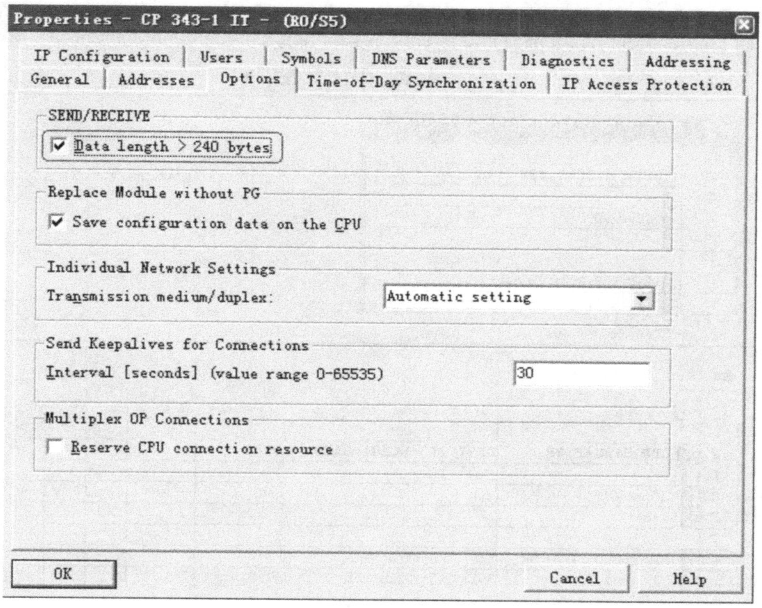

图 5.25 通信数据量的设置

2．ISO_on_TCP

ISO_on_TCP 是在 TCP 上加上了 ISO 的校验机制，故本例中所使用的 CP 模块需要支持 TCP。

（1）新建项目。在 STEP7 中创建一个新项目，取名为"ISO_on_TCP of IE"。在弹出的菜单中选择"Insert New Object"→"SIMATIC 300 Station"，插入一个 300 站，取名为"313C-2 DP"。用同样的方法在项目"TCP of IE"下插入另一个 300 站，取名为"315-2 DP"。如图 5.26 所示。

图 5.26 建立项目

（2）硬件组态。首先对"313C-2 DP"站进行硬件组态，双击"Hardware"进入"HW Config"界面。在机架上加入 CPU 313C-2 DP、SM 323 和 CP 343-1 IT，如图 5.27 所示。同样把 CPU 的 MPI 地址设为"4"，CP 模块的 MPI 地址设为"5"。当把 CP 343-1 IT 插入机架时，会弹出一个"CP 343-1 IT 的属性对话框"界面，新建以太网"Ethernet（1）"，因为是使用 ISO_on_TCP，故只需设置 CP 模块的 IP 地址，如图 5.28 所示。本例中 CP 343-1 IT 的 IP 地址为：10.10.3.28，子网掩码为：255.255.255.192。建立"315-2 DP"站的硬件组态方法与上面例子一样，这里不再详细阐述。

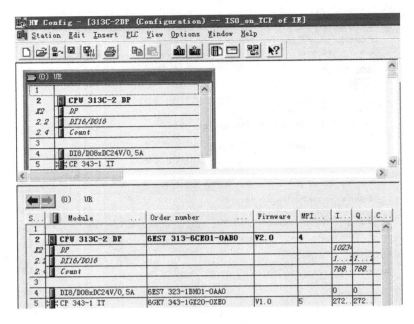

图 5.27　"313C-2 DP"站的硬件组态

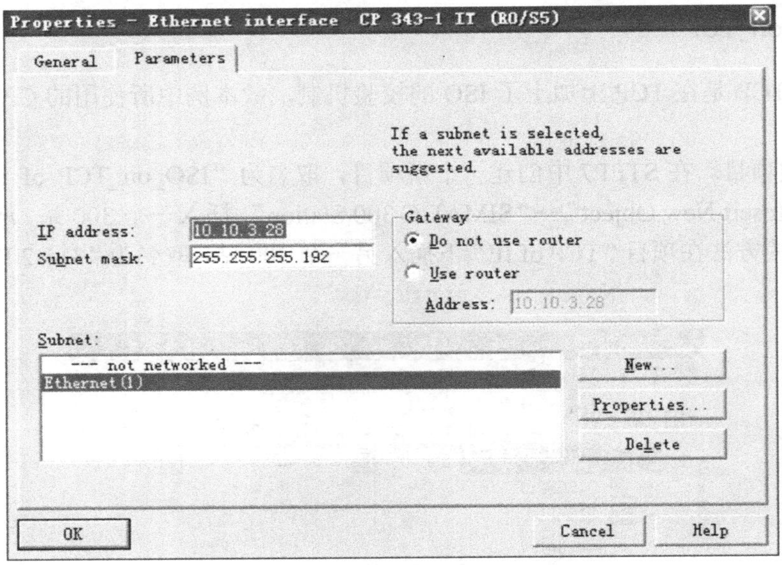

图 5.28　"CP 343-1 IT 的属性"对话框

（3）网络参数配置。与上面例子相同，打开"NetPro"设置网络参数。在连接类型中，选择"ISO_on_TCP connection"连接，如图 5.29 所示。然后单击"OK"按钮，设置连接属性，如图 5.30 所示。其中"General"属性中 ID 为 1，是通信的连接号；LADDR 为 W#16#0110，是 CP 模块的地址，这两个参数在后面编程时会用到。通信双方的其中一个站（本例中为 CPU 315-2DP）必须选中"Active connection establishment"选项，以便在通信连接初始化中起到主动连接的作用。"Address"属性中可以看到通信双方的 IP 地址，TSAP 可以自定义，也可以使用默认值，如"TCP-1"，如图 5.31 所示。参数设置好后编译保存，再下载到 PLC 中，这样网络参数设置完成。

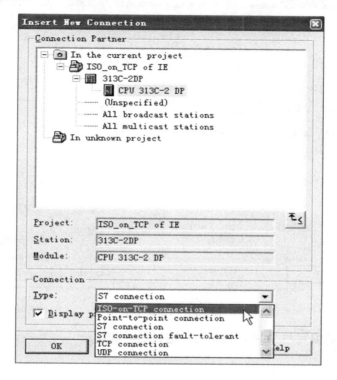

图 5.29 选择"ISO_on_TCP connection"连接

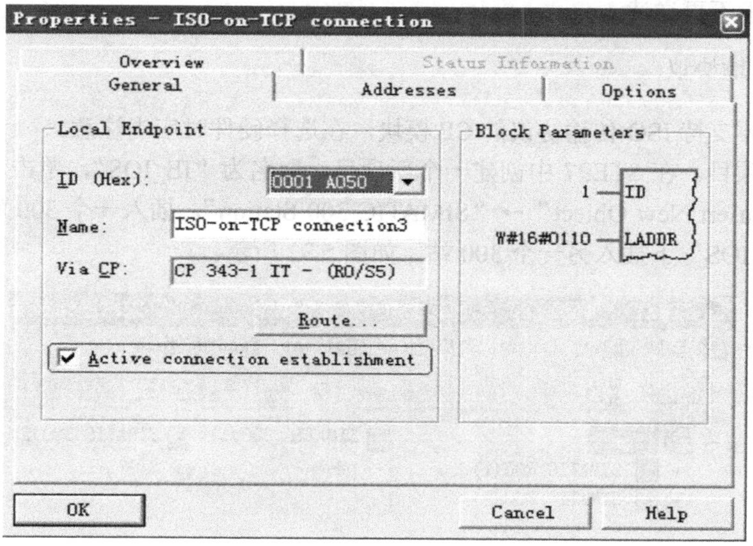

图 5.30 ISO_on_TCP 连接属性

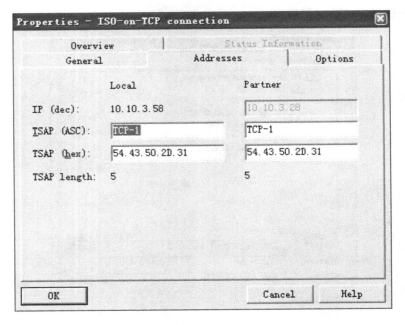

图 5.31 TSAP 设置

（4）通信程序的编写与 TCP 连接相同，这里不再重复。

3．UDP

UDP 的组态和编程方法同 TCP 基本相同，只需在网络参数设置里选择"UDP connection"连接即可，这里不再详述。

4．IOS 传输协议

本例中需要支持 ISO 传输协议的 CP 模块，在选择硬件时应当注意。

（1）新建项目。在 STEP7 中创建一个新项目，取名为"IE_IOS"，单击右键，在弹出的菜单中选择"Insert New Object"→"SIMATIC 300 Station"，插入一个 300 站。用同样的方法在项目"IE_IOS"下插入另一个 300 站，如图 5.32 所示。

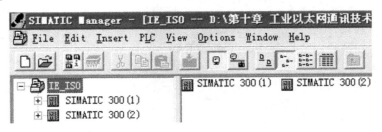

图 5.32　建立项目

（2）硬件组态。单击"SIMATIC 300（1）"，双击"Hardware"进入"HW Config"界面。在机架中插入所需的 CPU 和 CP 模块，如图 5.33 所示。当插入 CP 模块后，会自动弹出一个"CP 343-1 IT 的属性对话框"界面。新建以太网"Ethernet（1）"，因为要使用 ISO 传输协议，故选择"Set MAC address/use ISO protocol"，本例中设置该 CP 模块的 MAC 地址为

08.00.06.71.6D.D0；IP 地址为：10.10.3.28；子网掩码为：255.255.255.192。如图 5.34 所示。每个 CP 模块的 MAC 地址都不一样，MAC 地址一般标注在 CP 模块的外壳上，使用时注意查找并准确输入。用同样的方法，建立另一个 S7-300 站，CP 模块为 CP 343-1，设置 CP 模块的 MAC 地址，连接到同一个网络"Ethernet（1）"上。

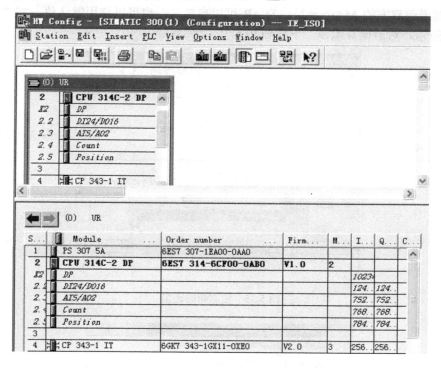

图 5.33　"SIMATIC 300（1）"的硬件组态

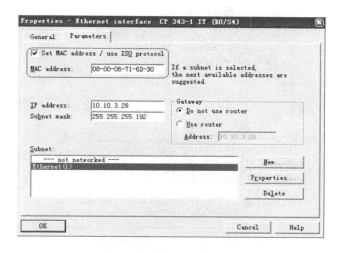

图 5.34　"CP 343-1 IT"的属性对话框

（3）网络参数配置。用与前面的例子相同的方法打开"NetPro"设置网络参数，选中一 CPU，单击鼠标右键，选择"Insert New Connection"建立新的连接，如图 5.35 所示。在连接类型中，选择"ISO transport connection"连接，如图 5.36 所示。然后单击"OK"按钮，

设置连接属性,如图 5.37 所示。其中"General"属性中 ID 为 1,是通信的连接号;LADDR
为 W#16#0100,是 CP 模块的地址,这两个参数在后面的编程时会用到。通信双方的其中一
个站(本例中为 CPU 314C-2 DP)为 Client 端,选中"Active connection establishment"选项;
另一个站(本例中为 CPU 314C-2 PtP)为 Server 端,在相应属性中不激活。"Addresses"属性
中可以看到通信双方的 MAC 地址,TSAP 可以自定义,也可以使用默认值,如"ISO-1"。
如图 5.38 所示。然后保存编译,下载到 PLC 中。

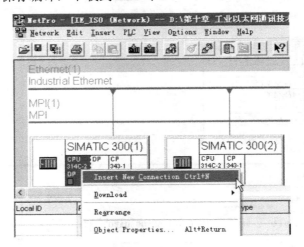

图 5.35　建立新的连接

图 5.36　选择"ISO transport connection"连接

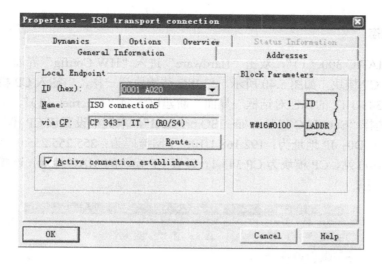

图 5.37　ISO 连接属性

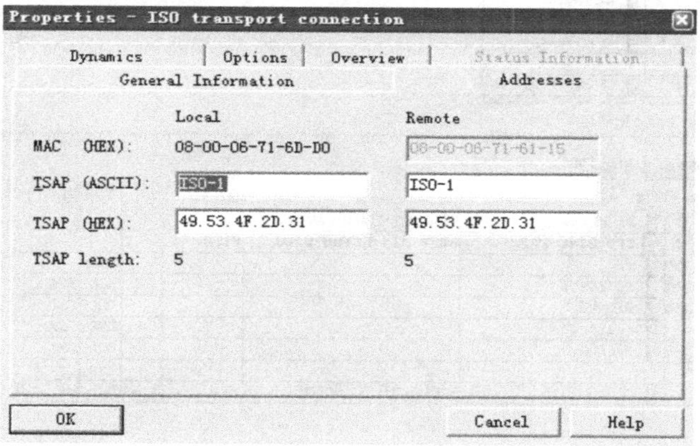

图 5.38　TSAP 设置

（4）通信程序的编写与 TCP 连接相同，这里不再重复。

5.3.5　S7-300 PLC 利用 S7 通信协议进行工业以太网通信

1. 新建项目

在 STEP7 中创建一个项目，取名为"IE_S7"，单击右键，在弹出的菜单中选择"Insert New Object"→"SIMATIC 300 Station"，插入一个 300 站。用同样的方法在项目"IE_S7"下插入另一个 300 站，如图 5.39 所示。

![SIMATIC Manager 项目窗口，显示 IE_S7 项目下的 SIMATIC 300(1) 和 SIMATIC 300(2)]

图 5.39　建立项目

2. 硬件组态

单击"SIMATIC 300（1）"，双击"Hardware"进入"HW Config"界面。在机架中插入所需的 CPU 和 CP 模块，如图 5.40 所示。与 ISO 传输协议一样，当插入 CP 模块后，会自动弹出一个"CP 343-1 IT 的属性对话框"界面。新建以太网"Ethernet（1）"，因为要使用 ISO 传输协议，故选择"Set MAC address/use ISO protocol"，本例中设置该 CP 模块的 MAC 地址为 08.00.06.71.6D.D0；IP 地址为：192.168.1.10；子网掩码为：255.255.255.0。用同样的方法，建立另一个 S7-300 站，CP 模块为 CP 343-1，设置 CP 模块的 MAC 地址，连接到同一个网络"Ethernet（1）"上。

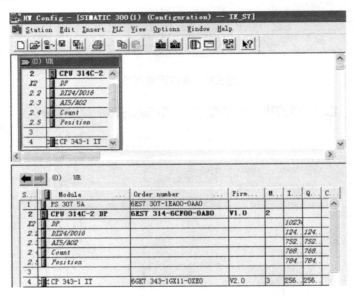

图 5.40 "SIMATIC 300（1）"的硬件组态

3. 网络参数设置

打开"NetPro"设置网络参数，选中一 CPU，单击鼠标右键，选择"Insert New Connection"建立新的连接，在连接类型中，选择"S7 connection"连接，如图 5.41 所示。单击"OK"按钮，设置连接属性，如图 5.42 所示。其中"General"属性中块参数 ID 为 1，这个参数在后面编程时会用到。

通信双方的其中一个站（本例中为 CPU 314C-2 DP）为 Client 端，选中"Establish an active connection"选项；另一个站（本例中为 CPU 314C-2 PtP）为 Server 端，在相应属性中不激活。

如果选择了"TCP/IP"，站与站之间的连接将使用 IP 地址进行访问，否则将使用 MAC 地址进行访问。"One-way"表示单边通信，如果选择该项，则双边通信的功能块 FB12 "BSEND"和 FB13 "BRCV"将不再使用，需要调用 FB14 "PUT"和 FB15 "GET"。设置好后，保存编译并下载到各 PLC 中。

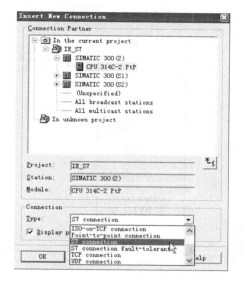

图 5.41 选择 "S7 connection" 连接

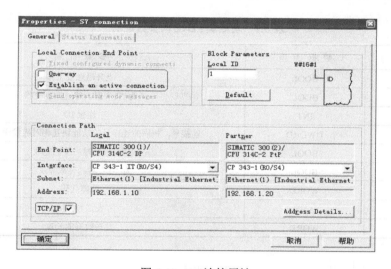

图 5.42 S7 连接属性

4. 编写程序

（1）双边通信。由于事先选择了双边通信的方式，故在编程时需要调用 FB12 "BSEND" 和 FB13 "BRCV"，即通信双方均需要编程，一端发送，则另外一端必须接收才能完成通信。FB12 "BSEND" 和 FB13 "BRCV" 可以在指令库 "Libraries" → "SIMATIC_NET_CP" → "CP 300" 中找到，如图 5.43 所示。首先，发送方（本例中为 CPU 314C-2 DP）调用 FB12 "BSEND"，如图 5.44 所示。其中，"ID" 在网络参数设置时确定，而 "R_ID" 在编程时由用户自定义，"R_ID" 的发送/接收功能块相同才能正确地传输数据，例如发送方的 "R_ID" 为 1，则接收方的 "R_ID" 也应设为 1。如表 5.7 所示为功能 FB12 各个引脚参数说明。接收方（本例中为 CPU 314C-2 PtP）调用 FB13 "BRCV"，程序如图 5.45 所示。功能块 FB13 的引脚参数说明如表 5.8 所示。

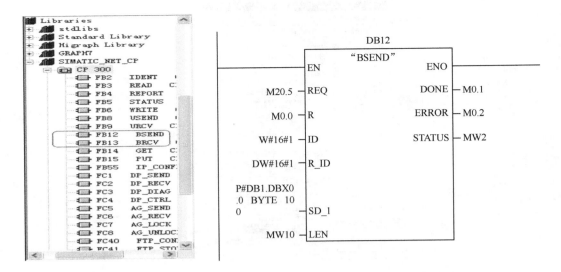

图 5.43　指令库　　　　　　　　　　　　　　　图 5.44　发送方程序

表 5.7　功能块 FB12 的参数说明

参　数　名	数　据　类　型	参　数　说　明
REQ	BOOL	上升沿触发工作
R	BOOL	为 "1" 时，终止数据交换
ID	INT	连接 ID
R_ID	DWORD	连接号，相同的连接号的功能块互相对应发送/接收数据
DONE	BOOL	为 "1" 时，发送完成
ERROR	BOOL	为 "1" 时，有故障发生
STATUS	WORD	故障代码
SD_1	ANY	发送数据区
LEN	WORD	发送数据的长度

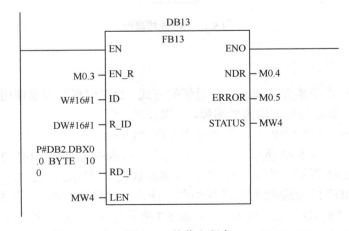

图 5.45　接收方程序

表 5.8　功能块 FB13 的参数说明

参　数　名	数 据 类 型	参　数　说　明
EN_R	BOOL	为"1"时，准备接收
ID	WORD	连接 ID
R_ID	DWORD	连接号，相同连接号的功能块互相对应发送/接收数据
NDR	BOOL	为"1"时，接收完成
ERROR	BOOL	为"1"时，有故障发生
STATUS	WORD	故障代码
RD_1	ANY	接收数据区
LEN	WORD	接收到的数据长度

（2）单边通信。此时，S7 连接属性中需要设定"One-way"方式，如图 5.46 所示。当使用"One-way"方式，只需在本地的 PLC 中调用 FB14"PUT"和 FB15"GET"，即可向通信对方发送数据或读取对方的数据。FB14"PUT"和 FB15"GET"同样在指令库"Libraries"→"SIMATIC_NET_CP"→"CP 300"中可以找到，如图 5.47 所示。先调用 FB15 进行数据发送，如图 5.48 所示。接着调用 FB14 读取对方 PLC 中的数据，如图 5.49 所示。

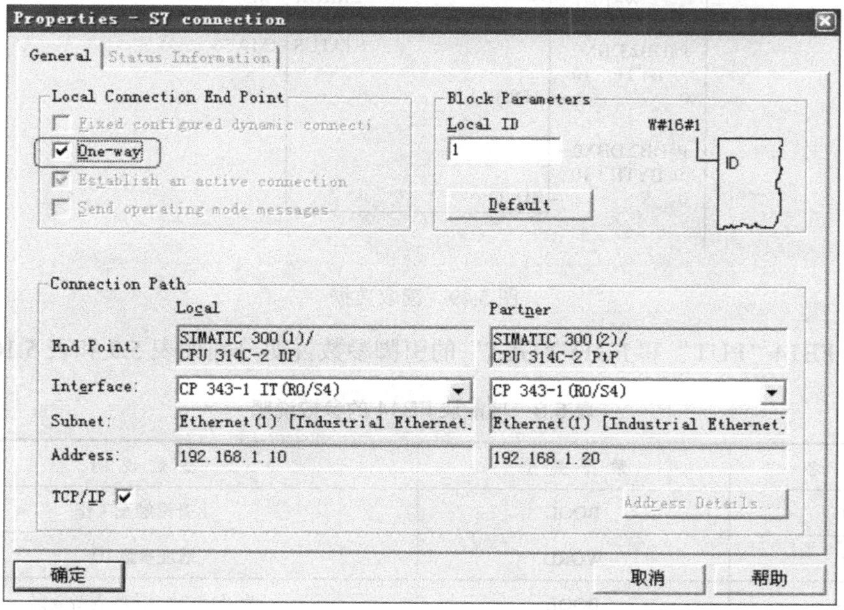

图 5.46　单边通信的 S7 属性设置

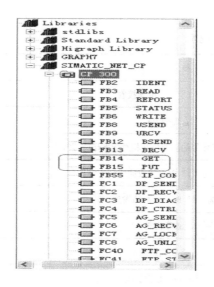

图 5.47　CP300 指令集

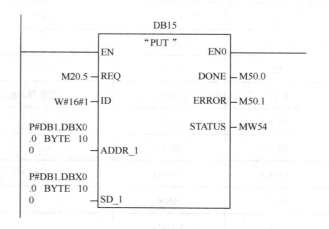

图 5.48　发送数据

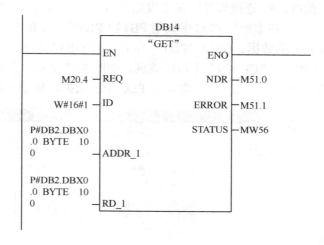

图 5.49　读取数据

功能块 FB14 "PUT" 和 FB15 "GET" 的引脚参数说明分别如表 5.9 和表 5.10 所示。

表 5.9　功能块 FB14 的参数说明

参 数 名	数 据 类 型	参 数 说 明
REQ	BOOL	上升沿触发工作
ID	WORD	地址参数 ID
NDR	BOOL	为 "1" 时，接收到新数据
ERROR	BOOL	为 "1" 时，有故障发生
STATUS	WORD	故障代码
ADDR_1	ANY	从通信对方的数据地址中读取数据
RD_1	ANY	本站接收数据区

表 5.10　功能块 FB15 的参数说明

参 数 名	数 据 类 型	参 数 说 明
REQ	BOOL	上升沿触发工作
ID	WORD	地址参数 ID
DONE	BOOL	为 "1" 时，发送完成
ERROR	BOOL	为 "1" 时，有故障发生
STATUS	WORD	故障代码
ADDR_1	ANY	通信对方的数据接收区
SD_1	ANY	本站发送数据区

5.4　基于以太网和嵌入式 Web Server 的控制器开发

伴随以太网进军工业自动化，嵌入式 Web 技术逐渐兴起。嵌入式 Web 是指将与 Web 相关的技术，如 Web Server、传输协议（IP 协议栈）以及操作界面等嵌入到系统当中。目前，以太网在工业自动化信息层已经得到广泛应用。嵌入式系统的快速发展，正不断将以太网推进到工业自动化控制层以至设备层。在控制器甚至现场设备中嵌入 Web 技术，将为测控领域展示一个标准、开放、全分布的智能平台。嵌入式系统已经广泛应用于工业与民用各个领域，Web 技术与嵌入式系统有机结合，大大拓展了以太网应用空间。本节介绍一种基于以太网和嵌入式 Web Sever 的控制器硬件组成和软件实现。

5.4.1　基于以太网和嵌入式 Web Server 的控制器硬件组成

控制器要实现的主要功能包括数据采集、PID 控制、数字量输入/输出、上位机监控和以太网通信。具体设计中，控制器包括了常规的模拟量输入/输出电路、数字量输入/输出电路以及串行通信、网络通信和键盘显示接口等电路。控制器硬件可以分为五个部分：A/D、D/A、DI、DO；RCM2200 处理器核心模块；键盘和显示接口；串行通信及编程接口；电源及掉电保护电路。控制器原理结构如图 5.50 所示。

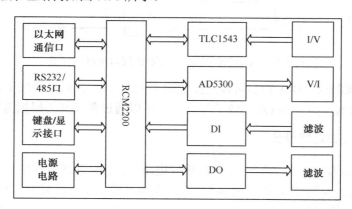

图 5.50　控制器原理结构

1. A/D 转换及其接口电路设计

系统中 A/D 转换器 TLC1543 参考电源采用 5V（DC），将 A/D 输入引脚 0～5V 电压转换为 0~1023。考虑现场仪表情况，设计了标准的电流/电压转换电路。来自现场的 4~20mA 电流信号可以转换为 1~5V 信号，经过限幅和滤波后，接入 TLC1543 进行 A/D 转换。转换电路如图 5.51 所示。

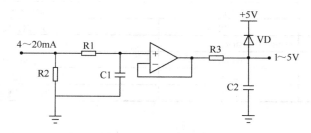

图 5.51　电流-电压转换电路

2. D/A 转换及其接口电路设计

本系统中设计了 2 路 D/A 转换器，选用 2 片 AD5300。在端口使用上，2 片 AD5300 共使用了 RCM2200 的 4 条 I/O 口线；2 片 AD5300 电平触发控制输入端各用 1 条，2 片 AD5300 的串行时钟输入端共用 1 条，串行数据输入端共用 1 条。如图 5.52 所示为 AD5300 和 RCM2200 的接口电路示意图。

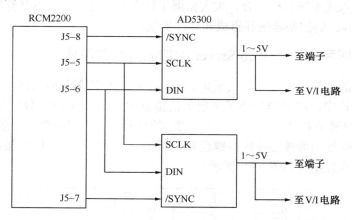

图 5.52　AD5300 和 RCM2200 的接口电路示意图

为了方便系统测试，D/A 输出可以直接输出 1~5V（DC）到接线端子，也可以经过 V/I 电路之后，在端子输出 4~20mA 电流信号。具体可以通过条线开关根据需要选择。

3. DI、DO 接口电路设计

如图 5.53 所示为系统数字量输入/输出接口电路示意图。系统设计中，通过 RCM2200 的 PA、PB 端口扩展了 4 路 TTL 数字量输入、2 路继电器输出及 4 路发光二极管指示。TTL 数字量输入（DI1~DI4）经接线端子和阻容滤波电路进入 RCM2200；继电器输出常开（DO1K、DO2K）、常闭（DO1B、DO2B）接点。继电器前级设计了驱动电路。

5.4.2　Modbus/UDP 主-从通信程序设计

这里以实现读 n 个字和写 n 个字的 Modbus/UDP 主—从通信功能为例。主站每 30ms 进行一次 Modbus/UDP 通信。程序第一次运行时，从第一个从站开始依次发送读 n 字节数据报文，轮询 6 个站后，从第一个从站开始依次发送写 n 字节数据报文。整个读/写周期为 180ms。

通信之前，检查 UDP 端口，读取缓冲区数据报文。报文分为应答和确认报文。如果为读数据应答报文（ID 为 3，偏移量为 3），则存储所读报文数据内容，并且清除对应的等待应答报文次数；如果为写数据确认报文（ID 为 3，偏移量为 16），则只清除对应的等待写数据确认报文次数。

如果缓冲区没有数据报文，表示上一次 Modbus/UDP 通信没有成功，对应等待次数加 1，直接进入后续通信。

实现读 n 个字和写 n 个字的 Modbus/UDP 主—从通信流程如图 5.54 所示。

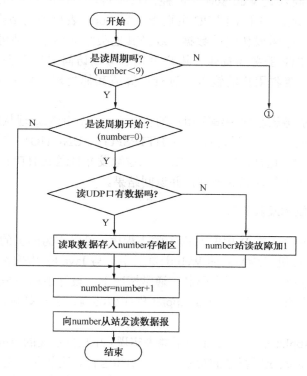

图 5.54　Modbus/UDP 主—从通信流程

5.4.3　嵌入式 Web Server 及表单程序设计

控制器以嵌入式 Web Server 技术为基础，结合实时数据采集能力，应用了 HTTP、Form 表单技术、CGI、Java Applet 等，将采集到的现场数据通过网页提供给远程用户访问，从而达到远程监控和廉价 HMI 的目的。

1. CGI 技术及其实现

浏览器与 Web 服务器的交互是通过 CGI 程序来完成的。CGI 是一段运行在 Web 服务器上的程序，可以是可执行文件，也可以是脚本文件，由客户端通过浏览器的输入激发并返回给客户端。由于 CGI 程序可以动态地产生 HTML 网页，因此可以将控制器从传感器上实时采集到的数据和系统参数等通过网页发回给客户端浏览器。CGI 通常是客户端与服务器中其他程序进行信息传递与沟通的桥梁，其流程如图 5.55 所示。

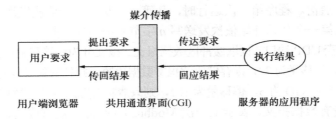

图 5.55　客户端浏览器与 Web 服务器通过 CGI 程序交互图

在基于以太网和嵌入式 Web Server 的控制系统实现中，主干网 PC 和控制器之间的通信主要由 CGI 程序实现。在主干网 PC 主页上填好 Form 表单中的数据（如用户账号和密码信息），或 Applet 程序需要传输的数据，或是其他类型的请求，都可以提交给 CGI 程序处理。CGI 接口由 HTTP 服务器提供。用户浏览器可以访问 HTTP 服务器，HTTP 服务器调用相应 CGI 程序，接收用户的输入，进行计算或其他处理，然后把结果返回给用户浏览器。

在控制器 HTTP 服务器程序中编写用户的自定义函数，用来处理从用户端浏览器发送过来的 CGI 请求。在 Dynamic C 里通过结构 HTTPSPEC_FUNCTION 将用户自定义函数和每一个 CGI 请求联系起来，这样，当一个 CGI 请求被触发并且送到 HTTP 服务器上时，服务器程序将寻找相应的函数进行计算或处理，并返回结果。

2．Java Applet 技术及其实现

Java Applet 是一种嵌入在 WWW 页面上的小程序，可以作为网页的组成部分被下载，并能运行在实现 Java 虚拟机（JVM）的 Web 浏览器中。与 Java 应用程序不同，Java Applet 没有主程序，在安全机制方面也有诸多限制。通常情况下，设计小程序是为了给主页增加交互性，使页面更加生动活泼。典型的 Java Applet 程序如动画、实时更新和 Internet 服务器信息回取等功能。

在 Java 中每个 Applet 都由 Applet 的子类来实现。开发自定义的 Applet，通过重载 Applet 的几个主要成员函数完成应用程序的初始化、绘制和运行。这些函数是 init()、paint()、start() 和 destroy()等。一个 Applet 的生命周期与 Web 页面有关。当首次加载含 Applet 的页面时，浏览器调用 init()方法，完成 Applet 的初始化。然后调用 paint()方法和 start()方法绘制和启动程序。当用户离开页面时，浏览器调用 stop()方法停止程序的运行。若用户关闭浏览器将使 Applet 停止运行，浏览器调用 destroy()方法终止程序的运行，使应用程序有机会释放其存在期间锁定的资源。只要用户不关闭浏览器，重新加载页面，浏览器就调用 start()方法和 paint()方法重新绘制并运行小程序。

由于 Java Applet 程序具有循环函数，一般在编程时都要用到多线程，对每一个 Applet 开一个线程。一般形式如：public class ailist extends java.applet.Applet implements Runnable{…}，以表示该 Applet ailist 来自基类 java.applet.Applet，并应用 Runnable 支持多线程。如图 5.56 所示是通过读取数据文件生成主页的 Java Applet 程序流程。

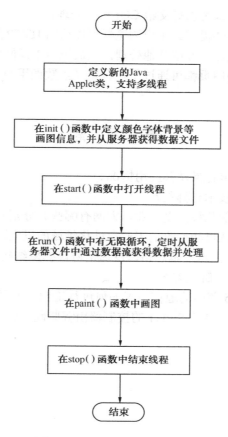

图 5.56　Java Applet 程序流程

3. 嵌入式 Web Server 及其实现

嵌入式 Web 技术研究如何在嵌入式系统中有效地集成某些 Web 技术。在信息和家电等应用系统中，侧重研究如何把 Web 浏览器相关技术集成到嵌入式系统中，称为嵌入式浏览器；在工业自动化领域，主要是把 Web Server 集成到嵌入式系统，使传统仪表系统支持 TCP/IP、HTTP 等通信协议，能生成监控 Web 页面。

嵌入式 Web Server 主要是利用 Dynamic C 提供的 TCP/IP 开发包所带的宏和函数。通过宏 MY_IPADRESS、MY_GATEWAY、MY_NETMASK 就可以对网络配置，从而进行 Socket 通信；Web Server 功能块主要是通过 CGI 程序来获取用户的请求。在 Dynamic C 里通过结构 HTTPSPEC_FUNCTION 将用户自定义函数和每一个 CGI 请求联系起来。这样，当一个 CGI 请求被触发并且送到 HTTP 服务器上时，服务器程序就将寻找对应的函数进行计算和处理，并返回结果。实时数据交互主要用 Java Applet 实现。在服务器程序中生成内嵌 Java Applet 的动态网页，由这些 Java Applet 负责读取采集到的现场结点的数据文件。这样，在监控的客户端，包含 Java 虚拟机（JVM）的浏览器将自动解释服务器网页嵌入的 Java 程序，读取现场结点的实时数据并显示。

前面提到过，客户机上的主页和服务器之间的通信主要是由 CGI 程序实现。在客户端主页上填好的 Form（表格）中的数据（如用户账号和密码信息），或 Applet 程序需要传输的数据，或是其他类型的请求，都可以提交给 CGI 程序处理。

CGI 接口由 HTTP 服务器提供。用户浏览器可以访问 HTTP 服务器，申请调用某个 CGI 程序，接收用户的输入，进行计算或其他处理，然后把结果返回给用户浏览器。

本系统中基本上所有的网页都可通过用户自定义函数调用 Dynamic C 中的 cgi_sendstring 函数来动态生成。

思 考 题

1. 简述工业以太网发展背景及其应用情况。
2. 工业以太网的主要技术有哪些？
3. 在实际工程中常用的几种典型工业以太网有哪些？分别具有什么特点？
4. 我国目前有被国际认可和接收的工业自动化领域的以太网技术标准么？
5. 简述 PROFInet 通信技术基本思路以及通信协议模型结构。
6. 简述 EPA 的实时通信解决方案。
7. S7-300 PLC 利用 S5 兼容的通信协议如何进行工业以太网通信？
8. 基于以太网和嵌入式 Web Server 的控制器由哪些硬件组成？

参 考 文 献

［1］ 李正军. 现场总线与工业以太网及其应用系统设计. 北京：人民邮电出版社，2006.

［2］ 李正军. 现场总线及其应用技术. 北京：机械工业出版社，2005.

［3］ 王慧锋，何衍庆. 现场总线控制系统原理及应用. 北京：化学工业出版社，2006.

［4］ 阳宪惠. 工业数据通信与控制网络. 北京：清华大学出版社，2003.

［5］ 阳宪惠. 现场总线技术及其应用. 北京：清华大学出版社，1999.

［6］ 杨卫华. 现场总线网络. 北京：高等教育出版社，2004.

［7］ ［瑞典］乔纳斯·伯格尔著，陈小枫等译. 过程控制现场总线——工程、运行与维护. 北京：清华大学出版社，2003.

［8］ 夏德海主编. 现场总线技术. 北京：中国电力出版社，2003.

［9］ 冯冬芹，施一明，褚健. 基金会现场总线（FF）技术讲座，第 1 讲，基金会现场总线（FF）的发展与特点，《自动化仪表》，第 22 卷，第 6 期，2001.

［10］ 刘定球，林锦国. FF 现场总线控制技术的组态应用，《现代电子技术》，第 11 期，2003.

［11］ 逄华，王宏，林跃. 基于 FF 现场总线技术的组态软件的设计与实现，《自动化仪表》，第 25 卷，第 11 期，2004.

［12］ 杨庆柏. 现场总线仪表. 北京：国防工业出版社，2005.

［13］ PROFIBUS Technical Desription. Siemens，1997.

［14］ 史久根主编. CAN 现场总线系统设计技术. 北京：国防工业出版社，2004.

［15］ 饶运涛等. 现场总线 CAN 原理与应用技术. 北京：北京航空航天大学出版社，2003.

［16］ 邬宽明. 现场总线 CAN 原理与应用系统设计. 北京：北京航空航天大学出版社，1996.

［17］ BOSCH. CAN SPECIFICATION（Version 2.0），1991.

［18］ 陈在平等. 工业控制网络与现场总线技术. 北京：机械工业出版社，2006.

［19］ 许洪华，刘科. 确定性工业以太网 Ethernet Powerlink. 冶金自动化，2004（6）.

［20］ 许洪华，刘科. 基于嵌入式 Web Server 控制器开发与应用. 工业控制计算机，2004（4）.

参考文献